“十三五”江苏省高等学校重点教材

森林经营规划

李明阳　主编

吴文友　孙帅超　副主编

中国林业出版社

内容简介

《森林经营规划》是2020年江苏省高等学校重点建设教材，是在参考2010年南京林业大学林学品牌专业教材建设工程《森林规划设计》基础上，为满足我国森林资源状况、森林经营规划体系、森林资源管理内容巨大变化的新形势，结合国家林业主管部门工作职责调整、广大民众对林业需求的变化编写而成。全书共分为11章，主要包括森林经营理论、森林资源调查与分析、森林规划与经营设计、森林经营效果评价与森林认证、“3S”技术在森林经营规划中应用5个部分。其中，森林经营理论包括森林经营的生态学基础、森林经营的经济学基础、森林经营的林学基础，共3章；森林资源调查与分析包括森林资源、森林资源调查、森林资源分析，共3章；森林规划与森林经营设计包括森林规划、森林经营设计，共2章；森林经营效果评价与森林认证包括森林经营效益监测与评价、森林认证，共2章。

本书不仅是高等农林院校林学、地理信息科学、水土保持与荒漠化防治、环境科学、生态学等专业本科生、研究生的必修课教材，还可供农、林、牧、水利等方面的科技工作者参考。

图书在版编目(CIP)数据

森林经营规划／李明阳主编. —北京：中国林业出版社，2022.6

“十三五”江苏省高等学校重点教材

ISBN 978-7-5219-1661-4

Ⅰ.①森… Ⅱ.①李… Ⅲ.①森林经营-经营管理-高等学校-教材 Ⅳ.①S757.4

中国版本图书馆CIP数据核字(2022)第089929号

“十三五”江苏省高等学校重点教材
教材编号：2020-2-262

中国林业出版社教育分社

策划编辑： 肖基浒　　**责任编辑：** 肖基浒　孙源璞

电话： (010)83143555　　**传真：** (010)83143516

出版发行　中国林业出版社(100009　北京市西城区刘海胡同7号)
E-mail：jiaocaipublic@163.com　　电话：(010)83143120
http：//www.forestry.gov.cn/lycb.html

经　销　新华书店
印　刷　北京中科印刷有限公司
版　次　2022年6月第1版
印　次　2022年6月第1次印刷
开　本　850mm×1168mm　1/16
印　张　16
字　数　399千字
定　价　48.00元

《森林经营规划》编写人员

主　　编　李明阳

副 主 编　吴文友　孙帅超

编写人员（按姓氏笔画排序）

田　雷（南京林业大学）

田春红（南京林业大学）

伍晓灿（南京林业大学）

任　芳（南京林业大学）

孙帅超（福建农林大学）

李　陶（南京林业大学）

李明阳（南京林业大学）

李登攀（南京林业大学）

杨　策（南京林业大学）

吴文友（安徽农业大学）

沈文娟（南京林业大学）

廖龙焘（南京林业大学）

前　言

新编教材《森林经营规划》是高等农林院校林学专业课“森林经理学”、地理信息科学专业特色专业课“森林经营规划”的适用教材。“森林经理学”的名称源自日本，在我国一直延用至今。“森林经理学”称呼在实践中常引起政府领导和基层群众混淆和误解，所以也有很多专家主张对其更名。

中华人民共和国成立以来，我国高等农林院校的森林经理学教材先后经历了1951年苏联林学家T·И·莫洛维洛夫编写的《森林经理学》翻译版、1983年北京林学院主编的《森林经理学》试用版、1991年北京林业大学于政中主编的《森林经理学》修订版、北京林业大学亢新刚2001年主编的《森林资源经营管理》年及2011年主编的《森林经理学》(第4版)长达60年的漫长发展历程。然而，纵观中华人民共和国成立以来森林经理学教材建设历程，虽然教材版本不同，名称表述方式各异，森林经营理论薄弱、森林规划范围狭窄、森林经营类型及作业法设计缺失的问题依然严重。

2010年，为弥补以往森林经理学教材的不足，编者在参考了国内外各种版本的森林经理学教材基础上，出版了南京林业大学“十一五”立项精品教材《森林规划设计》。在该教材中，对以往历次版本的森林经理学教材进行了重大的变动，调整的主要内容有：完善了森林规划设计的理论体系，增加了森林生态系统经营、林业分类经营、景观生态学内容；充实了规划内容，介绍了空间直观模型、多情境规划方法，加大了生态公益林规划的比重；更新了调查规程，增加了森林资源监测、森林评价的内容；首次建立主要的三级林种的森林作业设计方法；增加了“3S”技术在森林规划设计应用的内容。

《森林规划设计》出版后的10年间，我国森林资源状况发生了巨大变化，国家林业主管部门的工作职责、广大民众对林业的需求也发生了重大的调整。2017年，中央一号文件明确提出推动森林质量精准提升工程建设。2018年3月，原国家林业局划归自然资源部，工作职责、管理范围发生了巨大的转变，引起森林资源调查体系、森林经营规划体系、森林资源管理内容发生了巨大的变化。野生动植物管理体制变化、国家公园体系建立、林下经济及森林康养游憩产业兴起、自然保护体系变革，都对森林经理学及森林经营规划的教学内容提出了巨大的挑战。作为应用性极强的专业课、专业特色课教材，教材的内容必须与国家林业主管部门的工作重心、基层林业调查规划部门的工作职责保持一致。2010年出版的《森林规划设计》教材已经难以适应林业发展形势的需要。专业建设，教材先行，采用全新的教材——《森林经营规划》已经成为新林科建设的必然要求。

新编教材《森林经营规划》的主要特点是：第一，增加了三章森林经营的理论基础内容，包括森林经营的生态学基础、经济学基础、林学基础；第二，新增森林资源分析一章，包括森林资源非空间结构分析、森林空间结构分析、森林资源数据空间分析三节内容；第三，在森林规划部分，除了传统的森林经营方案、森林公园总体规划、湿地公园总体规划外，新增了森林经营规划、森林特色小镇规划、森林康养基地规划三节内容；第四，在森林经营设计一章补充了森林类型划分、森林经营单位组织、森林作业法设计内容，将传统森林经理学教材中的森林成熟与经营周期、森林采伐量两章内容，压缩为森林经营周期、森林经营规模两节内容，并入森林经营设计一章；第五，在森林认证一章，除传统的森林经营认证外，补充了产销监管链认证、生态旅游认证。

本教材编写分工如下：南京林业大学李明阳教授任主编(第 1~4 章、第 8~9 章)，安徽农业大学吴文友副教授任副主编(第 5 章、第 6 章)，福建农林大学孙帅超讲师任副主编(第 7 章、第 10 章)，南京林业大学森林经理博士研究生田雷编写第 11 章，南京林业大学博士研究生任芳与南京林业大学讲师沈文娟编写第 12 章。南京林业大学林学院硕士研究生李陶、田春红、杨策、李登攀、崔哲霖、廖龙焘、伍晓灿在教材初稿的检查、完善、补充工作中付出了不少心血，在此表示感谢。

2020 年，《森林经营规划》获得江苏省高等学校重点教材立项建设支持。在教材编写过程中，编者参考了国内外各种版本的森林经理学教材，引用了国内外不少学者在森林经营规划应用领域的文献和成果，在此谨向他们表示衷心的感谢。本教材的出版得到了“南京林业大学优质教材建设工程”的大力资助。在江苏省高等学校重点教材审定过程中，南京林业大学关庆伟教授、浙江农林大学杜华强教授、江西农业大学欧阳勋志教授、中南林业科技大学朱光玉教授、福建农林大学余坤勇教授对教材给予了积极的肯定并提出了宝贵的修改意见，在此深表谢意。由于时间仓促，挂一漏万之处，恳请相关专家、学者见谅；教材的体系构建和内容编写方面尚存在待完善之处，恳请读者批评指正。

编 者

2022 年 5 月

目　录

第1章　森林与森林经营

林业是以保护生态环境、保持生态平衡、培育和保护森林以取得木材和其他林产品、利用林木的自然特性以发挥防护作用的生产部门，是国民经济的重要组成部分之一。了解森林、森林资源概念及其生态服务功能，明晰我国森林经营面临的问题，是开展森林经营规划工作的前提。本章在介绍森林与森林资源概念、森林资源的主要作用与效益基础上，简单回顾了我国森林经营的历史，分析了我国森林经营的主要成就、面临的问题，介绍了森林规划的定义、规划依据、规划的深度与广度，从而为学生学习本课程提供较为广阔的学科背景。

1.1　森林与森林资源

1.1.1　森林与森林资源的概念

1.1.1.1　森林定义

森林是由树木为主体所组成的地表生物群落。它具有丰富的物种、复杂的结构、多种多样的功能。森林与所在空间的非生物环境有机地结合在一起，构成完整的生态系统。森林是地球上最大的陆地生态系统，是全球生物圈中重要的一环。它是地球上的基因库、碳贮库、蓄水库和能源库，对维系整个地球的生态稳固平衡具有至关重要的作用，是人类赖以生存和发展的资源和环境。

俗话说“一木不成林”，几株树在一起也不能称为森林。那么多少树在一起才能称为森林呢？森林的标准是怎样的呢？世界上没有统一的标准。由于各国森林数量多少不同，森林及产品在国民社会生活中的地位和作用的不同，因而对森林的界定也不一样。美国等国家规定郁闭度(林地上林木树冠的投影面积与林地面积的比值)达到0.1以上为森林；联合国粮食及农业组织(FAO)和许多国家，如德国、日本等国规定郁闭度达到0.2以上为森林；瑞典、挪威、芬兰等北欧国家规定每公顷林木蓄积量生长量达到1 m^3 以上为森林。在我国，如果以“有林地”定义森林，1994年以前规定郁闭度0.3以上(不包括0.3)为有林地，1994年以后规定郁闭度达到0.2(包括0.2)以上为有林地。界定森林除了林木的郁闭程度外，还有面积上的要求。在我国，天然林面积达0.1 hm^2，人工林、经济林等达1亩(合0.067hm^2)以上为森林。

1.1.1.2　森林资源定义

什么是森林资源呢？从不同的视角看可以得到不同的结论，归纳起来主要有2类。从狭义的角度讲，人们通常所说的森林资源主要指的是树木资源，尤其是乔木资源，这种观点常常不能满足社会发展的需要。世界许多国家、有关国际组织等都对森林资源涵义提出了更加全面的解释。2020 年我国颁布的《森林法实施细则》中规定“森林资源，包括森林、林木、林地以及依托森林、林木、林地生存的野生动物、植物和微生物”“林地包括郁闭度 0.2 以上的乔木林地以及竹林地、灌木林地、疏地林、采伐迹地、火烧迹地、未成林造林地、苗圃地和县级以上人民政府规划的宜林地”。从中可以看出，森林资源的含义比仅指树木的定义要广泛许多，是林地及其所生长的森林有机体的总称。森林资源以林地、林木资源为主，还包括林中和林下植物、野生动物、土壤微生物及其他自然环境因子等资源。近年来，人们对森林作用和功能的认识不断加深。1992 年，联合国召开环境与发展大会，提出了可持续发展战略，并在《关于森林问题的原则声明》中指出“森林资源和森林土地应以可持续的方式管理，以满足这一代人和子孙后代在社会、经济、文化和精神方面的需要。这些需要是森林产品和服务，如木材和木材产品、水、粮食、饲料、医药、燃料、住宿、就业、娱乐、野生动物栖息地、风景多样性、碳的汇和库以及其他森林产品”。从森林的功能和利用的角度看，将能够提供森林产品和服务的集合称为森林资源。由此从较广义的角度理解，森林资源应该包括 2 部分：一是直接的实物资源；二是间接资源。

(1) 直接资源

①林地资源　现实和规定将要用于种植林木的土地。

②林木资源　成片或单株的树木，包括利用木材的树木和利用果、叶、茎、根等非木材的树木。

③林中其他植物资源　除树木以外的其他植物。

④林中野生动物资源　包括所有的兽、鸟、昆虫、鱼类等动物。

⑤林中的非生物资源　水体、岩石、矿物等。

(2) 间接资源

这部分资源主要是由于森林的存在而产生的环境、气候、观赏、旅游、森林文化等资源。

1.1.2　森林资源的作用与效益

这里所说的作用与效益是指对人类而言的。即使在这个范围内森林的作用与效益也是巨大而异常复杂的，许多相关事物人类至今仍认识不清。在此只能就目前了解的主要内容进行叙述。随着科学的进步，人类对森林效能的认识会不断地加深。

对于人类来说森林的作用与效益主要有以下几个方面。

(1) 木材产品和林副产品

长期以来，直至目前为止，木材产品和林副产品仍然是人类利用森林资源最普遍的形式之一，2011 年全球木材采伐量约为 30×10^8 m^3，相当于立木蓄积量的 0.6%，所生产的林产品总价值约 1200 亿美元。

在我国，木材产品主要有原木、锯材、纸浆材、人造板材等，主要由用材林产出，这些木材产品是国有林区林木利用比重最大的一部分；林副产品主要是利用乔木、灌木、地被植物的果、叶、茎、花、树脂、树胶、树液等生产的产品。

(2) 经济林产品

经济林是“以生产果品、食用油料、饮料、工业原料和药材等为主要目的的林木”。经济林生产的产品主要包括果实、花、叶、皮、根、树液、树脂、虫胶、白蜡等。与上述林副产品不同的是，经济林生产果实、花、叶、皮等产品是种植林木的主要目的，而上述林副产品中的相应部分是用材林生产的次要目的——副产品。经济林产品渗入到我们日常生活的各个方面。经济林木中占比重最大的是果树林(含鲜果和干果)、油料林(含食用和工业用)、木本药材林、木本花卉、木本饮料林(如茶叶)、桑蚕林、木本食品林等。在我国的经济发展中，经济林发展迅速，比重不断增加，地位日益重要。发展经济林是许多贫困地区，特别是山区脱贫致富的有效途径。2016年，林业产业经济林产品的种植与采集总产值总计为12 875.4亿元。其中，水果种植总产值占比50.12%，坚果、含油果和香料作物种植总产值占比16.98%。许多产品的产量如核桃、板栗、茶叶、木耳、香菇等为世界第一。

(3)生态保护

生态保护主要是对我们生存环境的生态系统进行保护。森林这方面的价值或效益是非常巨大的，远远超过森林直接效益，生态保护的主要方面有：大气平衡、水源涵养、防止水土流失、农田保护、城市生活环境保护、护路护岸、消除或减缓环境污染等。据吉林省环境保护研究所对长白山林区森林的生态效益进行的研究，20世纪80年代中期，长白山林区木材生产450×10^4 m^3，产值约6.8亿元，而生态效益方面长白山森林供给氧气、净化空气的效益约4.8亿元，水源涵养效益28.1亿元，防止水土流失的效益29.7亿元，野生鸟类消灭森林害虫而减少损失的效益29.9亿元。其他效益暂不计算，仅上述4项生态效益的总量就达92.5亿元。国外同类研究也同样证明森林的总效益是巨大的。据日本政府1978年调查，森林社会效益总价值23.1万亿日元，相当于当年国民生产总值(GNP)的11.4%，而木材产值仅为6470亿日元，相当于森林社会效益总价值的2.8%；据美国研究人员计算的结果，直接效益和间接效益的比值为1∶9。

(4)能源

划为能源的林木主要是薪炭林。但现实中许多地区的烧材不是出自薪炭林，至少大多数烧材不是出自薪炭林。除了用作烧材的薪炭林外，最近几年，出现了专门生产生物质能源的能源林，例如，以利用林木所含油脂为主，将其转化为生物柴油或其他化工替代产品的油料能源林；以利用林木木质为主，将其转化为固体、液体、气体燃料或直接发电的木质能源林。

2011年，全球的木材采伐总量中大约一半用作木质燃料，但作为木质燃料的比例在不同收入类别国家中有很大差异。在高收入国家中木质燃料所占比例约为17%，在中等偏上收入国家中为40%，而在中等偏下和低收入国家中则分别达到86%和93%。在20世纪80年代，我国有8亿多农村人口，其中2/3的人用生物能源，而林木薪材占农村生活用能源的40%，是比重最大的一部分。时至今日，在我国许多“老、少、偏、穷”地区，林木薪材在生活能源中仍然占有相当大的比重。

(5)旅游、文化

以旅游为代表的森林游憩和森林文化效益是近几十年来发展最快的森林效益领域。据不完全统计，2018年国家级森林公园接待游客量超过10亿人次，旅游收入近1000亿元，其中近1/3的森林公园免费向公众开放，服务游客近3亿人次。森林旅游已经成为我国林业第三产业的龙头。

优美的森林环境、郁郁葱葱的绿色林木、潺潺的流水、奇特的地貌和清新的空气等对人们的身心健康十分有益，尤其对长期生活在大城市的人们，可以调节情绪、放松身心、改善人体新陈代谢等。人们在森林环境中可进行许多有意义的活动，主要有游览、度假、休养、探险、狩猎、登山、野营、研究等。

(6)生物多样性资源库

生物多样性主要包括物种多样性、生态系统多样性、遗传基因多样性。地球上人类的许多种生活必需品和服务，都依赖于生物多样性及其可变性。多样性程度高，不仅使地球上的景观丰富多彩，而且由于各生态系统、各物种间的相互关联、互相支撑和互相制约，从而使生态系统更稳定，物种抗干扰能力增强。在各种陆地生态系统中，森林生态系统是最大的，也是对陆地生物多样性贡献最多的生态系统。地球上现有物种1000多万种，陆地植物中90%以上生存于森林中，热带雨林更是物种的集中地，约有300万~400万种存在于热带雨林之中。

(7)最大的生物量生产地

据联合国粮食及农业组织(FAO)2016年发布的《2015年全球森林资源评估报告》，地球上的森林面积由1990年的41.28×10^8 hm^2下降到2015年的39.99×10^8 hm^2，森林占全球陆地的面积由1990年的31.6%下降到2015年的30.6%。据国内外有关研究，森林生态系统生物总量达160×10^{10} t，为所有陆地生物总量180×10^{10} t的90%，远远大于农田和草原的生物量。从单位面积看，每公顷森林生物干重达100~400 t，是农田或草原的20~100倍。这些生物量为人类提供了生存、生产和生活所需的物质基础，也是地球生物圈食物链的初端和大多数陆地动物生存必不可少的食物来源。

(8)主要的碳储库，维护大气成分的平衡

近几十年来，由于森林的持续减少，人类又以煤、石油等矿物燃料作为主要的能源，使大气中的CO_2含量增加，温室效应加强，全球气候变暖，全球环境不断恶化。除海洋以外，森林是固化大气中碳元素的第二大途径，森林巨大的生物量减缓了大气中CO_2含量的增加速率，森林还可以吸收人类排放到大气中的部分有害气体，稳定了大气成分的平衡。

1.2 森林经营

1.2.1 森林经营定义

森林经营的概念有广义和狭义之分。联合国粮食及农业组织于1997年给出了一个广义的森林经营的定义：森林经营是一种包括行政、经济、法律、社会、技术以及科技等手段的行为，涉及天然林和人工林，它是有计划的各种人为干预措施，目的是保护和维持森林生态系统各种功能，同时通过发展具有社会、环境和经济价值的物种，来长期满足人类日益增长的物质和环境的需要。

关于狭义的森林经营的概念，我国早在1985年《森林法》颁布实施时，林业部编写的《森林法讲座》中就给森林经营以科学的界定："围绕培育与管护这一基本点所采取的一系列科学经营森林的措施，称为森林经营。从林学观点来看，森林经营是森林培育以及管护现有森林所进行的各种生产经营活动的总称。”

美国《威斯康辛森林经营指南》定义：“一个森林经营体系是一个植被经营计划在一个林分整个生命过程中的实施。所有森林经营体系包括三个基本成分：收获、更新、田间管理。这些是为了模拟林分的自然过程，森林的健康条件和林分树木的活力。”

1.2.2　森林经营必要性

从森林经营工作现状和未来发展趋势看，全面科学持续推进我国森林经营工作，面临着以下6个方面的突出问题。

(1)森林抚育历史欠账多，森林质量效益不高

改革开放以来特别是进入21世纪以来，通过实施林业重点工程，我国造林绿化发展迅速，森林资源不断增长。但是，由于林业建设长期“重两头轻中间”，导致森林经营特别是森林抚育严重滞后、历史欠账多，过密过疏林分多、密度适宜林分少，纯林多、混交林少，森林结构不合理、质量差，生态功能低。全国森林每公顷蓄积量94.83 m^3，仅为世界平均水平的84%；每公顷年均生长量4.73 m^3，远低于德国、芬兰等林业发达国家。森林采伐出来的木材3/4为中小径材，木材经济价值低。每公顷森林每年提供的主要生态服务价值仅6元，相当于日本等国的40%。全国现有中幼龄林面积占乔木林面积63.94%，这些林分正处于快速生长、剧烈竞争阶段，急需加大抚育力度，释放生长空间。

(2)地方政府短期行为严重，经营主体经营意识不强

长期以来一直没有编制执行指导全国和各地的森林经营中长期规划，一些地方短期经营行为严重，甚至存在以低效林改造名义将天然林改造为人工林、毁林造林、破坏森林资源的现象，导致森林生态系统严重退化，给林业建设造成了不利影响。国有林区林业局、国有林场、集体林区农户等经营主体权责利不清晰，认识不到位，自觉经营、自主经营的意愿不强，积极性不高，“望天长”的现象比较普遍。

(3)森林经营资金投入不足，政策扶持不到位

中央财政森林抚育补贴规模小、标准低、范围窄，每年安排的森林抚育补贴任务只有约350×10^4 hm^2，远不能满足全国急需的中幼龄林抚育任务需要。地方财政森林抚育补贴政策缺失，除了少数经济发达地区能出台支持政策，大部分地区由于地方财政困难，难以落实配套资金。林业投融资体制改革推进缓慢，社会资本和各种社会主体参与森林经营的机制尚未建立。山区林区经济发展落后，广大林农、林业职工经济困难，国有林场、国有林区林业局和广大林农无力筹措森林抚育等生产经营所需资金。森林采伐管理、公益林管理等相关政策不能适应森林抚育经营生产实践的需要。

(4)林道等基础设施落后，森林经营条件差、效率低

林区道路等营林基础设施建设严重落后，林区路网、森林经营作业道密度低、等级差。目前，林区道路网密度平均每公顷只有1.8 m，远低于林业发达国家的15~40 m。德国、日本、美国等发达国家各级政府投入林道等基础设施建设的资金比例达到60%~80%，而我国尚没有专门的资金投入渠道。先进森林经营技术和营林机械设备难以有效推广，经营装备落后、作业工具简单，营林生产作业条件差、成本高、效率低，严重制约了森林经营活动正常开展和防火防虫应急反应能力。

(5)专业人才队伍匮乏，森林经营科技支撑不足

长期以来，森林经营科研、教学、生产等领域专业人才缺乏，各级林业部门特别是基层单位森林经营人才队伍严重断档，专业化队伍建设滞后，难以将先进的森林经营理念和技术有效地转变为现实生产力。森林经营数表、图表资料缺乏，林地立地质量评价等基础研究薄弱，困难立地造林、低效林改造、森林作业法体系等关键技术研究滞后，尚未建立符合中国国情、林情的森林经营理论与技术体系。森林经营实用科研成果转化率、普及率低，技术储备不足，与森林多功能经营、森林可持续经营等先进经营理论不相适应。

(6)森林采伐利用不合理，经营方式简单粗放

长期以来森林经营一直"重两头轻中间"，重视造林绿化增加森林面积和采伐利用木材，忽视森林抚育这个关键环节，可持续经营、多功能经营等科学经营理念尚未牢固树立。一些地方借抚育之名行取材之实、"拔大毛"的思想还很严重。森林采伐利用仍以轮伐、皆伐等为主，经营方式简单粗放；甚至对未成熟林分采取主伐作业，采大留小、采好留坏、急功近利。第八次全国森林资源清查结果表明，全国森林采伐消耗蓄积量的64%来自中、幼龄林，中、幼龄林超强度采伐作业的面积比例高达45%，严重影响了森林正常生长和质量提升。

1.2.3 森林经营历史

1949年至20世纪80年代初期，林业处于以木材利用为主的发展阶段。20世纪50年代，中共中央提出了"普遍护林护山，大力造林育林，合理采伐利用木材"的林业建设方针；60年代初，进一步提出"以营林为基础，采育结合，造管并举，综合利用，多种经营"的林业建设方针，森林经营开始步入正轨。但"大跃进"、人民公社化运动、三年自然灾害和"文化大革命"时期，符合林木自然生长规律的林业建设方针被抛弃，全国出现大规模毁林种粮、炼钢现象，导致森林采育比例严重失调。20世纪80代初期森林分山到户后，集体林区发生严重的乱砍滥伐、偷盗森林资源的现象，导致森林质量下降，造成森林资源严重损失。

20世纪80年代初到20世纪末，林业进入以木材利用为主兼顾生态建设的发展阶段。先后启动了"三北"防护林体系建设、长江中下游防护林体系建设、环北京地区防沙治沙工程等林业重点工程，开展大规模造林灭荒和绿化达标活动，大力发展速生丰产用材林基地；同时建立林木采伐限额管理制度，加强森林资源利用管理，实现了森林面积、蓄积量双增长。但由于忽视森林经营，森林质量不高、功能低下、生态恶化的状况尚未得到根本转变。

进入21世纪以来，林业实施以生态建设为主的发展战略，林业发展步入以生态建设为主的新阶段。提出了"严格保护、积极发展、科学经营、持续利用"方针，先后启动实施了天然林资源保护、退耕还林还草等林业重点工程，中央财政先后建立了森林生态效益补偿、林木良种、造林、森林抚育等补贴制度，森林经营重点逐步向森林管护、森林培育为主转移，森林资源总量持续增加。但森林经营仍是林业建设的短板，林地生产潜力远未发挥出来，林地生产力和产出率低、效益不高的问题依然突出。

1.2.4 森林经营主要成就

中华人民共和国成立70多年来，经过长期不懈努力，我国森林资源保护与发展取得了举世瞩目的成就，实现了森林面积和蓄积量稳步增长。特别是2009年以来，以启动实施中央财政森林抚育补贴政策为标志，我国林业发展方式由造林绿化为主向造林绿化和森林经营并重转变，森林经营摆上了突出位置，林业进入提质增效新阶段。按照中央要求和国家林业和草原局党组部署，以森林抚育为突破口，我国森林经营工作全面推进，实现了历史性突破，取得了显著成效。

(1)森林资源持续增长，森林结构明显改善

过去70多年，在累计为国家提供超过70×10^8 m^3木材，满足国民经济发展对林产品巨大需求的基础上，我国森林覆盖率由新中国成立初期的8.6%提高至22.96%，森林蓄积量由20世纪80年代初期的86.29×10^8 m^3增加到170.58×10^8 m^3。特别是2009年财政部、国家林业局启动实施中央财政森林抚育补贴政策以来，森林抚育经营步伐明显加快，2009—2015年，中央财政安排森林抚育补贴任务2.81亿亩，全国累计完成森林抚育面积8亿多亩，有效改变了我国森林经营严重滞后的状况，大幅减少了森林抚育历史欠账。林分结构明显改善，林分质量不断提高，林地生产潜力得到发挥。经过抚育的林分，单位面积森林蓄积量增长20%~40%，每亩森林年均生长量提高0.2~0.3 m^3。

(2)管理制度不断健全，政策环境逐步优化

国家林业和草原局设立了森林经营管理处，成立了森林抚育经营工作领导小组，制定了工作制度，明确了职责分工，形成了分工负责、合力推进的工作机制。建立了林木种苗、造林更新、林地林权、森林采伐等一系列管理制度。出台了中央财政森林生态效益补偿、林木种苗、造林补贴、森林抚育补贴等森林经营支持政策，印发了《中央财政林业补助资金管理办法》，制定了《森林抚育作业设计规定》《森林抚育检查验收办法》等规章制度，建立了中央财政森林抚育补贴县级自查、省级核查、国家级抽查三级检查验收体系，加强质量监管。国家林业和草原局结合《中华人民共和国森林法》修改，在相关条文中强化了森林经营的法律制度。

(3)技术标准体系初步建立，科技支撑能力逐步增强

国家林业和草原局修订了《森林抚育规程》《低效林改造技术规程》等森林经营核心技术标准，制定了东北东部山地、大兴安岭、热带天然次生林等一批区域性森林抚育技术规程和地方实施细则，修订颁布了林木育种、造林更新、采伐利用、规划设计、监测评价等方面的一系列技术标准，初步建立了以国家标准为指导，行业、区域和地方标准为补充的森林经营技术标准体系，增强了规程的操作性和可控性，有效推动了森林经营规范开展。我国林业科技工作者开展了全国林地立地质量分级与评价、森林经营关键技术和作业法体系等重大基础研究，以及多功能近自然森林经营、森林健康经营等先进技术引进和攻关研究，取得了阶段性成果。国家林业和草原局组建了全国森林经营专家库，建立了森林经营专家决策机制，森林经营技术储备和科技支撑能力不断提高。

(4)建立一支森林经营专业队伍，人才素质逐步提升

针对我国森林经营人才队伍匮乏、后备力量断档、人才队伍老化、培训基础薄弱等突

出问题，为加快培养造就一支数量充足、结构合理、素质较高，掌握先进理论技术、相关政策和规程规范的森林经营专业技术队伍、管理人员队伍，原国家林业和草原局制定印发了《全国森林经营人才培训计划(2015—2020 年)》，推动建立国家、省、县三级森林经营人才培训制度，进一步加强人才培训。针对区域特点和森林类型的不同，国家林业和草原局分南北片区举办了一系列森林经营管理技术研修班以及国家级抽查、省级核查人员技术培训班，培训了一大批森林经营管理技术人员和质量检查人员，各地也加大了森林经营专业人才特别是实际操作人员培训力度，转变了思想观念，树立了正确理念，掌握了先进理论，提高了业务水平和操作技能，夯实了森林经营人才基础。

(5)吸收借鉴先进经营理念，初步探索出符合中国实际的森林经营道路

我国广大林业科技工作者对接并吸收借鉴国际先进森林经营理念，深入开展中美、中德、中奥、中芬等双边和多边森林经营国际合作，结合中国国情与林情，开展了全国森林经营样板基地、森林资源可持续经营管理试点、《国际森林文书》履约示范单位等试点示范建设，不断推动森林经营技术模式、组织形式、社会化服务、政策机制、管理制度、成效监测等方面的探索创新，取得阶段性成果和经验。国有林区林业局、国有林场的广大基层林业工作者，转变和更新了森林经营理念，推动了多功能经营、近自然经营、森林健康经营、森林可持续经营等先进经营理念应用于中国森林经营生产实践，初步探索出一条与国际接轨且更加符合中国实际的森林经营道路。

1.3 森林规划

1.3.1 森林规划的概念

森林资源经营规划，简称森林规划。森林功能多样性、林木生产周期的长期性、林区面积的辽阔性、森林成熟的不明确性等林业生产的特点，决定了森林规划工作的必要性。森林规划的目的是在对现有森林资源调查、分析、评价的基础上，通过规划设计的途径，达到最大限度地发挥森林生态效益、社会效益、经济效益，最终实现森林可持续经营。

森林规划在联合国粮食及农业组织《林业科技词典》(1978 版)中的解释是："一般地说，为了各种专门的目的，科学的、经济的和社会的各种原则在森林产业的管理和实施中应用。"森林规划作为林学的一个分支学科，广义上包括森林的全面管理，涉及经济、法律和社会等各个方面；狭义上主要属于科学和技术方面。

在森林规划体系中，由于森林经营方案占有十分重要地位，下面以森林经营方案为例，介绍森林规划的依据、深度、广度。

1.3.2 森林规划的依据

规划设计应根据林业局、林场和股份制公司等经营管理森林资源的企事业单位的森林资源状况和生产实际，并结合上级或林业主管部门有关指示进行，其主要依据有以下 9 方面：

①按《森林资源调查主要技术规定》进行的编制方案前 1~2 年完成的二类调查成果；

②按《关于建立和管好森林档案的规定》进行验收批准的当年森林资源档案材料；

③按《林业专业调查主要技术规定》进行专业调查的成果；

④上级林业主管部门下达的计划、任务和经审批的计划、任务书；

⑤当地的林业区划和林业长远规划；

⑥有关林业方针、政策、法规，如《森林法》《采伐更新规程》《森林经理规程》《总体设计规范》等；

⑦有关大中型项目的可行性研究报告；

⑧过去经营活动分析资料；

⑨林业科学研究的新成就和生产方面的先进经验。

1.3.3　森林规划的深度

林业局(场)森林经营方案或总体设计编制到什么样的详细程度亦即深度问题，要根据对象的复杂程度、设计种类和施工要求而定。这可以从设计的阶段性去理解。根据国内外经验，主要有以下 3 种方式。

(1)三阶段设计

三阶段设计是指达到施工时的设计，分 3 个阶段完成。

第 1 阶段：初步设计。对主要设计项目进行初测，提出远景规划，设备及投资只是概算性质，其深度应满足：设计方案的比较和选定；主要设备材料的订货和土地征用；基建投资的控制，施工图及施工组织设计的编制；施工准备和生产准备等。

第 2 阶段：技术设计。对设计项目进行定测，它比初步设计要求高，这是在经上级批准的初步设计的基础上，根据测定的结果而编制的。通过技术设计，可以显著改善设计质量。技术设计的深度应满足确定设计方案中重大技术问题和有关试验、设备制造等方面的要求，无论技术设计或初步设计，都属总体的、规划性质的设计。

第 3 阶段：施工图设计。一般为单项设计，它是根据已批准的技术设计为基础，再进行更细致的施工设计。施工图的深度，应能满足设备材料的安装和非标准设备的制作；施工预算的编制；施工要求等。

三阶段设计，在设计对象复杂而又缺乏设计经验、技术力量跟不上，或设计对象资料缺少才使用。由于设计过程长(要经过 2~3 年以上时间)、费用大，一般只在个别复杂的工程项目，经主管部门同意后方可采用。

(2)两阶段设计

分两个阶段完成的设计。

第 1 阶段：初步设计或扩大初步设计　这里所指扩大初步设计，比初步设计要求更高，对设计项目在勘测上要用仪器实测，在概算上分别各单项计算；而简化初步设计可以用扩大初步设计指标。扩大初步设计的任务，以林业局为例，要对企业位置(局场址)和境界范围，从技术、经济上进行论证；在投资概算上，应能准确反映设计内容。设计深度应能满足控制投资，安排年度计划及其基建拨款的要求等。

第 2 阶段：施工图或称施工设计，在林业上称为作业设计　如造林作业设计、抚育采伐作业设计、伐区工艺设计等。初步设计批准后，即可进行施工图设计。在设计深度上，应满足施工的要求，提出施工的技术方法，所需的原材料、机械设备、工具的种类、型号和数量、劳动力和经费预算、施工图纸等。

两阶段设计，适用于比较复杂的设计对象，要有较高的技术条件，并需要一定的时间才能完成全部设计任务。

(3)一阶段设计

将初步设计和施工图合并在一起进行。这种设计方法时间短，但需要技术条件高，一般适用于情况简单的小型企业或大型企业的个别车间或林场，短期内完成全部设计任务时采用。

究竟采取几阶段设计好，这要视对象的复杂程度及技术条件而定。我国目前规定，一般建设项目按两阶段进行设计，即初步设计和施工图设计，只有个别项目可采取三阶段设计。根据《国有林区林业局、国有林场森林经营方案编制规定》，我国现行林业局(林场)森林经营方案的设计深度，一般要求森林经营、森林采伐设计达到初步设计，基本上属于两阶段的第一阶段设计要求，而不是施工图设计，以作为单项设计、施工设计或作业设计的依据；而林产工业、多种经营、林区基本建设和附属工程要达到规划标准的要求，以满足方案比较和主要设备投资概算。

实践证明，森林经营方案设计深度应根据林业局、林场的生产现状和生产特点及需要确定。也就是说，当前急需的，可以做得深一些、细一些；一般项目可以粗一些；可有可无或根本不需要的项目，可以不做或只说明情况。总之，编制深度要结合林业局(林场)当前生产与经济的实际，要考虑企业自身的承受能力，以确保方案的实施。特别要指出的是营林生产当前是各林业局、林场生产的薄弱环节，设计时应突出这个重点，做得细一些，以适应集约经营工作的需要。

森林经营方案中，除经营水平特别高的一些生产单位外，一般不包括作业设计。如要求经营方案中包括今后各年度的施工设计，往往难以预估今后长期的一些具体细节问题，容易发生脱离实际的弊病。所以，在编制方案时，必须坚持设计程序，分别轻重缓急，不要混淆设计的阶段性。

1.3.4 规划设计的广度

林业局及林场是目前我国林业的基层单位，也是实现永续利用的基本单位。林业局(林场)森林经营方案的编制是森林规划设计的核心内容之一，它所涉及的内容(即广度)因林业局(林场)是采伐利用为主还是营林为主，是新建还是改扩建，或修订等不同类型、不同情况而异。通常而言，林业局(林场)森林经营方案根据不同类型分为以下 3 种情况：

森林经营方案内容包括：森林资源与经营评价；森林经营方针与经营目标；森林功能区划；森林分类与经营类型；森林经营；非木质资源经营；森林健康与保护；森林经营基础设施建设与维护；投资估算与效益分析；森林经营的生态与社会影响评估；方案实施的保障措施等主要内容。

简明森林经营方案内容包括：森林资源与经营评价；森林经营目标与布局；森林经营；森林保护；森林经营基础设施维护；效益分析等主要内容。

规划性质森林经营方案包括：森林资源与经营评价；森林经营方针、目标与布局；森林功能区划与森林分类；森林经营；森林健康与保护；投资估算与效益分析；森林经营的生态与社会评估等主要内容。

以上从深度和广度两方面简单介绍了森林规划的基本内容，无论在分类方法上、内容上都是相对的。编制方案的章节内容可根据对象情况及有关规定加以适当伸缩，而且也应有所侧重。

森林规划的成果或文件组成，一般由设计说明书、图纸、概算及附件四部分组成。说明书如果是以林业局为对象时还应分别林场编写，如有单项设计也应单独编制；图纸包括林相图、森林分布图、有关设计图纸；概算包括总概算及分项概算；附件包括计划任务书，协议、纪要、森林资源统计材料，采用的定额及技术经济指标、专业调查报告及方案比较或论证资料等。

本章小结

森林是由树木为主体所组成的地表生物群落，森林资源的含义比仅指树木的定义要广泛许多，是林地及其所生长的森林有机体的总称。森林资源以林地、林木资源为主，还包括林中和林下植物、野生动物、土壤微生物及其他自然环境因子等资源。森林资源具有多种作用与效益，可以分为林产品供给、生态保护调节、生态文化服务、生态系统支持四大类。森林需要通过施加人为干预措施进行经营，才能充分发挥其社会、环境、经济效益，从而满足人类日益增长的物质和环境的需要。进入21世纪以来，我国林业实施以生态建设为主的发展战略，林业发展步入以生态建设为主的新阶段。然而，森林经营仍是林业建设的短板，林地生产潜力远未发挥出来，林地生产力和产出率低、效益不高的问题依然突出。森林经营需要按照森林经营计划(规划或方案)实施。森林规划应根据林业局、林场和股份制公司等经营管理森林资源的企事业单位的森林资源状况和生产实际，并结合上级或林业主管部门有关指示进行。森林规划的深度要根据对象的复杂程度、设计种类和施工要求而定，而它所涉及的内容(即广度)因林业局(场)是采伐利用为主还是营林为主，是新建还是改扩建，或修订等不同类型、不同情况而异。

思考题

1. 简述森林的几个主要作用与效益。
2. 结合自己家乡所在地的森林资源状况，分析一下森林经营的主要成就及其面临的主要问题。
3. 简述森林规划的主要依据、深度与广度。

推荐阅读书目

1. 林学概论．赵忠．中国农业出版社，2008.
2. 森林经理学(第2版)．于政中．中国林业出版社，1993.
3. 森林资源经营管理．亢新刚．中国林业出版社，2001.
4. 中国森林资源报告(2014-2018)．国家林业局和草原局．中国林业出版社，2019.

参考文献

胡延杰，2017. 全球化背景下的世界林业发展新理念[J]. 林业经济(5)：46-50.

潘鹤思，李英，陈振环，2018. 森林生态系统服务价值评估方法研究综述及展望[J]. 干旱区资源与环境，32(6)：72-77.

舒德远，刘延惠，丁访军，等，2017. 森林生态系统服务功能价值评估研究[J]. 中国资源综合利用，35(2)：72-77.

徐斌，张德成，胡延杰，等，2013. 世界林业发展热点与趋势[J]. 林业经济(1)：99-106.

第 2 章　森林经营的生态学基础

生态学是研究生物与环境、生物与生物之间相互关系的科学。从长期经济发展与环境的关系上来讲，由于森林经营的目的是建立健康稳定、优质高效的森林生态系统，森林经营应该是在寻求生态合理性的基础上来追求经济效益、社会效益的合理性。因此，研究对象复杂、工作范围广、持续时间长的森林经营实践活动需要生态学的理论指导，各种森林经营措施需要建立在坚实的生态学基础之上。生态学的基本理论与一般规律大致可从种群、群落、生态系统、景观、人与环境的关系等方面说明。本章在介绍自然—社会—经济复合生态系统理论基础上，重点分析了生态学理论、生态学基本规律对森林经营的指导意义，介绍了景观生态学的基本理论、原理及其在景观尺度森林经营中的应用途径。最后，作为森林生态系统适应性经营的理论基础，介绍了普利高津耗散结构理论及其对森林经营的指导意义。

2.1　自然—社会—经济复合生态系统理论

由于森林经营对象的复杂性、森林经营的长周期性，编制区域森林经营规划，按照森林经营规划的要求制定森林经营年度计划和作业设计，是保证森林经营取得预期效果的一个重要因素。自然—社会—经济复合生态系统理论，为区域尺度森林经营规划目标的制定提供了理论指导。

2.1.1　复合生态系统理论的提出

我国是一个古老的农业大国，有广大的乡村，对中国乡村景观及乡村景观规划进行研究探讨，具有重要的理论和现实意义。20 世纪 80 年代以来，我国部分地区已处于传统农业景观向现代农业景观过渡的阶段，传统的农业生产方式逐渐被放弃，伴随着化肥农药的大量使用、机械化耕种的大面积推广，有机质减少、面源污染、土壤板结等资源环境问题日益显现，使农业景观和自然环境发生了很大的变化。同时，伴随着城市化进程的加速，农村各产业的蓬勃兴起，在有限的自然资源和经济资源的条件下，各行业相互竞争，物质、能量和信息在各景观要素之间流动和传递，不断改变着区域内的景观格局，加剧了农业资源与环境问题。

为解决日益突出的城乡生态环境问题，1984 年，我国著名生态学家马世骏先生提出了复合生态系统概念：人类社会不同于生物种群，它是一类以人的行为为主导，自然环境为依托，资源流动为命脉，社会体制为经络的人工生态系统，即“经济—社会—自然复合生

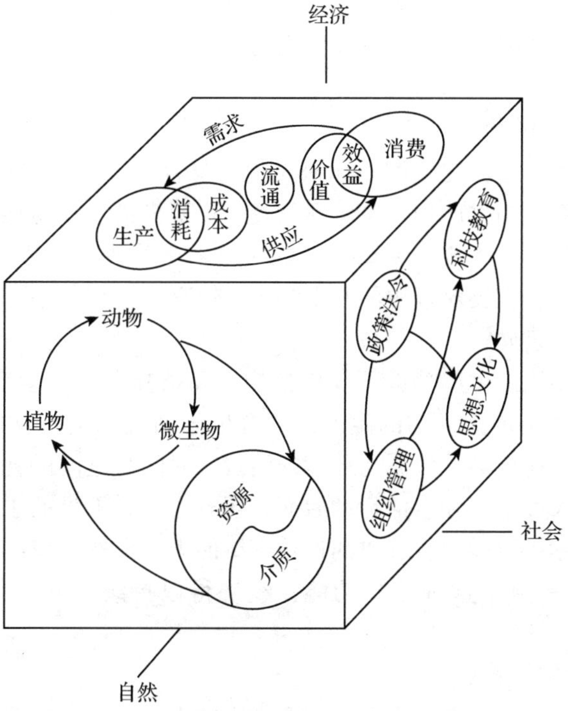

图 2-1　复合生态系统示意(引自马世骏，1984)

态系统”(图 2-1)。换言之，“经济—社会—自然复合生态系统”是在地球表层的一定地域范围内的经济系统、社会系统和自然生态系统相互结合而成的具有一定结构和功能的有机整体。如农村、城市及区域，实质上是一个由人的活动的社会属性以及自然过程的相互关系构成的复合生态系统。

2. 1. 2　复合生态系统理论的主要观点

复合生态系统的结构，是指系统内各组成要素之间有机联系和相互作用方式及诸要素在该系统内的秩序。它包括复合生态系统的组成要素、诸要素之间的相互联结方式以及诸要素组合的时空结构。

2. 1. 2. 1　复合生态系统的结构

我国著名生态学家马世骏先生则把复合生态系统各分系统的结构耦合关系描述为：

自然子系统由土(土壤、土地和景观)、金(矿物质和营养物)、火(能和光、大气和气候)、水(水资源和水环境)、木(植物、动物和微生物)等五行相生相克的基本关系所组成，为生物地球化学循环过程和以太阳能为基础的能量转换过程所主导。

经济子系统由生产者、流通者、消费者、还原者和调控者等五类功能实体间相辅相成的基本关系耦合而成，由商品流和价值流所主导。

社会子系统由社会的知识网、体制网和文化网等三类功能网络间错综复杂的系统关系所组成，由体制网和信息流所主导。

三个子系统间通过生态流、生态场在一定的时空尺度上耦合，形成一定的生态格局和生态秩序。

复合生态系统内部各要素之间、各部分之间的相互作用是通过物流、能流、价值流和信息流的形式实现的。

2. 1. 2. 2 复合生态系统的功能

我国著名生态学家马世骏先生和王如松先生把复合生态系统的功能用八面体来表示，其六个顶点分别表示系统的生产加工、生活消费、资源供给、环境接纳、人工控制和自然缓冲功能，它们相生相克，构成了错综复杂的人类生态关系，包括人与自然之间的促进、抑制、适应、改造关系；人类对资源的开发利用、储存、扬弃关系，以及人类生产、生活活动中的竞争、共生、隶属、互补关系。

其中：复合生态系统的生产功能不仅包括物质和精神产品的生产，还包括人的生产，不仅包括成品的生产，还包括废物的生产；复合生态系统的消费功能不仅包括商品的消费、基础设施的占用，还包括了资源与环境的消费、时间与空间的耗费、信息以及人的心灵和感情的耗费。在人类生产和生活活动后面，还有一只看不见的手即生态服务功能在起作用，包括资源的持续供给能力、环境的持续容纳能力、自然的持续缓冲能力及人类的自组织自调节活力。正是由于这种服务功能，经济得以持续、社会得以安定、自然得以平衡。

2. 1. 2. 3 复合生态系统的特点

与自然生态系统相比，复合生态系统存在如下特点：

复合生态系统的发展方向是反自然的，即与自然生态系统的演进方向相反。表现在 3 个方面：①自然生态系统的演进方向是成熟化，即系统的净产量趋近于零，生物能流趋于彻底耗散，物质循环趋近于完全；而复合生态系统的发展方向是年轻化，复合生态系统的净产量趋于越来越高，生物能流在系统内的耗散不充分，物质循环不完全。②自然生态系统的演进方向是多样化，成熟阶段也就是系统物种多样化程度最高的阶段，如此来确保系统能量流动和物质循环的完整性；而复合生态系统在人们的计划和控制下不断向简单化方向发展，培养、种植单一且生物量庞大的动植物种群以保证更高的净产量，使大量的物种绝灭，形成极少数物种占优势的、环境单调的生态系统。③由于前两个原因，自然生态系统的演进方向是稳定性不断增强，而复合生态系统却朝着不稳定性增强的方向发展。

复合生态系统运行的维持需要不断增强的人工能流的投入，不同于自然生态系统的运行完全是由生物能流推动的。复合生态系统是一个能量物质流通量很大、贮藏与转换时间较短、流动速度很快的系统。该系统自身消耗的能量大大超过其自身捕获、转化的太阳辐射能，而靠消耗岩石圈中储存的太阳能及其他非初级生产的能量来维持。由于生产者的缺乏，大量能量和物质需要它系统提供，使人工复合生态系统永远离不开自然生态系统而独立存在，依赖性很强。

复合生态系统具有不断发展的开放性，而自然生态系统具有相对的封闭性。与自然生态系统自身蓄积量的生物量相比，该系统与外界进行能量与物质交换甚小；复合生态系统的开放性最初也不强，起码在人类社会发展之初是这样，后来，随着人口增长，经济活动规模扩大，商品经济和市场经济的发展，系统的开放性越来越明显，到今天已经达到前所未有的程度。复合生态系统的高产出和高消耗的性质，加剧了物质循环的不平衡性，这种不平衡不能由系统内自行补偿，人工能量和物资的投入是必需的。为此，不同层次的复合系统之间寻求开放互补，以维持系统的运行。

2.1.3　复合生态系统理论与区域森林经营规划

复合生态系统是人类为了满足自身不断增长的物质和文化生活需要，而通过劳动改变原来的自然生态过程中形成的生态系统。由于地球上不同地区原来的自然生态系统及其自然资源的构成很不相同，人类将其自然生态系统改造成复合生态系统的目的不同，人口的稠密度及其人力资源的分布不同等原因，使得目前地球上普遍存在的复合生态系统在具体模式上千差万别。如在地域构成上有城市、乡村、陆地、滨海等不同的复合生态系统；在产业构成上有农业、畜牧业、林业、工矿等复合生态系统。此外，复合生态系统模式还会因民族文化、宗教信仰、行政区划的不同而表现出不同的样式。

我国天然林中的原始林绝大部分被采伐殆尽，现有的原始林仅见于自然保护区、森林公园、未开发的原始林区、已实施保护的热带雨林。因此，我国绝大部分地区的森林都可以看作一种自然—社会—经济复合生态系统。根据复合生态系统理论，这种复合生态系统能量、物质流通量大、贮藏与转换时间短、流动速度快。区域森林生态系统的运行维持，不能完全由生物能流推动。要维持区域森林生态系统的可持续运行，需要不断增强的人工物质、能量、资金等森林经营要素的投入，即区域森林生态系统是一个高产出和高消耗的复合系统。

根据复合生态系统理论，我们可以认为区域森林是一个自然—社会—经济复合生态系统，包括自然、社会、经济三个子系统。森林生命周期的长期性和森林类型的多样性，决定了森林经营活动的系统性和复杂性，必须进行统筹规划和预先决策部署。因此，森林经营应该按照森林经营规划(计划或方案)实施。在编制区域森林经营规划中，区域森林必须同时满足生态、社会、经济三大经营目标。经济目标如年均总产值、总成本与产品单位成本、利润与税收，生态环境目标如森林覆盖率、森林资源消耗量，社会目标如文教卫生与社会福利、就业率、人均收入水平及其他社会效益等。

2.2　生态学理论

2.2.1　生物多样性原理

生物多样性是指生物中的多样化和变异性以及物种生境的生态复杂性，它包括植物、动物和微生物的所有种及其组成的群落和生态系统。生物多样性包括三个层次：遗传多样性、物种多样性和生态系统多样性。生物多样性包括多方面的价值：直接经济价值、间接经济价值(环境调节、生态服务、教育及科学研究)、选择价值、存在价值等。

生物多样性与生态系统生产力、稳定性、抵抗生物入侵以及养分动态密切相关。生物多样性高的森林生态系统通常包含更多的物种。在森林生态系统中，一个群落的自动平衡能力随着物种多样性的增加而增长。在森林生态系统中，随着物种多样性的增加，食物链的环节增多、食物网的结构趋向复杂化。生物群落的复杂性越大，森林生态系统所具有的自动调节能力越大。在成熟和高度多样化的森林生态系统，物质循环、能量流通的效率往往较高，很少产生无法利用的资源废物。多样化的生物群落对森林生态系统稳定性、生产力以及养分供给具有促进作用。

生物多样性原理，对于森林经营具有重要的指导意义。在人工造林过程中，提倡营造异龄复层针阔混交林，通过增加物种生物多样性，提高森林生态系统稳定性。在珍稀、濒危野生动植物栖息地、高保护价值森林分布区，通过建立自然保护区、自然保护小区的方式保护生物多样性。在一些森林生态系统破坏较为严重的地区，设立具有明显标识的森林保护宣传牌、宣传碑，严禁放牧、采伐等人为活动，以期达到保护其地方物种多样性的目的。对于天然林修复，采取天然更新、目标树经营、孔状渐伐、采伐剩余物留存等近自然经营技术体系，以提高森林生态系统的稳定性和健康水平。

2.2.2 森林干扰理论

森林干扰是指森林中存在的能够破坏生态系统或者物种结构、改变森林自然环境演变方向与速度的自然或人为的离散事件。森林干扰对森林的作用可能是建设性的，如优化森林结构、增强森林功能，也可能是破坏性的，如劣化森林结构、削弱森林功能。森林干扰对森林的作用好坏，取决于干扰的强度与方式。

森林中常见的自然干扰因素包括生物性与非生物性。火灾、风灾、雪灾、洪水、土壤侵蚀、冰川、火山活动等属于非生物性自然干扰；而病虫害、动物危害则属于生物性自然干扰。人为干扰包括破坏性干扰和建设性干扰。破坏性干扰常常导致森林结构破坏、生态失衡和生态功能退化；而抚育间伐、割灌除萌、林木修枝等森林经营措施往往能促进林木生长，属于建设性干扰。

美国生态学家康奈尔(J. H. Connell，1978)提出了中度干扰假说。该假说认为：一个生态系统处在中等程度干扰时，其物种多样性最高。原因在于，高强度的频繁干扰，不利于处于演替后期的要求较稳定生境的种类生存；而干扰程度很低，由于竞争排除法则，不利于处于演替前期的种类生存。因此，在森林经营实践中，根据中度干扰假说，抚育间伐的强度，必须考虑调整群落结构、促进保留木生长以及保护生物多样性等多方面因素，抚育采伐作业的强度应控制在中等强度范围内。

2.2.3 森林演替理论

森林演替是在同一个地段上，一种森林群落为另一种森林群落所更替的现象。广义的森林演替是从裸地开始，由简单的先锋植物入侵、定居，逐渐改变环境条件，导致后继植物入侵、定居，形成新的群落，经过不同植物群落的更替、发展，最后形成复杂而稳定的森林群落的过程。在森林演替过程中，不同的演替阶段通常伴随着树种更替和组成变化，或不发生树种更替而出现不同的林型。

引起森林演替的动力可以分为内因和外因两种。内因如群落发展或生物竞争，现有群落发展引起群落内在环境的变化，或由于群落中生物之间的竞争而引起的树种更替或森林演替。外因如火山爆发、火灾、水灾、病虫害等自然灾害或采伐等人为活动。外因通过内因起作用，内因是生态系统内部各组成成分之间的相互作用，它是生态系统演替的主要动力。

按照森林演替的性质和方向，可分为森林正向演替和逆向演替。正向演替是指在未经干扰的自然状态下，森林群落由结构简单、不稳定的群落类型向结构复杂、稳定性较高的群落类型发展的过程，该过程有如下特征：土壤厚度增加，肥力提高；群落对环境具有强烈的改造作用，形成特有的群落环境；群落向中生化的方向发展；森林群落结构日趋复杂化；物种多样性增加，群落生产力提高。反之，逆向演替是指在人为破坏或自然灾害影响下，原来稳定性较大、结构复杂的群落消失，代之以结构简单、稳定性较小的群落，甚至倒退到裸地。

森林群落的自然演替理论具有极强的实践意义。我国低产低效次生林面积较大，通过补种补植、割灌除草、林地施肥等退化林修复措施，森林经营者可以促进天然次生林的正向演替，从而在短期内提高退化森林质量。对于尚未郁闭的人工用材林，在加强割灌除萌、林地松土、灌溉施肥等森林经营措施的同时，加强管护，减少牛羊放牧对幼林的伤害，可以促进正向演替，减少逆向演替发生的概率。运用森林演替规律来指导森林经营，既可充分利用森林资源，又可避免森林群落向低级类型逆向演替。

2.2.4 主导生态因子作用原理

环境中各种生态因子不是孤立存在的，而是彼此联系、相互促进、相互制约，任何一个单个因子的变化，都可能引起其他因子不同程度的变化及其反作用。在一定条件下起综合作用的诸多环境因子中，有一个或几个对生物起决定性的生态因子，称为主导因子。主导因子发生变化会引起其他因子也发生变化。对生物而言，主导因子不是绝对的，而是可变的，它随时间、空间以及生物有机体的不同发育时期而发生变化。主导因子的改变常会引起其他生态因子发生明显变化或使生物的生长发育发生明显变化，如光周期现象中的日照时间和植物春化阶段的低温因子就是主导因子。

在森林经营方案编制、立地质量评价、树种选择、造林设计等多种森林经营规划过程中，从众多的生态因子中，通过分析评价，找到影响规划目标的主要生态因子，才能有针对性地制定森林经营措施、精准提高林木生产力。例如，很多研究表明，海拔、土壤厚度、坡位是森林分类与立地质量评价的主要生态因子。因此，在立地质量评价过程中，就可以选择地形因子、土壤因子作为主要生态环境因子。

2.2.5 生态位原理

生态位的定义最早是由格林内尔(J. Grinnell，1917)给出的，他认为生态位是指“恰好被一个种或一个亚种所占据的最后分布单位”，所以也称空间生态位。埃尔顿(C. Elton，1927)给生态位下的定义是：一个动物的生态位表明它在生物环境中的地位及其与食物和天敌的关系，即所谓的营养生态位或功能生态位。魏泰克(R. H. Whittaker，1975)认为，生态位是指每个物种在群落中的时间、空间位置及其机能关系，或者说群落内一个物种与其他物种的相对位置。这个定义既考虑到了生态位的时空结构和功能关联，也包含生态位的相对性，是目前被认为比较科学而广为接受一种生态位概念。

通俗地讲，生态位就是生物在漫长的进化过程中形成的，在一定时间和空间拥有稳定的生存资源(食物、栖息地等)，进而获得最大生存优势的特定的生态定位。生态位的形成减轻了不同物种之间恶性的竞争，使不同物种都能获得比较生存优势，有效地利用自然资源。这是自然界各种生物欣欣向荣、共同发展的原因所在。

在实际的森林立体种植、农林复合经营实践中，可以通过增加或创造生态位，延长食物链的方式，提高森林生态系统的资源效率和生态效益。例如，珠江三角洲桑基鱼塘这种典型的水陆物质和能量交换型生态工程，体现了生态工程的食物链原理、生态位原理、整体性原理、物质循环与再生利用原理，实现了物质循环再生和能量的多级利用，取得了良好的生态效益和经济效益。又如，陕西渭北果区的“果-菇”工程，果树为香菇这种食用菌的生长提供了适宜的生态位(弱光照、高湿度和低风速等)，而栽培食用菌的废料(菌糠)以及食用菌生长过程中释放出的二氧化碳，又可以作为果树生长的养料，促进了果树的生产。果树与食用菌两者之间相互促进，提高了整个系统的生产力。再如，在我国太行山低山丘陵地带利用疏林环境，进行了多次围栏养鸡试验，每亩林地养鸡 450 只，使养鸡饲料用量比对照降低 20%~30%，同时使山地昆虫种群数量大减。由于鸡粪提高了土壤肥力，使森林群落郁闭度明显增加，促进了森林植被向结构更加复杂的方向演替。

1932 年，苏联生态学家高斯(G. F. Gause)做了经典的实验，研究三个不同种草履虫的竞争问题，在此基础上提出了竞争排斥原理(又称为高斯假说)：由于竞争的结果，两个相似的物种不能占有相似的生态位，而是以某种方式彼此取代，使每一物种具有食性或其他生活方式上的特点，从而在生态位上发生分离的现象。竞争排斥现象在森林中普遍存在，如果两个树种具有相同的生态位，种间竞争就决定了它们的存活和发育过程。根据竞争排斥原理，在森林造林树种选择过程中应充分考虑物种的生态特征，避免不同树种之间产生激烈的竞争，使各种群均能最大化地利用环境资源，提高森林的初级生产力。

2.2.6 边缘效应原理

20 世纪 30 年代，野生动物学家利奥波德(A. Leopold)将在生态交错带内的物种种类和个体数量多于邻近生态系统的现象称为边缘效应。1942 年，地理植物学家比彻(W. J. Beecher)研究群落的边缘效应长度与鸟类种群密度的关系后发现，在两个或多个不同地貌单元生物群落的交界处，群落结构比较复杂，不同生境的物种在此共生，种群密度变化较大，某些物种特别活跃，生产力水平也较高，他将这种现象称为“边缘效应”。王如松和马世骏将边缘效应的定义从单纯地域性方面进行扩展，提出了边缘效应的一般概念：在两个或两个以上不同性质的生态系统(或其他系统)交互作用处，由于某些生态因子(如物质、能量、信息、时机或地域)或系统属性的差异和协合作用而引起系统某些组分及行为(如种群密度、生产力和多样性等)的较大变化，称为边缘效应，也称周边效应。

引起边缘效应的机理在于边缘效应的加成效应、协合效应和富集效应。任何生物在多维生态空间中均占有一定的生态位，但由于环境条件的限制，生物的实际生态位与理想生态位(基础位)之间存在差距。若生态位维度与重叠值较高，则产生加成作用。对特定物种来说，其与各种生态因子并不是简单的加成关系，一旦与边界异质环境中的生态位相“谐振”，因子间就会产生强烈的协合作用。边缘地带是多种“应力”交互作用地带，通常较各子系统更复杂、异质和多变，信息量更丰富，可刺激子系统中信息要求较高的种群甚至外系统种群向边缘区集结，形成富集作用。

边缘效应是自然生态系统中一种非常普遍的现象。边缘效应造成了生物的多样性和生存环境的复杂性，使处于边缘的生物对外界环境具有更强的适应能力。边缘效应的主要特征可归纳为：食物链长，生物多样性增加，种群密度提高；系统内部物种与群落之间竞争激烈，彼此消长频率高、幅度大；抗干扰能力差，界面易发生变异，且系统恢复周期长；自然波动与人为干扰相互叠加，易使系统承载能力超过临界阈值，导致系统紊乱乃至崩溃。针对边缘效应的这些特征，对于破碎化的原始林，应采取严格的保护措施，尽量避免人为干扰所产生的边缘劣势；对于组成结构简单、生产力低下的天然次生林，若无外界干扰，经过种间与种内强烈竞争，最后将恢复为顶极群落。然而，自然恢复过程是极其漫长的，且经济效益低下，故需对次生林组成结构进行人工干扰。运用边缘效应原理，在次生林内进行狭带状或斑块状采伐，有利于次生林结构的调整和功能的改善，从而达到速生、优质、高产的目的。

2.3　生态学基本规律

2.3.1　生态学基本规律

生态学中的整体的观念、循环的观念、平衡的观念和多样性的观念以及它所揭示的生态规律，构成了生态自然观的重要理念和科学根据。

整体的观念，是说生物(包括人在内)与其环境构成一个不可分割的整体，任何生物均不能脱离环境而单独存在。循环的观念，是指作为生产者的植物、消费者的动物、分解者的微生物，它们互相耦合，形成由生产、消费和分解三个环节构成的无废弃物的物质循环。平衡的观念，认为生物之间的食物链关系、金字塔结构和循环体系处在一个动态的平衡之中。多样性的观念，即“多样性导致稳定性”的生态原理，它强调保护生物物种的多样性，认为生物多样性的丧失，直接威胁着生态系统的稳定性。

早在 1989 年，生态学家在当时国内外已有研究的基础上，总结出与自然保护相关的 6 条生态学一般规律，受到环境保护者的欢迎。陈昌笃认为生态学的一般规律，可以概括为“物物相关”“相生相克”“能流物复”“协调稳定”“负载定额”“时空有宜”等几条规律。下面简单介绍 4 条主要的生态学基本规律。

(1)物物相关、相生相克规律

普遍的依存与制约也称“物物相关”规律。有相同生理、生态特性的生物，占据与之相适宜的小生境，构成生物群落或生态系统。系统中不仅同种生物相互依存、相互制约，异种生物(系统内各部分)间也存在相互依存与制约的关系；不同群落或系统之间，也同样存在依存与制约关系，也可以说彼此影响。这种影响有些是直接的，有些是间接的，有些是立即表现出来的，有些需滞后一段时间才显现出来。因此，在自然开发、工程建设中必须了解自然界诸事物之间的相互关系，统筹兼顾，做出全面安排。

通过“食物”而相互联系与制约的协调关系，也称“相生相克”规律。具体形式就是食物链与食物网，即每一种生物在食物链或食物网中，都占据一定的位置，并具有特定的作用。各生物种之间相互依赖、彼此制约、协同进化。被食者为捕食者提供生存条件，同时又为捕食者控制；反过来，捕食者又受制于被食者，彼此相生相克，使整个体系(或群落)

成为协调的整体。亦即体系中各种生物个体都建立在一定数量的基础上，它们的大小和数量都存在一定的比例关系。生物体间的这种相生相克作用，使生物保持数量上的相对稳定，这是生态平衡的一个重要方面。当人们向一个生物群落(或生态系统)引进其他群落的生物种时，往往会由于该群落缺乏能控制它的物种(天敌)存在，使该种种群数量暴发增长，从而造成灾害。

物物相关、相生相克的规律，揭示了自然事物相互联系、相互制约、共存共生的生态关系。自然界任何生物物种的存在都有其合理性，这是生态系统维持其动态平衡的动力之网，因而保持物种多样性，使人与生物伙伴协同进化，才能确保生态系统的稳定发展。

(2)能流物复、协调稳定规律

生态系统中，植物、动物、微生物和非生物成分，借助能量的不停流动，一方面不断地从自然界摄取物质并合成新的物质，另一方面又随时分解为简单的物质，即所谓“再生”。这些简单的物质重新被植物所吸收，由此形成不停顿的物质循环。因此，要严格防止有毒物质进入生态系统，以免有毒物质经过多次循环后富集到危及人类健康的程度。至于流经自然生态系统中的能量，通常只能通过系统一次，它沿食物链转移时，每经过一个营养级，就有大部分能量转化为热散失掉，无法加以回收利用。因此，为了充分利用能量，必须设计出能量利用效率高的系统。例如，在农业生产中，为防止食物链过早截断、过早转入细菌分解，使能量以热的形式散失掉，应该经过适当处理(如秸秆先作为饲料)，使系统能更有效地利用能量。

物质输入输出的平衡规律，又称生态系统协调稳定规律，涉及系统中生物与环境两个方面。当一个自然生态系统不受人类活动干扰时，生物与环境之间的输入与输出，是相互对立的关系，生物体进行输入时，环境必然进行输出；反之亦然。

生物体一方面从周围环境摄取物质，另一方面又向环境排放物质以补偿环境的损失。也就是说，对于一个稳定生态系统，无论对生物，对环境，还是对整个生态系统，物质的输入与输出总量总是相平衡的。当输入不足时，会产生生态匮乏，例如，一个城市物资供应不足，必然造成生产生活紧张，效率下降；反之，当城市物资供应充足但输出不足，又会导致生态滞留，使环境恶化，生产生活同样受阻。

“能流物复”和“协调稳定”的规律是生态系统存在和发展的内在保证。物质循环、能量流动把生态系统进而把生物圈联成一个整体，虽然各系统、系统的各部分有它们独特的运动形式，但都遵循整体性的原则。

(3)负载定额规律

任何生态系统中作为生物赖以生存的各种环境资源，在质量、数量、空间、时间等方面，都有其一定的限度，不能无限制地供给，因而其生物生产力通常都有一个大致的上限。也正因为如此，每一个生态系统对任何外来干扰都有一定的忍耐极限。当外来干扰超过此极限时，生态系统就会被损伤、破坏，以致瓦解。所以，放牧强度不应超过草场的允许承载量；采伐森林、捕鱼狩猎和采集药材时不应超过能使各种资源永续利用的产量；保护某一物种时，必须要有足够它生存、繁殖的空间；排污时，必须使排污量不超过环境的自净能力。

负载定额规律揭示，任何生态系统的生产力和承载能力都是有限的，它由生物物种

(包括人类)自身的特点及可供它利用的资源和能量决定。人口问题、资源问题、环境问题，实际上都是由于人类的活动接近或已超过生态系统的“负载定额”的限度而造成的。

(4)时空有宜规律

时空有宜规律，即每一个地区，都有其特定的自然和社会经济条件组合，构成独特的区域生态系统。在开发利用某特定地区的生态系统时，必须充分考虑它的特性。例如，长江、黄河上游的森林生态系统与苏南的森林生态系统是不尽相同的，前者的主要功能是水土保持，而后者主要功能是市民休闲、康养游憩。时空有宜规律揭示了生态系统动态变化的特征，使人类在构建区域生态系统，规划人的生产、消费理念和行为时，能既从实际出发，实事求是，又因时因地制宜，与时俱进。

2.3.2　生态学规律与区域森林经营

生态学基本规律，实际上是进行区域森林经营所必须遵守的基本原则。时空有宜规律要求人们必须根据各地域的自然条件、社会经济条件和当地对林业发展的需求，因地制宜地进行林业生产布局和经营方向决策，在南方集体林区林业发展的方向是培育经济林、速生丰产林、防护林，而在西北干旱、半干旱地区，森林经营重点应该放在防风固沙的灌木林、草地的经营上。负载定额规律则告诉我们一个地区的森林采伐量不得大于生长量。物物相关规律启示林业工作者，在对森林病虫害进行防治时，尽量利用生态系统的负反馈机制，采用生物措施进行防治。能流物复规律则揭示，在森林经营中，可以采用农林间作、立体种植方式延长食物链，提高系统的能量利用率、综合生产力，使系统能更有效地利用能量。

2.4　景观生态学理论与原理

2.4.1　景观生态学概述

景观生态学(landscape ecology)是研究景观单元的类型组成、空间配置及其与生态学过程相互作用的综合性学科。强调空间格局、生态学过程与尺度之间的相互作用，是景观生态学研究的核心所在。

景观生态学起源于中欧，1937 年德国的地植物学家卡尔·特罗尔(Carl Troll)在《航空像片制图和生态学的土地研究》一文中首次提出景观生态学概念，试图通过对航片的判读，把景观学的区域差异对比研究与生态学的结构、功能研究结合起来。景观生态学概念的提出是地理学与生物(生态)学相结合的产物，它的核心思想是由综合整体思想和生态学思想两方面所构成，但自提出后很长一段时间内这个概念未能引起人们的重视。进入 20 世纪 70 年代，人类面临着人口、资源、环境的严重挑战，景观生态学所具有的“整体观”适应了新时代科学研究发展的要求，同时由于遥感技术和计算机技术的飞速发展及生态学与景观学研究的不断深化，景观生态学获得了蓬勃的发展。一些国家相继成立了景观生态学的研究机构和教学机构，如荷兰、捷克斯洛伐克等。20 世纪 80 年代，景观生态学的基本理论和实际应用在美国得到重视，1982 年成立国际景观生态联合会(IALE)。目前在景观生态学研究中已形成了注重土地利用规划应用的欧洲学派和侧重于模型与方法研究的北美学派两大学派。

景观生态学理论体系包括系统论、耗散结构与自组织理论、等级结构系统理论、时空尺度和空间异质性、渗透理论、复合种群理论、岛屿生物地理学理论等基本理论；还包括系统整体性原理、尺度性原理、生态流及其空间再分配原理、结构镶嵌性原理、文化性原理、人类主导性原理和多重价值原理等基本原理。

景观生态学的基本理论和原理主要有 3 个来源：一是来自其母体学科，特别是生态学和地理学；二是来自相关学科，特别是系统科学和信息科学；三是景观生态学领域具有普遍意义的研究成果的提炼。

2.4.2 景观生态学基本理论

(1)岛屿生物地理学理论

麦克阿瑟(R. H. MacArthur)和威尔逊(E. O. Wilson，1967)研究了海洋岛屿的生物多样性，系统发展了岛屿生物地理学平衡理论。他们认为，岛屿上物种丰度取决于两个过程，即物种迁入(immigration)和灭绝(extinction)。因为岛屿是一种面积有限的孤立生境，其生态位有限，已定居的生物种越多，留给外来种迁入的空间就越小，而已定居种随着外来种的侵入其灭绝概率增大。对于某一岛屿而言，迁入率和灭绝率将随岛屿中物种丰富度的增加而分别呈下降或上升趋势；当二者相等时，岛屿物种丰富度达到动态平衡状态，虽然种的组成可不断更新，但丰富度数值保持不变(图 2-2)。就不同的岛屿而言，种迁入率是资源群落(种迁入源)之间距离的函数，而灭绝率是岛屿面积大小的函数。这种离大陆越远的岛屿物种迁入率越小，被称为距离效应。岛屿的面积越小，其灭绝率越大被称为面积效应。因此，面积较大而距离较近的岛屿比面积较小距离较远的岛屿物种数目要大。根据岛屿生物地理学理论，自然保护区在很大程度上可以看作被人类栖息地包围的陆地"生境岛"。自然保护区的面积越大越好，一个大的保护区比具有相同总面积的几个小保护区更好。

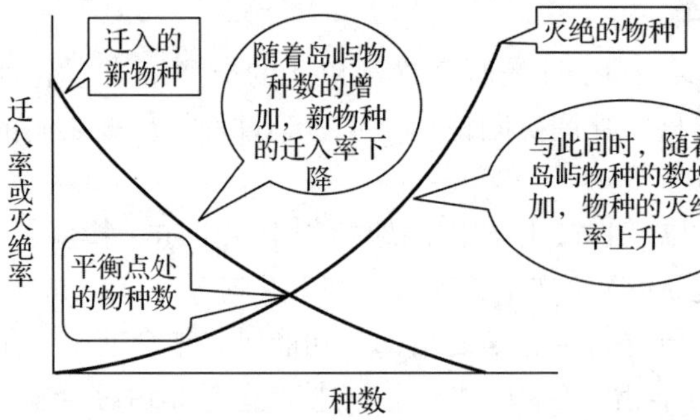

图 2-2 岛屿生物地理学平衡模型(引自邬建国，2000)

(2)复合种群理论

复合种群是由空间上彼此隔离，而在功能上又相互联系的两个或两个以上的亚种群或局部种群组成的种群缀块系统。根据复合种群理论，一个复合种群若要持续存在，必须要有缀块间个体(对动物而言)或繁殖体(对植物而言)的交流，以补偿不断发生的局部灭绝过程。复合种群理论对破碎化生境及物种的保护具有重要的指导意义。对于以破碎化生境或物种为保护对象的自然保护区，最好设计几个大、中、小不等的保护区，且相互距离越近越好。

(3)景观连接度和渗透理论

对生物群落而言，当景观连接度较大时，生物群落在景观中迁徙、觅食、交换、繁殖和生存较容易，受到阻力较小；相反运动阻力大，生存困难。廊道是景观连接度的一种表现形式，在生物群体之间的个体交换、迁徙和生存中起着重要作用。因此，在生物多样性保护中，可通过研究不同生物栖息地之间的景观连接度水平来分析生物群体之间的相互作用和联系，进而通过增减廊道的数量或改进廊道的质量来促进生物多样性保护。

(4)景观异质性与景观多样性

景观组分和要素在景观中的不均匀分布构成了景观异质性。实验观察和模拟都显示，景观异质性为生物生存提供了多种多样的生境，有利于物种的生存、延续和整个生态系统的稳定。如有些物种在生活周期内需要不同的生活环境，一些物种具有迁徙、洄游等生活习性，也需要不同的栖息环境。景观异质性的存在促进了景观多样性，通过景观格局对生态过程的影响研究，可以寻找合理的景观配置，设计不同的景观结构，进而达到保护生物多样性的目的。

2.4.3　景观生态学基本原理

(1)景观结构镶嵌性原理

景观和区域的空间异质性有两种表现形式，即梯度与镶嵌。镶嵌性是研究对象聚集或分散的特征，在景观中形成明确的边界，使连续的空间实体出现中断和空间突变。因此，景观的镶嵌性是比景观梯度更加普遍的景观属性。福尔曼(R. T. T. Forman)所提出的斑块—廊道—基底模型就是对景观镶嵌性的一种理论表述。

景观斑块是地理、气候、生物和人文等要素构成的空间综合体，具有特定的结构形态和独特的物质、能量或信息输入与输出特征。斑块的大小、形状和边界，廊道的曲直、宽窄和连接度，本底的连通性、孔隙度、聚集度等，构成了景观镶嵌特征丰富多彩的不同景观。

景观的镶嵌格局或景观的斑块—廊道—基底组合格局，是决定景观生态流的性质、方向和速率的主要因素，同时景观的镶嵌格局本身也是景观生态流的产物，即由景观生态流所控制的景观再生产过程的产物。因此，景观的结构和功能，格局与过程之间的联系与反馈始终是景观生态学研究的重要课题。

(2)景观的文化性原理

景观是人类活动的场所，景观的属性与人类活动密不可分，因而并不是一种单纯的自然综合体，往往由于不同的人类活动方式而带有明显不同的文化色彩。同时也对生活在景观中的人们的生活习惯、自然观、生态伦理观、土地利用方式等文化特征产生直接或显著的影响，即所谓“一方水土养一方人”。人类对景观的感知、认识和价值取向直接作用于景观，同时也受景观的影响。人类的文化背景强烈地影响着景观的空间格局和外貌，反映出不同地区人们的文化价值观。例如，我国东北的北大荒地区就是汉族移民在黑土漫岗上的开发活动所创造的粗粒农业景观，而朝鲜族移民到东北东部山区的宽谷盆地中定居所创造的是以水田为主的细粒农业景观。

按照人类活动的影响程度可将景观划分为自然景观、管理景观和人工景观，并通常将管理景观和人工景观等附带有人类文化或文明痕迹或属性的景观称为文化景观。人类成为景观中主要的生态组分，是文化景观的特征。这类景观多表现为规则化的空间布局，高度特化的功能，高强度能量流和物质流维持着景观系统的基本结构和功能。

在原始林所剩无几、人类活动对森林的干扰日趋增大的背景下，总体而言，我国森林景观属于文化景观的范畴。作为一种文化景观，对森林景观的可持续经营研究不仅涉及自然科学，更需要人文科学的交叉和整合。例如，造林树种的选择，尤其是少数民族地区、城市风景区的造林营林，除了贯彻适地适树原则、考虑树种的经济效益外，还需要与当地文化、民族性格特征相结合。我国各地城市涌现出来的市树、市花，就是森林景观文化性的体现。

(3)景观演化的人类主导性原理

景观系统如同其他自然系统一样，其宏观运动过程是不可逆的。系统通过从外界环境引入负熵而提高其有序性，从而实现系统的进化或演化。

景观演化的动力机制有自然干扰与人为活动两个方面。由于人类活动对景观影响的普遍性与深刻性，在作为人类生存环境的各类景观中，人类活动对景观演化的主导作用非常明显。人类通过对景观变化的方向和速率进行有目的的调控，可以实现景观的定向演化和持续发展。应用生物控制共生原理进行景观生态建设是景观演化中人类主导性的积极体现。景观生态建设是指一定地域、生态系统，适用于特定景观类型的生态工程，它以景观单元空间结构的调整和重新构建为基本手段，改善受胁迫或受损生态系统的功能，提高其基本生产力和稳定性，将人类活动对于景观演化的影响导入良性循环。

我国各地的劳动人民在长期的生产实践中创造出许多成功的景观生态建设模式，如珠江三角洲湿地景观的桑基鱼塘系统、黄土高原侵蚀景观的小流域综合治理模式、北方风沙干旱区农业景观中的“林—草—田”镶嵌格局与复合生态系统模式等，均为人类的主动性在区域森林景观演化的主导性体现。

(4)等级缀块动态范式

范式是一个科学群体所共识并运用的，由世界观、置信系统(belief system)以及一系列概念、方法和原理组成的体系。科学家们自觉不自觉地因循范式来定义和研究问题，并寻求答案。范式不但为科学家提供研究路线图，而且还对如何制作这些路线图起着重要指导意义。

Wu 和 Loucks(1995)将等级缀块(斑块)动态范式要点概括为以下 5 个方面：①生态系统是由缀块镶嵌体组成的巢式(或包容型)等级系统。例如：在森林景观中，叶片、树冠、种群、群落、区域景观常常形成一个等级缀块动态系统，并表现出多尺度特征；在城市景观中，住宅小区、街道、小城镇、城市、城市带也同样形成一个等级缀块动态系统。②系统动态是各个尺度上缀块动态的总体反映。在具有等级结构的生态系统中，系统的动态是小尺度缀块和大尺度镶嵌体及其与环境相互作用的结果。③格局—尺度—过程观点。过程产生格局，格局作用于过程。研究格局、过程及其相互关系，必须考虑尺度效应。④非平衡观点。等级缀块动态理论将非平衡和随机过程作为生态系统稳定性的组成部分。一般而言，由于小尺度现象易受随机因素干扰，或由于非线性生物反馈作用强烈，因此常表现出非平衡特征。另外，若考虑特大时空尺度时，地质、气候、生物因素变化则不能忽略，这时生态系统也往往表现出非平衡特征。⑤兼容机制(incorporation)和复合稳定性(meta-stability)概念。所谓兼容，是指低层次非平衡过程被整合到高层次稳定过程的现象；而系统的这种在高层次上表现出的“准”平衡态特性称为复合稳定性。复合稳定性反映了一种“有序来自无序”情形。

森林生态系统是由具有不同性质、不同大小的斑块镶嵌体组成的巢式等级系统。森林经营涉及单木、林分、景观、区域、国家等多个尺度，周期涉及短期、中期、长期多个时间尺度。等级缀块动态范式的最重要贡献就在于它为森林生态学提供了一个新理论构架，使异质性、尺度和等级特征相结合，并使平衡态、多平衡态及非平衡态等观点相统一。

2.4.4　景观生态学理论、原理与区域森林经营

由于森林经营规划和景观生态学在研究对象、研究内容、研究方法具有惊人的相似性，可以认为，森林经营规划工作是景观生态学在森林景观中的具体实现，是景观生态学在森林景观中的实现手段；而景观生态学为森林经营规划设计工作提供景观水平的理论指导，同时能从森林规划设计中吸取许多有用的信息及方法。中国林业科学研究院的黄清麟研究员总结了景观生态学在森林经营规划中的 4 种应用途径。

(1)在林业生产布局方面

在国有林区林业局、国有林场森林经营方案编制过程中，林业生产布局关系到能否合理、充分、永续利用现有资源，挖掘生产潜力、降低生产成本、提高劳动生产率等系列全局性、战略性的问题，林业的生产布局如伐区配置、造林更新配置、加工网点、机修网点、森林保护网点、运输路线分布、场址衔接点、防火线(林带)分布等。森林经营规划工作中对这些生产布局问题通常采用系统工程的观点来解决，其主要的缺陷在于未从景观或区域这样更大尺度的角度考虑，而且未重视生物多样性的保护，这两点恰恰是景观生态学所关注的重点。因此，在林业生产布局时应充分利用岛屿生物地理学、复合种群理论、景观结构镶嵌性原理等景观生态学的基本理论与原理，完善林业生产布局技术。

(2)在林业生产顺序方面

生产顺序实际上是时间秩序，林业生产周期长，必须从林业生产的全过程考虑各种问题。林业生产顺序如开发顺序、更新造林顺序、林分改造顺序、抚育顺序等，它与林业生产布局相关联，影响整个景观的结构、功能及变化，景观生态学中对此研究较少，尚无成熟的技术，有待进一步研究。通过景观直观模型、虚拟仿真技术，可以预测景观的长时间序列变化，从而可以指导林业生产顺序的安排。

(3)在具体经营措施方面

在森林经营规划中，对具体经营措施，如采伐方式、抚育更新技术、林道开设、防火路开设及防火林带营造等，对其经济效果考虑得多，对点上的生态效果考虑得少，对面上的(如景观、区域)的作用就根本没有考虑。借助于细胞自动机、马尔科夫链等空间直观模型，通过建立一些计算和分析模型模块，嵌入到通用的地理信息系统模型中，可以迅速将不同森林经营措施的生态环境影响、经济效益、投资、用工等决策参数计算出来，并将不

同方案的可能执行效果直观地呈现出来，从而为森林经营措施的制定提供科学参考。

(4)在景观元素类型变化研究上

在假定景观元素的变化是个随机过程(事件)前提下，可利用细胞自动机、马尔科夫链模型预测分析其变化。在森林景观中，常见到村落附近分布着较为孤立的“风水林”，可视为残存嵌块体(斑块)来研究。富兰克林(J. F. Franklin)和福尔曼(R. T. T. Forman)运用“棋盘模型”(checkerboard model)，分析森林采伐对山地花旗松(*Pseudotsuga menziesii*)森林景观的影响也值得借鉴。南京林业大学李明诗等(2013)基于两期全球高分辨率(300 m)土地覆盖数据库(global land cover)数据，在 5×5 分析窗口尺度下运行森林破碎化模型并建立我国三大林区的森林破碎化模式地图(内部、孔洞、边界、斑块、过渡及未确定 6 种破碎化组分)以及人为干扰空间位置及烈度图。结果表明，2009 年与 2005 年相比，东北林区破碎化程度有所降低，南方林区和西南林区森林破碎化程度有所增加。

2.5 普利高津耗散结构理论

耗散结构理论的创始人是伊里亚·普利高津(Ilya Prigogine)教授。由于对非平衡热力学尤其是建立耗散结构理论方面的贡献，他于 1977 年获诺贝尔化学奖。他的早期工作主要集中在化学热力学领域，1945 年研究出了最小熵产生原理，此原理和昂萨格(Lars Onsager)倒易关系一起为近平衡态线性区热力学奠定了理论基础。普利高津经过多年的努力，试图把最小熵产生原理延拓到远离平衡的非线性区，但以失败告终。在研究了诸多远离平衡现象后，他认识到系统在远离平衡态时，其热力学性质可能与平衡态、近平衡态有着重大原则差别。以普利高津为首的布鲁塞尔学派又经过多年的努力，终于建立起一种新的关于非平衡系统自组织的理论——耗散结构理论。该理论于 1969 年由普利高津在一次“理论物理学和生物学”的国际会议上正式提出。

2.5.1 耗散结构理论的基本观点

普利高津从研究偏离平衡态热力学系统的输送过程入手，深入讨论离开平衡态不远的非平衡状态的热力学系统的物质、能量输送过程，即流动的过程，以及驱动此过程的热力学力，并对这些流和力的线性关系做出了定量描述，指出非平衡系统(线性区)演化的基本特征是趋向平衡状态，即熵增最小的定态。这就是关于线性非平衡系统的“最小熵产生定理”，它否定了线性区存在突变的可能性。

普利高津在非平衡热力学系统的线性区的研究的基础上，又开始探索非平衡热力学系统在非线性区的演化特征。在研究偏离平衡态热力学系统时发现，当系统离开平衡态的参数达到一定阈值时，系统将会出现“行为临界点”，在越过这种临界点后系统将离开原来的热力学无序分支，发生突变而进入到一个全新的稳定有序状态；若将系统推向离平衡态更远的地方，系统可能演化出更多新的稳定有序结构。普利高津将这类稳定的有序结构称作“耗散结构”。

耗散结构理论可概括为：一个远离平衡态的非线性的开放系统(不管是物理的、化学的、生物的乃至社会的、经济的系统)通过不断地与外界交换物质和能量，在系统内部某个参量的变化达到一定的阈值时，通过涨落，系统可能发生突变即非平衡相变，由原来的混沌无序状态转变为一种在时间上、空间上或功能上的有序状态。这种在远离平衡的非线性区形成的新的稳定的宏观有序结构，由于需要不断与外界交换物质或能量才能维持，因此称之为“耗散结构”(dissipative structure)。

2.5.2　耗散结构形成的条件

耗散结构理论指出，系统从无序状态过渡到这种耗散结构有几个必要条件，一是系统必须是开放的，即系统必须与外界进行物质、能量的交换；二是系统必须是远离平衡状态的，即系统中物质、能量流和热力学力的关系是非线性的；三是系统内部不同元素之间存在着非线性相互作用，并且需要不断输入能量来维持。

在平衡态和近平衡态，涨落是一种破坏稳定有序的干扰，但在远离平衡态条件下，非线性作用使涨落放大而达到有序。偏离平衡态的开放系统通过涨落，在越过临界点后“自组织”成耗散结构，耗散结构由突变而涌现，其状态是稳定的。耗散结构理论指出，开放系统在远离平衡状态的情况下可以涌现出新的结构。地球上的生命体都是远离平衡状态的不平衡的开放系统，它们通过与外界不断地进行物质和能量交换，经自组织而形成一系列的有序结构。因此可以认为，耗散结构理论是解释生命过程的热力学现象和生物进化的热力学理论基础之一。

2.5.3　耗散结构与复杂适应系统

法国哲学家埃德加·莫兰(Edgar Morin)是当代系统地提出复杂性方法的第一人。他的复杂适应系统方法主要是用“多样性统一”的概念模式来纠正经典科学的还原论的认识方法，用关于世界基本性质是有序性和无序性统一的观念来批判机械决定论。他提出要把认识对象的背景也作为研究的部分，而不应剥离，以此来反对在封闭系统中追求完满认识、主张整体和部分共同决定系统来修正传统系统观的单纯整体性原则。

普利高津的耗散结构理论研究了物理、化学中的导致复杂过程的自组织现象，从而为复杂适应系统方法的建立提供了科学依据。复杂适应系统(complex adaptive systems, CAS)，也称复杂性科学(complexity science)，是 20 世纪末叶兴起的前沿科学阵地。对复杂适应系统的定义也是“复杂”的，至今尚无统一的公认定义。但对复杂适应系统的研究越深入，则越能感受到这是对现有科学理论甚至哲学思想的一大冲击。与复杂适应系统表现出来的不确定性、不可预测性、非线性等特点相比，长期以来占统治地位的经典科学方法显得过于确定、过于简化。可以说，对复杂适应系统的研究将实现人类在了解自然和自身的过程中在认知上的飞跃。

复杂适应系统理论的基本思想可以概述如下：人们把系统中的成员称为具有适应性的主体(adaptive agent)，简称为主体。所谓具有适应性，就是指它能够与环境以及其他主体进行交互作用。主体在这种持续不断的交互作用的过程中，不断地“学习”或“积累经验”，并且根据学到的经验改变自身的结构和行为方式。整个宏观系统的演变或进化，包括新层次的产生，分化和多样性的出现，新的、聚合而成的、更大的主体的出现等，都是在这个基础上逐步派生出来的。

复杂适应系统理论把系统的成员看作具有自身目的与主动性的、积极的主体。更重要的是，复杂适应系统理论认为，正是这种主动性以及它与环境的反复的、相互的作用，才是系统发展和进化的基本动因。宏观的变化和个体分化都可以从个体的行为规律中找到根源。莫兰把个体与环境之间这种主动的、反复的交互作用用“适应”一词加以概括。这就是复杂适应系统理论的基本思想——适应产生复杂性。

2.5.4 耗散结构理论与森林生态系统适应性经营

森林生态系统是一种耗散结构，能够在一定的条件下，利用自我的调节能力和恢复能力，再加上一定的人为影响和干预，使得在其应对森林病虫害破坏、气候变化时，降低所受危害的可能性，减少经济和生态损失。森林生态系统适应性经营正是利用森林生态系统的适应性，通过科学的管理、监测和调控等手段，提高生物多样性，增强森林抵御病虫害、不利气候变化等各种自然灾害的能力，满足人类所期望的多目标、多价值、多用途、多产品和多服务的需要。

适应性经营是将研究与行动结合在一起的、以学习为导向的方法，准确地讲，它是计划、经营和监测的综合，以系统的测试假设、达到适应和学习的目的。森林生态系统适应性经营的主要原因在于，人们知识的不完善及人类与森林生态系统相互作用的复杂性，在面对不确定性的环境中可持续地管理森林资源的过程中，人们可以通过循环监测、改进知识基础、完善经营计划，必要时通过调节经营实践以实现森林经营的目标。

森林生态系统适应性经营是一种新型的管理模式，它包括了连续的调查、规划、实施、监测、评估、调控等环节，并形成一个生态系统适应循环，通过各阶段的分步实施、调整，从而达到保持森林生态系统可持续经营，或新的演替条件下社会、经济、生态效用最大化的目标。

森林生态系统适应性经营在森林经营领域得到广泛应用。目前，林业比较发达的美国、加拿大、印度、芬兰、意大利等国都正在不同程度地推行森林生态系统适应性经营。在美国森林资源比较丰富的西北部林区，由于采伐方法不当，环境遭到破坏。1993 年美国森林生态管理评估小组提出了“人类社会—森林生物群落—自然环境—复合生态系统”观点，要求必须坚持以开放的复杂的大系统观来管理森林资源。在森林生态系统适应性管理理论的指导下，制订了四步式拯救计划，即制订计划→采取措施→监测→调整计划并开始新一轮工作的循环。该计划已经实施了 10 余年，取得了很大成功。

本章小结

本章首先介绍了区域森林经营目标制定的指导理论——自然—社会—经济复合生态系统理论。其次，重点分析了生物多样性、森林干扰、森林演替、主导生态因子作用、生态位、边缘效应等生态学原理对森林经营的指导作用。第三，分析了生态自然观，“物物相关”“相生相克”“能流物复”“协调稳定”“负载定额”“时空有宜”等生态学基本规律及其在森林经营措施制定中的应用途径。第四，介绍了岛屿生物地理学理论、复合种群理论、景观连接度和渗透理论、景观异质性与景观多样性基本理论，以及景观结构镶嵌性原理、景观的文化性原理、景观演化的人类主导性原理、等级缀块（斑块）动态范式等景观生态学理论与原理，分析了景观生态学的基本理论、原理在景观尺度森林经营中的应用途径。最后，分析了普利高津耗散结构理论与森林生态系统适应性经营的关系。

思考题

1. 简述森林经营的几个主要生态学原理及其在森林经营中的应用途径。
2. 简述森林经营的几个主要生态学规律及其在森林经营中的应用途径。
3. 分析景观生态学的基本理论、原理在景观尺度森林经营中的应用途径。

推荐阅读书目

1. 景观生态学——格局、过程、尺度与等级．邬建国．高等教育出版社，2000.
2. 森林生态学．薛建辉．中国林业出版社，2010.
3. 生态学．李博．高等教育出版社，2000.
4. 生态学(第 3 版)．杨持．高等教育出版社，2014.

参考文献

黄清麟，1997. 景观生态学与森林经理学[J]. 林业资源管理 (4)：22-27.

马世骏，王如松，1984. 社会—经济—自然复合生态系统[J]. 生态学报，4(1)：1-8.

潘存德，师瑞峰，马兰菊，2007. 现代生态科学与森林经理学：寻求森林经营的生态合理性[J]. 西北林学院学报，22(1)：161-167.

潘存德，师瑞峰，刘翠玲，2007. 森林经理学：继承与发展[J]. 西北林学院学报，22(5)：172-177.

王兵，李少宁，白秀兰，等，2002. 森林生态系统管理的发展回顾与展望[J]. 世界林业研究，15(4)：1-6.

王军，傅伯杰，陈利顶，1999. 景观生态规划的原理和方法[J]. 资源科学，21(2)：71-76.

谢剑斌，查轩，2005. 试论森林可持续经营单元的时空尺度[J]. 林业科学，41(3)：164-170.

尹科，王如松，姚亮，2012. 生态足迹核算方法及其应用研究进展[J]. 生态环境学报，1(3)：584-589.

第 3 章　森林经营的经济学基础

森林经营作为一系列贯穿于整个森林生长周期的保护和培育森林的经济活动，无论是更新造林、森林抚育、低产林改造，还是林道等基础设施的建设、林业科技人才的培养，都需要大量的经济投入。因此，森林经营活动受到经济学规律的支配。为此，本章简要介绍了作为森林经营经济学基础的地租理论、为森林经营社会收益最大化提供经济学逻辑认知的资源经济学理论、为森林经营在生态合理基础上寻求高效率经营措施提供经济学基本路径的森林效率理论。

3.1　森林地租理论

3.1.1　古典自由经济学地租理论

古典经济学是指大约从 1750—1875 年这一段政治经济学创立时期内的除马克思主义政治经济学之外的所有的政治经济学。其起源以大卫·休谟(David Hume)的有关著作出版(1752 年)为标志，以亚当·斯密(Adam Smith)的代表作《国民财富的性质和原因的研究》出版(1776 年)为奠基。亚当·斯密的继承者之一是托马斯·罗伯特·马尔萨斯(Thomas Robert Malthus)，他以一部被后人称为《人口论》的著作而闻名。而在亚当·斯密之后，推动古典政治经济学发展和做出主要贡献的是大卫·李嘉图(David Ricardo)。

亚当·斯密认为，地租是地主借给农业家使用自然力的产物，而地租的大小，取决于想象上自然力的大小。亚当·斯密的地租理论含有浓重的重农主义色彩。大卫·李嘉图认为，地租是为使用土地原有的和不可摧毁的土壤生产力而付给地主的部分土地产品，不过它往往与资本的利息和利润相混淆。

大卫·李嘉图的地租理论是古典经济学地租理论的高峰，其建立在劳动价值论基础上对级差地租分析，将地租与劳动价值论紧密联系在一起，是其最主要的理论贡献。它从劳动价值论的角度深入地探讨了地租与利润、工资的关系；认为利润和地租是此消彼长的对立关系，在任何国家任何时期，利润都取决于在无需地租的土地上用不支付地租的资本为劳动者提供生活必需品所需的劳动量，当用相同比例的劳动量提供更多食品数量越发困难时，会使地租和工资呈现出“同增同减”的相生关系。

3.1.2　森林地租的概念

森林地租(forest rent)理论的起源与德国森林经济学家弗里德里希·普法伊尔(Friedrich Pfeil)和约翰·洪德斯哈根(Johann Hundeshagen)密切相关。之后有许多知名学者，尤其是马丁·福斯特曼(Martin Faustmann)为森林地租理论的形成做出了重要贡献。福斯特曼在1849年发表的众所周知的公式(Faustmann formula)可以被视为森林地租理论的核心，其为林地评估找到了正确的解决方案。森林地租理论试图从自由市场经济的角度将“经济人”(homo oeconomicus)概念转移到林业上。运用数学优化法确定最佳的森林经营方式，以土地期望值最大化为目标，找出最优经营策略。这个有170年历史的方法将稀缺资源进行最优配置，符合新古典投资理论的原则。因此，森林地租理论的发展也可以看作决策导向型森林经营经济学的先导。

恩格斯指出：“消灭土地私有制并不要求消灭地租，而是要求把地租——虽然是用改变过的形式——转交给社会。”马克思的地租理论认为，地租是直接生产者在生产中所创造的剩余生产物被土地所有者占有的部分，是土地所有权在经济上的实现形式，是社会生产关系的反映。不同社会制度下的地租，其社会性质不同。地租取决于市场价格超过劣等地生产成本(包括平均利润)的余额。可见，森林地租的产生只与森林经营活动有关，而与营林之后的木材加工、销售等环节无关。地租应该是林价的一个组成部分，是森林经营超额收益的反映。任何社会，只要存在着土地所有者和不占有土地的直接生产者，后者在土地利用中的剩余物被前者所占有，就具有产生地租的经济基础。因此，在我国特色社会主义市场经济条件下，森林地租有其存在的必然。

但是，也有一种观点认为，地租理论反映的是资本主义条件下使用土地的租金，本质是在私有制的大前提之下，地主、农业资本家对于雇佣工人所创造的剩余价值的剥削关系。社会主义制度之下对于土地的使用过程中产生的利润不来源于剩余价值的剥削，反映的是所有权者国家、集体，使用权者单位、个人之间在整体利益一致之下的经济关系，是本质区别于资本主义国家地租的经济行为。所以，从现有社会性质和地租来源来说，在我国是没有地租的。

3.1.3　森林地租的构成

森林地租由绝对地租和级差地租两种地租构成。绝对地租是林地所有权拥有者所具有的对林地绝对垄断在经济上的表现，所以即使最劣等的林地，经营者也必须交付林地绝对地租。绝对地租主要受土地供求状况、经营林地的相对优势度及一定社会生产力水平影响。级差地租有级差地租Ⅰ和级差地租Ⅱ两种形态，级差地租Ⅰ是由于林地的立地条件(主要由地位级或地位指数反映)和地利条件(主要由区位决定)差异产生的。级差地租Ⅱ是林地经营者经营水平的经济表现，其收益归经营者所有。

根据马克思的地租理论，林地总地租(含绝对地租和级差地租)用公式表述为：地租=(木材产品收入-采运成本-采运合理利润-木材销售费用-木材销售合理利润-销售税金费合计)-(劣等林地营林成本+劣等林地营林合理利润)。

由于林业实际生产中，优等土地和劣等土地往往是混合经营的，其主要费用项目都是平均分摊的，因此单位面积投入趋于均等，但产出不等。所以地租可最终表达为：林地地租=(木材产品收入-采运成本-采运合理利润-木材销售费用-木材销售合理利润-木材销售税金费合计)-(平均营林成本+营林合理利润)。

3.1.4 地租理论指导下的森林经营

在亚当·斯密和大卫·李嘉图发表了他们的经济学理论之后，其经济学思想很快在欧洲大陆获得了立足之地，其中一部分被林业科学工作者采纳并应用于森林经济学，最终形成了地租理论(soil rent theory)。地租理论最初由洪德斯哈根于19世纪早期奠定了基础。之后，通过浮士德曼(Faustmann)和普莱斯勒(Pressler)的工作，在19世纪中叶形成了它的最终形式和数学表达。

地租方法用一个理想的规划工具装备了林业工作者，即以最高货币回报选择树种，以给定立地的最高内部收益率确定经济轮伐期。由于以最大化收益作为经济活动的一般目标同古典自由经济学理论完全一致，因而它也就成了林业的一般目标。不幸的是，这一理论被林业工作者广泛采纳，变成了世界范围内最大化收益高于一切的目标。建立在"以蒙受经济上尽可能小的风险获取尽可能的最大收益"这一概念基础上的地租理论，其经济风险的最小化是通过如下方法实现的，即对特定立地选取速生树种，然后假定所有生态变量都能在经济学上转换成定值(常量)，并允许以生态不受损害的假设计算确定，树木的收获年龄为对经济资本投入给予最高回报率的时间。

用于为地租理论提供保证和辩护的技术准则是：①容易形成林分的树木；②与资本投入密切相关的最短轮伐期；③确保尽可能快速收益的速生；④林分的整齐划一，以确保木质纤维尽可能最高的市场价值；⑤最大比例的可用木质纤维；⑥木质纤维利用技术的不断改进。

19世纪末，在地租理论指导下，德国采用高强度的平分采伐法经营森林，使得一些国有林场难以为继，出现了如树种单调、大面积同龄状态、过分依赖人工更新、森林对各种危害的抵抗力减小、土地退化、林分生长量减退等问题。研究人员在私有林中发现一些貌似天然林的复层异龄混交人工林分，树木生长旺盛，生态效益较好。经研究人员调查才知，这些是私有林主采取选树择伐的方式经营的结果，这引起了林业管理部门的关注，他们因此总结出近自然森林经营方法，并且在国有林中推广，发展为近自然林业。

马瑟(Maser)等认为，上述用于为地租理论提供保证和辩护的准则是建立在以下错误概念之上的，即诸如土壤肥力等生态变量实际上能够依照经济学的基本原理不断补偿，因而在林业实践中被忽视。这样的观念之所以错误，是因为一个在经济学上创造的独立的生物物理学变量在一个相互作用的充满生机的系统中是不存在的。

需要指出的是，在国家、区域尺度上，忽视森林的生态效益、单纯追求经济效益的地租理论，早已不符合当代林业的需求，而被生态系统经营、多功能林业理论所替代。然而在林分尺度上，对于追求经济效益的短周期工业原料林、速生丰产林等人工商品林，仍具有一定的指导意义。

3.2 资源经济学理论

3.2.1 资源经济学特点

资源经济学，是以经济学理论为基础，通过经济分析来研究资源的合理配置与最优使用及其与人口、环境的协调和可持续发展等资源经济问题的学科。资源经济学的内容基本上都是由 3 大主题和 4 个方面构成。3 大主题是指效率、最优和可持续性。4 个方面内容是指生产、分配、利用和保护与管理。

当今资源经济学研究具有如下特点：从侧重于单种自然资源与经济发展关系的研究转向侧重于整个自然资源系统与经济发展关系的研究；从侧重于本国资源经济问题研究转向注重国际合作和全球性资源经济问题研究；研究重心从资源最优配置和开发利用转向可持续性，包括资源利用的可持续性和生态环境的可持续性；资源经济学的研究与其他相关学科(如环境经济学、生态经济学、人口经济学等)的研究相互交叉、相互渗透；社会主义资源经济学与资本主义资源经济学泾渭分明的差别变得模糊了。

3.2.2　资源经济学基础理论

资源经济学最贴近的基础科学是资源科学和经济科学。资源经济学的基础理论既包括自然科学理论，又包括社会科学理论。属于自然科学理论的除了资源科学体系中的有关理论外，常用的有物质平衡理论、再循环理论、热力学定律、环境污染理论、资源(环境)承载力理论、多种数学理论和计算机应用理论等。属于社会科学的主要有伦理学、微观经济学、宏观经济学、制度经济学(含产权经济学)、货币与金融学等学科中的一系列理论。其中最重要的是价值理论、价格理论和产权影响价值运动的理论。

资源经济学的基础理论薄弱，还没有奠定坚实的理论基础，如资源价值—价格理论、资源核算理论、资源产权价值—价格理论等基本理论还处于探索阶段。

3.2.3　资源经济学理论与森林经营

首先，无论是传统马克思主义经济学还是西方主流经济学，都是从单一的物质商品或产品加工经济系统抽象概括出来的，将它们用于自然资源—经济，尤其是环境—经济和生态—经济等交叉系统，都存在局限性。其次，从物质商品再生产过程抽象出来的传统价值理论(包括劳动价值论、生产费用价值论、效用价值论、边际效用价值论、均衡价格论等)都认为，由于自然资源、自然环境和自然生态没有物化劳动或者由于不稀缺而没有价值。这样的价值理论用于自然资源、自然环境和自然生态的计价和核算都存在固有缺陷。作为资源经济学、环境经济学和生态经济学的基石，其缺陷就更加凸显了。第三，传统国民经济核算理论把自然资源和自然环境排斥于国民经济核算体系之外，这样的理论自然也不能成为自然资源和自然环境核算的理论基础。第四，由罗纳德·科斯奠基的西方产权理论，由于缺乏价值理论基础，更没有有意识地研究过产权是如何作用价值运动的，以及产权价值和价格如何确定等重大问题，从而决定以它作为具有鲜明产权化特征的资源经济的基础理论，也必然存在局限性等。

资源经济学的价值理论、价格理论则弥补了上述理论的缺陷，可用于指导森林生态服务功能价值评估，而产权影响理论可用于构建森林经营政策支撑体系。资源经济学的投入—产出分析法、成本—收益分析法则可用于森林经营效益评价。

3.3 森林效率理论

经济学是建立在一系列最基本的假设之上的，这些最基本的假设有：①经济人行为是理性的；②资源是有限的且有多种用途；③经济资源的使用存在机会成本。基于经济学最基本的假设，经济效率的一般性说明，其实质是对经济人的最大化行为，即收益最大化，或成本最小化。

"效率"的概念已经根植于社会经济生活中的各个领域和方面，在经济学中几乎没有比"经济效率"概念应用更为广泛的概念。效率通常指节约或者是指现有的资源用得更好。经济学上的效率概念最初是从物理学上引申而来的。其有两层含义：一是单位资源的投入产出比；二是单位时间的产出比。

效率原则是任何生产活动都要遵循的基本原则。森林经营是人类以满足人的需求和发展为目的的森林生态产品和木材等林产品的生产活动。效率理论是分析和解释作为经济活动的森林经营其投入和产出问题的基础理论。

3.3.1 效率的含义

概括起来讲，效率是描述各种资源使用的指标。从资源配置的角度而言，效率就是指在既定的产出水平下，追求成本投入的最小化；或者是在既定的成本约束下追求产出水平的最大化。经济学史上，在不同的发展时期，经济学家对效率的概念的解释有着不同的认知，因此，有必要从经济理论发展的不同历史阶段考察"效率"的不同含义。

3.3.1.1 古典经济学效率

西方古典经济学理论着重在生产领域寻找财富增长的源泉，他们认为在经济生活的范围内，首先要增加生产，为此就必须先增加资本积累，改进生产方式提高劳动生产率，以最大限度地创造国民收入。西方古典经济学理论已经认识到效率和生产率的重要作用，虽然他们只是一味地强调投入要素(资本、劳动和土地)的作用，但他们已经十分推崇"单要素效率"的巨大作用，特别是劳动生产率和资本生产率。

威廉·配第(William Petty)在《赋税论》中提出"土地是财富之母，劳动是财富之父"。他把商品价值的源泉归结于劳动，商品价值量的大小归结于生产商品所必需的劳动量，把劳动生产率的提高看作促进一国财富增长的最主要的因素。他认识到劳动生产率越高，产品成本就会越低，利润就越大。另外，他还认识到科学和技术的发明创造活动也会使财富成倍地增长，国家必须重视教育和选拔技术人才。此后，马克思借鉴了配第的劳动价值论思想，创立了马克思主义学说。而劳动生产率作为国民财富和主要的产出指标被广泛运用于国家竞争力的评价与比较中。

亚当·斯密在《国富论》中从理论和实践上较全面地研究了英国资本主义经济增长的问题。他基于"利己心"的自由市场原则，强调每个人都能自由地寻求个人的利益，最终达到"富国裕民"，促进财富迅速积累的目的。他强调指出，财富的累积和实现，第一要靠劳动效率或劳动生产率，第二要靠增加劳动的数量，增加在业工人的人数，延长劳动时间。要雇佣较多的劳动力，就必须积累大量的资本。因此，总体上亚当·斯密把财富的增长和累积归结为建立在分工基础上的劳动生产率的提高和资本的积累。从 18 世纪中期情况看，科学技术的发展还比较缓慢，科技对经济增长的作用还不是十分明显，所以亚当・斯密提出了通过分工来提高劳动生产率，从而促进经济增长。亚当・斯密认为，即使在生产技术不变的情况下，在一个人数密集的劳动现场，只要进行合理的分工就能大大提高劳动生产率，“劳动生产率的最大改进，以及运用劳动时所表现的更大的熟练、技巧和判断，似乎就是分工的结果”。和威廉・配第的思想相比，亚当・斯密除了继续强调劳动分工和劳动生产率的作用外，还认为资本的积累也是财富增加的主要源泉。不过亚当・斯密比威廉・配第更进一步论证了科学技术对提高劳动生产率的重要作用，他指出“机械的改善，技巧的进步，作业上更妥当的分工，无一非改良所致，亦无一不使任何作业所需要的劳动量大减”。此外，亚当・斯密还探讨了生产和非生产活动对国民财富的影响，他主张增加生产性劳动的数目，减少非生产性劳动的人数，以节约生产投入，更大程度地增进国民财富的累积。

大卫・李嘉图也把资本积累作为国民财富增长的基本条件，认为资本的投入和累积就是利润转化为资本，国民财富的增长速度取决于利润率。他于 1821 年出版的《政治经济学及赋税原理》一书中，试图证明利润增长促进资本积累，而资本积累又促进生产率发展。他还认为在工资、利润和地租三种基本社会收入中只有利润对社会生产力发展最为重要，只有利润增长，才能增加资本积累，促进生产率的发展，促进资本家获得更多财富。他提出国家财富增长的两种方式：“一种是用更多的收入来维持生产性的劳动——这不仅可以增加商品的数量，而且可以增加其价值；另一种是不增加任何劳动量，而使等量劳动的生产效率增大——这会增加商品的数量，但不会增加商品的价值。”

这一时期古典经济学家的代表人物已经认识到投入要素如劳动投入和资本积累对经济增长的决定作用，同时也认识到单要素生产率的提高对最终的经济增长的益处。但对于资本积累，他们只一味地认为只要增加资本投入，加速资本积累，就等于促进利润的增加。因此，几乎所有的古典经济学家都看重资本积累的作用。法国经济学家萨伊(Jean Say)更是把资本积累的作用发挥到了极致，他提出了著名的“供给创造需求”的“萨伊法则”。既然供给能够创造自己的需求，则不管资本以多大规模积累，不管生产多少商品，都不会遇到销售困难的问题，也不可能出现经济危机。萨伊认为亚当・斯密有关价值是由人类劳动创造并表现为人类劳动的观点是不正确的，任何财富和价值都是“归因于劳动、资本和自然力这三者的作用和协力”。他还主张支持科学、教育的发展，要求政府放弃干预经济、创造自由竞争的环境等辅助手段来实现他的思想。显然，劳动生产率的提高、教育和科学技术的发展等只是实现资本积累的手段或途径而已。

古典经济学家既关注侧重于通过改善劳动分工来获得生产效率这一“微观经济学”，也关注侧重于资本积累和增长的“宏观经济学”。总的说来，他们的思想与重农学派的整体运行观点一脉相承，但古典学派最大的贡献在于他们系统地把土地、劳动和资本作为生产的投入因素放入生产过程，生产出租金收入、工资收入和利润，然后分配这些产出，再进行资本积累和再生产过程的运行。古典经济学家的思想对马克思主义及现代经济思想产生过重大影响。

3.3.1.2　新古典经济学效率

经济学中所说的效率问题就是资源合理配置问题，在经济资源稀缺性的前提下，人们面临着生产什么、生产多少，如何生产，如何分配等诸多选择问题，也就是资源的有效配置问题。所以经济学中的效率也就是资源配置的效率，即经济中的各种资源的使用方面和使用方向问题。狭义来讲，资源的使用效率就是生产效率，即一定生产单位、一定地区或行业、或者一个国家如何组织和运用这些有限的资源，使之发挥了多大的作用。人们要尽可能地减少其浪费，投入既定的生产要素生产出最大价值的产出，才能够提高生产效率。另一种效率是如何使每一种资源能够有效地配置到最适宜的使用方面和方向上，即帕累托效率(Pareto efficiency)，是一种经济剩余的变化。维尔弗雷多·帕累托(Vilfredo Pareto)是第一个考察这一概念的经济学家。对于消费者来说，就是在收入既定的前提下，消费的商品组合能够使其实现效用最大化；对于生产者来说，在成本约束下，实现产出或利润最大化，且两者同时满足，只有完全竞争市场才能实现帕累托最优。在理论界，人们习惯于将前一种效率称为生产效率，将第二种效率称为经济效率。这就是新古典经济学关于效率的论述，即帕累托效率。

经济效率是一种市场效率，是通过生产要素或经济资源在不同部门或行业的自由流动来实现其有效配置的。要实现帕累托效率标准或实现帕累托最优，必须满足一个前提条件和3个必要条件，前提条件是完全竞争市场，3个必要条件是：①消费者消费任何两种商品的边际替代率与其价格之比相等，并且产品价格及其比对任何消费者相同；②任何一个生产者对任何一种投入的购买都必须使任何两种生产要素的边际技术替代率同价格之比相等，并且任何生产要素的价格及其比率对任何生产者都相同；③任何两种产品的边际产品转换率等于它们的边际成本之比。只有完全竞争市场才能够自动实现帕累托效率，进而实现社会经济资源的最优配置。经济效率的高低，是通过经济剩余来判断的，有效率的社会，其社会福利达到最大化。

生产效率是一个组织的效率，它是通过改善内部管理方法和提高生产技术来实现的。这个组织既可以是一个企业，也可以是一个地区、行业，甚至将一个国家作为一个组织，都是以投入与产出的对比来判断效率高低的。因此可以表述为，在既定的投入下，有效产出最大；或者在既定有效产出下，投入最小。一个经济系统总要有一定的投入，才有一定的产出。这一经济系统的投入产出比，就是该系统的生产效率。生产效率有两个含义：一是指设备工作时所产生的有用功在总功中所占的比例；二是指人在单位时间内完成的工作量。简言之，效率是单人或单机的有效工作结果与投入量之比，可表述为：生产效率=有效结果/投入量。但现代工业是社会化分工协作体系，具体的投入量所产生的结果很难从总的结果中分离出来。所以对一个系统而言，效率就可以表述为：生产效率=总产出/某项资源投入量或总投入。然而，由于现代经济系统的复杂性，单纯从单机和单位时间来度量生产效率是远远不够的。随着经济科学的发展，特别是生产效率理论的发展，对生产效率有了更为广泛而深入的认识，在实践中，也提出了较为科学的测量方法并得到了广泛应用。

生产率和效率水平的提高，在国家层面上，可以提高国家的竞争力，特别是在目前国与国的生产率竞争中，哪个国家的生产率和效率水平越高，哪个国家就越有竞争力；对生产者来说，可以提高经营能力、改善在市场中的地位。随着市场经济的发展，凡是生产率和效率水平高的企业，就能够有利可图，利润水平就会高于同行业的平均水平，就能更好地获得发展；对消费者来说，社会生产率和效率水平的提高，消费者就可以获得较低的价格、较多的商品和服务、享用更高福利水平；对劳动者来说，生产率和效率水平的提高，可以增加工资和津贴、改善工作条件、增加个人的人力资本存量；对政府来说，可以在有限财政资金的前提下，向社会提供更多更好的服务能力、更高效率地执行社会发展项目。

3.3.1.3　现代经济学效率

西方经济学中，最早系统地研究经济效率理论的是迈克尔·法瑞尔(Michael Farrell)。他指出，一个企业或部门的效率包括两个部分，即技术效率和配置效率。前者反映了企业或部门在既定投入水平下获得的最大产出能力；后者反映了在既定价格和生产技术下，企业或部门使用最佳投入比例的能力。这两种效率的总和反映了企业或部门的总的经济效率(overall efficiency)。克里斯托弗·怀特塞尔(Christopher Whitesell)指出，经济效率(economic efficiency)是指一种经济在既定的生产目标下的生产能力，也就是指在恰当的生产可能性曲线上的恰当的点。它可以分为技术效率(technical efficiency)和配置效率(allocative efficiency)。技术效率是指在给定技术和投入要素情况下，实际产出和潜在产出的比较。配置效率是指投入要素的组合按成本最小的方式进行，即按照要素在不同使用方式下的边际要素替代率相等的方式进行。一种经济可以是技术效率高但配置效率比较低，也可以是配置效率比较高，但技术效率低。这两种效率有时是很难区分清楚的。

有学者认为，经济效率是指一个企业或部门在最低可能成本的条件下生产一定水平的产出。这种成本中可能会有因缺乏技术效率或配置效率而增加的不必要成本。因此，经济效率是比技术效率或配置效率更宽泛的概念。技术效率是指一个企业或部门在最小的投入成本条件下生产一定水平的产出。一个技术有效率的例子是在现有技术条件下，用现有机器和人员完成更多的任务；而配置效率是指一个企业如何按照正确的比例使用投入要素去生产一定水平的产出。也有学者认为，经济效率是技术效率和配置效率的综合反映。一个经济决策单元(economic decision-making unit)如果同时具有技术效率和配置效率，它就是在经济上有效率。

3.3.2　森林经营的效率

效率反映了由生产要素的有用产出与投入之比决定的经济活动的结果。森林经营的重点是满足日益增长的人们对林产品的需求和维持森林生态系统服务功能。同其他一切生产活动一样，森林经营也要求追求效率的不断提高。但是，由于森林提供的多重效益和优势，衡量森林经营效率的一个主要问题是生态产品和服务的非市场性质，这一问题使得很难运用成本效益分析、内部收益率等传统的经济学方法来确定效率；另一个遇到的问题是不同衡量标准的不可通约性。要确定森林经营的投入是否得到有效利用，必须选择正确的评价方法。为此，已有许多科学家尝试来解决这个问题。长期以来，经济统计学家一直认为，衡量平均劳动生产率是足够的，并将其作为衡量效率的一种手段。然而，这在森林经营中是不合适的，因为它忽略了除劳动力之外的所有其他投入。理想的方法应该考虑到森林经营的多投入和多产出。

在经济学中，技术效率是指在既定的投入下产出可增加的能力或在既定的产出下投入可减少的能力。目前，常用测度技术效率的方法是生产前沿分析方法。所谓生产前沿是指在一定的技术水平下，各种比例投入所对应的最大产出集合。而生产前沿通常用生产函数表示。前沿分析方法根据是否已知生产函数的具体形式分为参数方法和非参数方法，前者以随机前沿分析(stochastic frontier analysis，SFA)为代表，后者以数据包络分析(data envelopment analysis，DEA)为代表。

1957年，迈克尔·法瑞尔(Michael Farrel)提出了基于帕累托最优的效率测度模型。根据法瑞尔的输入导向前沿模型，1978年著名运筹学家亚伯拉罕·查恩斯(Abraham Charnes)等人将两个输入和一个输出的概念推广到多个输出和输入的情形，发展形成了数据包络分析技术。数据包络分析代表了一种适用于多生产单元生产率和效率的分析技术，在许多领域有着广泛的应用。数据包络分析作为一种非参数方法，可用于衡量具有多投入和产出的可比决策单元的相对效率，但传统上并不用于林业。

1986年数据包络分析引入林业领域后，1991年我国台湾学者Kao Chiang和Yan Yong Chi发文于美国*Forest Science*期刊介绍了数据包络分析在森林经营效率测度上的应用研究。这项研究在台湾13个林区，历时10年(1978—1987)，共使用4个投入变量和4个产出变量。投入变量包括林区预算、初次就业人数、从业人员总数和林地面积；将木材生产、林副产品生产、土壤保护和游憩视为产出变量。通过将效率分解为技术效率和规模效率(scale efficiency)的乘积，森林经营者可以了解效率低下的原因，并提出适当的政策来提高效率。这种方法还有助于决策制定者评估不同的备选方案。这项研究是第一个公认的例子，表明数据包络分析可以成为测度和评估森林经营活动的良好工具。现在，数据包络分析已成为用于测度森林经营效率最流行的方法。

除了数据包络分析外，目前效率测度最流行的方法还有随机前沿分析。随机前沿分析是前沿分析中参数方法的典型代表，即需要确定生产前沿的具体形式。与非参数方法相比，随机前沿分析的最大优点是考虑了随机因素对于产出的影响。利用随机前沿分析，可以对森林经营过程中的生产要素效率进行评估。到目前为止，参数方法一直断断续续地用于森林经营效率的测度和评估。如采用随机前沿分析对波兰经济转型(私有化)期间40个林区木材生产和森林经营效率的测度和评估(Jacek Siry & David Newman，2001)，以及对尼泊尔社区森林经营(community forest management)效率的测度和评估，其不仅分析了社区森林经营的自然环境效益和直接林产品效益，而且还确定了产出之间的关系(Narendra Bahadur Chand，2011)。

效率测度的参数方法涉及使用新古典生产函数来确定最大生产量，同时考虑到投入的实际水平。该函数的参数(形状和位置)通常使用计量经济学估计方法(如回归分析)来确定。生产函数决定效率曲线，偏离这条曲线是随机误差和低效的结果。参数方法中使用的方法在关于随机误差分布和低效的假设方面有所不同。这组方法除了随机前沿分析外，还有自由分布法(distribution-free approach，DFA)和厚前沿分析(thick frontier analysis，TFA)。

本章小结

森林经营作为一系列贯穿于整个森林生长周期的保护和培育森林的经济活动，不仅会受到经济学规律的支配，而且经济学理论也是分析和解释其相关经济问题的基础理论。为此，本章简要介绍了作为森林经营经济学基础的地租理论、资源经济学理论、森林效率理论。

森林经营的收益最大化目标根源于地租理论。地租理论为确定最有利可图的林地使用和实现目标的最佳森林经营策略提供了经济学理论依据。森林生态产品具有公共产品的基本特征，资源经济学理论为森林经营社会收益最大化提供了经济学逻辑认知，也为森林生态效益经济补偿政策的制定提供了经济学理论基础。效率原则是一切生产活动都要遵循的基本原则。效率理论为森林经营在生态合理基础上寻求经济的高效提供了经济学基本路径。

当然，随着现代经济学的发展和人们对森林经营活动经济属性认识的不断加深，也有人主张将一些新的经济学理论引入作为森林经营的经济学基础理论，如消费者选择理论、社会选择理论和多重均衡理论等，有兴趣的同学可查阅相关文献进行阅读和学习。

思考题

1. 简单分析地租理论在指导森林经营中的缺陷及应用条件。
2. 简单分析资源经济学在森林生态服务功能价值评估中的应用。
3. 通过具体案例，说明数据包络分析(DEA)在森林经营投入产出分析中的应用途径。

推荐阅读书目

1. 古典经济学．晏智杰．北京大学出版社，1998.
2. 林业经济学．沈月琴．中国林业出版社，2011.
3. 资源经济学．黄贤金．南京大学出版社，2010.

参考文献

高幸，吴铁雄，张昕祎，2010. 浅析我国森林地租制度[J]. 辽宁林业科技(2)：46-49.

刘婷婷，2019. 森林生态环境补偿法律制度研究[J]. 西部林业科学，48(6)：6-7.

潘存德，师瑞峰，2006. 森林可持续经营：从木材到生物多样性[J]. 北京林业大学学报，28(2)：133-138.

潘存德，师瑞峰，马兰菊，2007. 现代生态科学与森林经理学：寻求森林经营的生态合理性[J]. 西北林学院学报，22(1)：161-167.

第 4 章　森林经营的林学理论

最早的森林经营的林学理论是法正林。该理论产生于 18 世纪后半叶，德国是法正林理论的发源地，至今已有 200 多年的发展历史。在 200 多年的历程中，森林经营的林学理论一直处在不断发展和完善之中，以适应迅速发展的社会、经济条件以及不断增强的生态环境保护对林业发展的要求。在发展过程中，有较大影响的林学理论主要有林业分类经营、森林生态系统经营理论、森林可持续经营、森林近自然与多功能经营。

4.1　法正林理论

4.1.1　森林永续利用思想

森林永续利用也称为森林永续收获或森林永续作业等，是指一个森林经营单位内的森林，能够不断地、越来越多地、越来越好地为国民经济提供需要的木材和林副产品，并持续地发挥森林的各种有利性能，保持自然生态平衡。森林永续利用是森林经营管理的重要原则，成为森林经营规划的经典理论。

森林永续利用思想最早出现在我国春秋战国时期。《荀子》提出："渐伐，养长不失其时，故山林不童，而百姓有余材。"《孟子》中有"斧斤以时入山林，林木不可胜用也"的名句。但完整的木材永续利用体系形成于 18 世纪。17 世纪中期，德国工业的快速发展消耗了大量森林资源，出现了全国的"木材危机"。1713 年，卡洛维茨(Carlowitz)提出了人工造林的思想，目的是"不断地、永续利用森林"，获取持续和稳定的木材产量。1795 年，哈尔蒂希(Hartig)进一步发展了森林永续经营的思想。1826 年，洪德斯哈根(Hundeshagen)提出"法正林"，经补充和发展，成为森林永续和均衡利用的经典理论。从 19 世纪到 20 世纪中叶，永续利用完成了从木材永续利用到森林多效益永续利用的过渡。森林永续利用理论提出以后，对各国林业的长期发展产生了巨大影响，尤其在人工林经营上长期居支配地位。森林永续利用理论的发展经历了 3 个阶段：

从人类最早的含有永续经营思想雏形阶段到 18 世纪中期，是永续利用的第 1 阶段。森林水续利用的思想开始产生，并不断地加强，但没有完整的思想和理论。

第 2 阶段从 18 世纪中期到 19 世纪中期。永续利用的思想、理论和经营方法逐步完善，形成完整的体系，但主要是木材的永续利用。

第 3 阶段从 19 世纪中期到 20 世纪 80 年代，永续利用由单纯的木材生产，发展为经济、生态、社会等森林多种效益的永续利用。

现代森林永续利用理论包括如下内涵：①木材均衡收益的永续；②林地生产力的永

续；③货币均衡收获的永续；④森林多种效益的永续。

4.1.2　法正林理论模型

法正林(normal forest)的名称及其理论产生于 18 世纪，从此法正林作为传统森林经营管理的理想目标，发展成为法正林思想，一直是森林经营管理学的中心支柱。

森林资源是可再生资源，合理的经营管理可以实现森林资源持续利用，能持久地每年提供一定数量木材的森林称为法正林。法正林的对象不是指一个林分，而是指经营目的和经营措施相同的多个林分的集合体，通常称为经营类型或作业级的森林。法正林属于同龄林的经营类型，造林更新选择单一树种，采取相同的轮伐期和作业法。

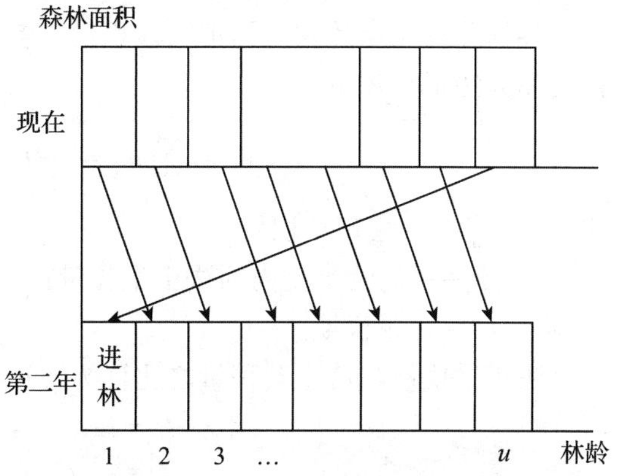

图 4-1　法正林的龄级分配

法正林由若干实行皆伐作业的同龄林分系列组成，它必须具备法正龄级分配、法正林分排列、法正生长量、法正蓄积量 4 个条件：

(1)法正龄级分配(normal age class)

具备 1 年生到轮伐期(u)年生的林分，并且各龄级的面积相等。每年采伐 u 年生的林分，第 2 年造林形成 1 年生林分，其他林分都长 1 年。即每年持续地收获定量木材，又保持龄级结构不变(图 4-1)。

(2)法正林分排列(normal stand arrangement)

林分排列的顺序应是从老龄级林分向幼龄级林分的方向与当地的主风方向相反，同时与采伐方向一致。这样的排列有利于森林更新、保护和作业。如图 4-2 所示，假如风从左方来，而采伐方向与风向相反，这样可以利用风力天然下种，保护幼树，并便于采运木材。

(3)法正生长量(normal growth)

各林分有与年龄相应的正常生长量。各个林分生长量 Z_i 相加，等于这个经营类型的

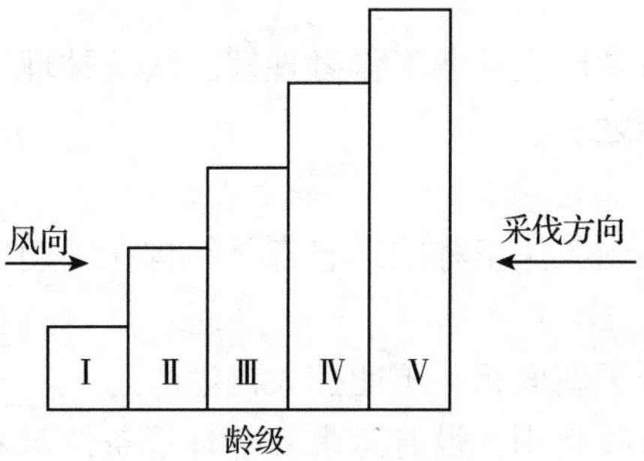

图 4-2　法正林分排列

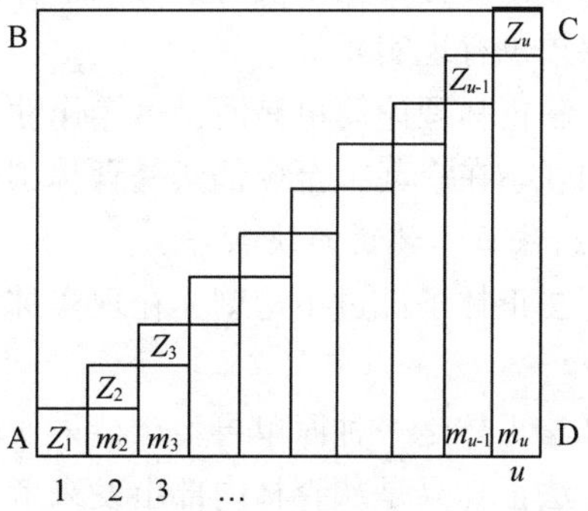

图 4-3　法正生长量

年总生长量 $U\times Z$，即最老林分(U 年生)的蓄积量 m_U 也就是年采伐量(收获量)。如图 4-3 所示，每年采伐最老林分，也就是每年收获总生长量，并且每年收获相等，又不破坏法正状态，就可以保障永续利用。

$$U \times Z = \sum Z_i = m_U \tag{4-1}$$

(4)法正蓄积量(normal growing stock)

各林分有与年龄相应的正常蓄积量。各林分的蓄积量等于生长量之和，各林分的蓄积量之和为法正蓄积量。

$$V_n = \sum m_i = \frac{1}{2} U \times U \times Z = \frac{1}{2} m_U \times U \tag{4-2}$$

式中　V_n—— 法正蓄积量；

Z—— 经营类型内的法正生长量；

U—— 轮伐期。

法正采伐量与法正蓄积量之比称为法正利用率。当采用皆伐作业时，有：

$$\begin{aligned} P &= E_u/V_u \times 100\% \\ &= m_u/[(u/2) \times m_u] \times 100\% \\ &= 200/u \end{aligned} \tag{4-3}$$

即法正利用率 P 是与轮伐期 u 呈反比的一个常数。例如，当轮伐期 u 为 30 年、40 年、50 年、60 年、70 年时，法正利用率 P 相应地为 6.7%、5.0%、4.0%、3.3%、2.9%。

4.1.3 对于法正林学说的评价

(1)法正林学说的优点

①法正林的基本原理仍然有指导意义。法正林是木材资源永续利用的重要理论模式。用生长量来控制采伐量的指导思想对实现林业可持续发展有重要意义。我国《森林法》规定，国家根据森林资源的消耗量低于生长量的原则，严格控制森林年伐量，就是根据这个原理制定的。

②利用法正林的 4 个基本条件去检查、衡量现实林距永续利用或理想状态的差距，具有现实意义，尤其是法正龄级分配是森林调整的首要条件。

③法正林分排列不仅对于天然下种更新和保护幼树有积极作用，对于生态环境建设和国土保护也有现实意义。

④法正林理论简单易懂，可操作性强。容易被广大林业工作者理解，法正林理论与永续利用联系在一起，至今仍然是森林调整的目标之一。

(2)法正林学说的缺点

①法正林条件过于苛刻，在现实林中很少见到，法正林的理想森林结构在短期内很难实现。

②法正林是一种简单再生产，采伐面积等于更新面积，不能扩大再生产。

③法正林只是从森林内部出发来考虑它的永续利用，没有考虑外部环境条件对木材永续利用的制约作用。

④法正林只考虑了森林木材生产的永续利用，没有考虑森林生态、社会经济效益可持

续发展。

4.1.4　法正林的发展

针对法正林条件过于苛刻，现实林中很少见到，也很难实现的状况，日本名古屋大学铃木太七和美国学者鲁斯克纳、戴维斯、克拉特先后提出广义法正林、完全调整林理论，来代替古典的法正林理论。

4.1.4.1　广义法正林(generalized normal forest)

1961 年日本名古屋大学铃木太七教授针对日本幼、中龄林占优势，而成、过熟林占多数的特点，提出一种新的广义法正状态，而不管它原来的龄级分布如何。这种森林，过去用古典法正林的观点，认为是不法正的，但铃木却认为是法正状态。这个概念对法正林思想是划时代的一种改革。由于篇幅所限，对于广义法正林数学推导过程不作介绍，下面通过示意图来简单分析广义法正林。

广义法正林由于它的面积按龄级分布是幼、中龄林多，成、过熟林少，但它的采伐对象不限于成过熟林，采伐对象有可能从幼龄到老龄级都有，如图 4-4 所示，1 分期后森林龄级结构不变，就可以实现森林永续利用。

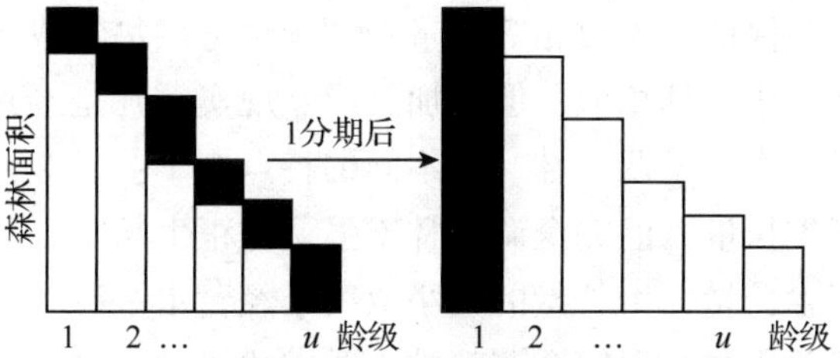

图 4-4　广义法正林示意

现实森林的龄级结构是多种多样的，许多森林的龄级结构与广义法正林相差很大，不能简单应用广义法正林理论。但是，从长时间看，很多森林可以实现永续利用。例如，以成、过熟林为主的森林，其中的一部分成过熟林可以替代中、幼龄林发挥其功能。因此，从森林永续利用的角度，也是一种扩展的法正状态。

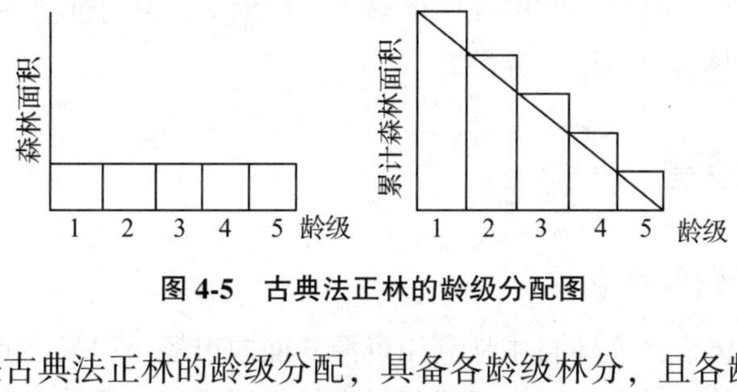

图 4-5　古典法正林的龄级分配图

如图 4-5 所示是古典法正林的龄级分配，具备各龄级林分，且各龄级面积相等。从高龄级开始，把各龄级面积累计到左端，形成森林累积面积(右图的纵坐标)分布，用点线表示。图 4-6 是成、过熟林占优势的森林龄级分配示意，尽管缺乏 2、3 龄级林分，但其面积累计分布始终在点线之上，表明 4、5 龄级林分是可以替代 2、3 龄级林分，是一种扩展的

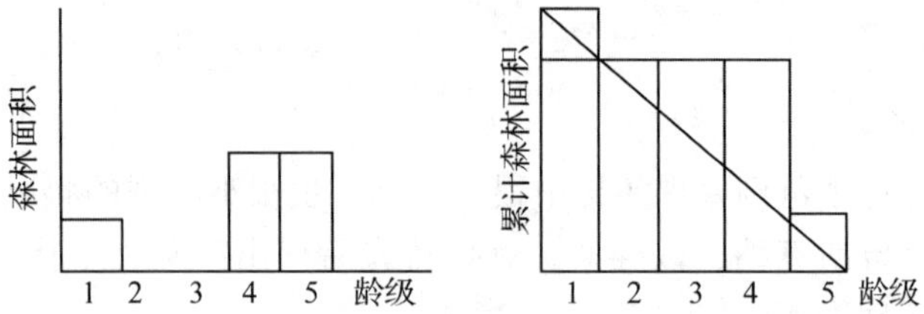

图 4-6　成、过熟林占优势的森林龄级结构图

法正林状态。

4.1.4.2　完全调整林(fully regulated forest)

美国林学家鲁斯克纳指出，完全调整林的定义是每年或定期收获蓄积量、大小和质量上大体相等的森林。这个定义是针对林木而言，如果定义的收获量包括野生动物、游憩、美学价值和其他林产品，它则是适用于所有林产品的一般定义。收获的种类及所希望的蓄积量、大小或质量，都可以成为具体的规划目标。

戴维斯和克拉特等则提出，完全调整林的基本条件仍是各个径级或龄级的林木保持适当的比例，能够每年或定期取得数量大致相等、达到期望大小的收获量。这就要求具有各个径级和龄级的林木，并保证有大致相等数量的蓄积量可供每年或定期采伐。

可见，完全调整林与法正林相似，但更加灵活、现实，凡是经过调整后能够达到法正状态的现实林，都可以成为完全调整林。其不同的特点在于：

①法正林要求法正生长量，但完全调整林不强调法正生长量，只是要求在相应条件下的生长量，可小于法正生长量，生长量的大小取决于经营水平。

②法正林要求法正蓄积量，而完全调整林不要求法正蓄积量，完全调整林的蓄积量水平取决于经营水平，可小于或大于法正蓄积量，但往往不是最大的。

③各龄级面积相等，并不因时间而改变，这是法正林的主要条件。但完全调整林各龄级希望尽量相等，但不必完全相等。

④法正林条件下其蓄积量、年伐量是最大的，而完全调整林的年伐量往往不是最大的，只希望在一定水平上龄级结构保持不变，采伐量的大小取决于经营水平。

⑤法正林是一个极限概念，它的疏密度最大，同时只适用于同龄林、皆伐作业，而完全调整林可以是同龄林，也可以是异龄林。

4.2　林业分类经营

4.2.1　林业分类经营的概念

经营是指某一具体经济实体自主地利用资源，面向市场，以资本运营为手段，以商品生产和商品交换为载体，旨在实现自身经济目的的经济活动。现代的经营是一门科学，它包括经营思想、经营策略、经营方式方法和经营范围，据此建立系统的有效结构和运转秩序。

所谓林业分类经营是在社会主义市场经济条件下，根据社会对林业生态和经济两个方面的需求，按照森林多种功能的主导利用目标，将森林划分为以提供公益性产品为主要经营目的的公益林、以提供物质产品为主要目的的商品林两大类，并分别按各自的特点和规律运营的一种新型的林业经济体制和发展模式。通过对主要发挥生态功能的公益林和主要发挥经济功能的商品林实施不同的经营管理体制，构建不同的微观经营主体和经营制度，优化资源配置，实现森林资源生态、经济和社会效益的最佳结合，最大限度地发挥林业的整体效益。

林业分类经营内容包含 3 大方面：一是林业经营对象——森林分类，从技术层面按照森林功能将森林分为生态公益林和商品林两大类；二是经营主体分类，在森林按自然属性分类的基础上，从经营角度遵循市场经济规律按照经营主体进行分类经营；三是管理体制、运行机制的区分，两类林建立不同经营主体的经营模式和运行机制以及管理体制，实现林业分类经营。

4.2.2　林业分类经营的理论基础

4.2.2.1　森林多效益主导理论

20 世纪 70 年代，美国林业经济学专家克劳森和塞乔博士等进行了林业分工论的研究，提出了森林多效益主导利用的经营指导思想，向森林永续利用理论提出了新的挑战。他们首先分析了森林特征与森林利用的关系，全面地评估了森林不同利用的自然、经济潜力，提出一个《全国林地多向利用方案》，该方案为创造林业分工论奠定了基础。

20 世纪 70 年代后期，海蒂根据"效益标准"提出，对所有林地不能采用相同的集约经营水平，只能在优质林地上进行集约化经营，同时使优质林地的集约经营趋向单一化，导致经营目标的分化。克劳森等认为，"永续收获"思想是发挥森林最佳经济效益的枷锁，大大限制了森林生物的潜力。若不摆脱这种限制，就不可能使林地和森林资源发挥出最佳经济效益。

森林多功能利用强调的是发挥森林的多种功能，多重效益，综合利用。实践上，森林的多功能利用都是以一种功能为主导的。林业分类经营与森林多功能利用是统一的。森林具有生态效益、经济效益和社会效益的多种功能，但是在同一森林载体上同时实现多种效益最大化是困难的，木材生产与生态功能的持续发挥是矛盾的。澳大利亚、新西兰等国在森林多功能主导利用的经济体制下，保护了环境又解决了木材利用的问题。这些国家将森林分为两类：一部分是提供环境和游憩的自然保护森林，另一部分是集约经营的工业人工林。主导利用充分发挥了森林的最大功能，获得了最大的效益。防护林是人为安排其以发挥生态效益为主，而对其固有的有形产品效益不做主导利用，反之亦然。

然而，由于社会对森林利用需求程度的不同，资源可供利用潜能也各不相同。所以，经营者应根据供给与需求、自然力与社会力潜能，将林地的利用做主次之分，以林地的最大效益决定利用的优先权。事实上，在许多情况下利用的优先顺序反映了资源的承载量和社会的需求，森林的经营应该以满足社会需求为原则。

4.2.2.2　林业分工论

20 世纪 70 年代后期，海蒂对各种不同的理论进行了分析，澄清了其实践差异，对分工协同论进一步进行了科学验证。克劳森等主张在国土中划出少量土地发展工业人工林，承担起全国所需的大部分商品材任务，称为“商品林业”；其次划出一块“公益林业”，包括城市林业、风景林、自然保护区和水土保持林等，用以改善生态环境；再划出一块“多功能林业”。

在我国，林业分工论首先由我国原林业部雍文涛部长为首的一批专家提出，并形成一套系统的林业经营理论体系。该理论主张在国土中划出少量土地发展工业人工林，逐步承担起全国所需大部分商品木材任务，称为“商品林业”。另外，划出一部分称为“公益林业”的森林，包括城市林业、风景林、自然保护区、水土保持林等专门解决生态环境问题。再划出一部分“多功能林业”，是商品林业和公益林业的中间过渡型。沈国舫先生认为，这是我国林业经营思想方面的一大成就，对林业的实践有巨大的作用，我国当前的林业发展格局是在其思想指导下形成的。而侯元兆先生对林业分工论的意义做了进一步解说，并对其经济学基础进行较详尽论述，指出“林业分工论”的主导思想是针对现代林业需求(指目前及未来的经济、社会对林业的总需求与结构需求)，主张通过专业化分工的途径，对森林资源进行主导功能分类，并使其中的一部分与工业加工有机结合，形成林业现代化产业，从而最终在国土上形成一个动态稳定的，并具有与经济需求和环境需求相适应的森林生态大系统。

根据林业分工论而倡导的森林多效益主导利用模式，又分为不同类型的发展模式，即法国模式和澳新模式(澳大利亚和新西兰模式)。法国根据林业分工论把国有林划分为 3 大模块：木材培育、公益森林和多功能森林，其特点是采取森林多效益主导利用的发展模式。澳新模式被誉为新型林业发展模式，其主要特点是根据林业分工论，把天然林与人工林实行分类管理，即天然林主要是发挥生态和环境方面的作用，而人工林主要是发挥经济效益。现在我国国有林区进行的森林分类经营，就是根据林业分工论理论，将森林划分为公益林和商品林。

4.2.3 森林功能分类

森林分类是林业分类经营的基础。目前，我国森林分类是在《中华人民共和国森林法》和森林资源调查统计分类的五大林种基础上，根据 1996 年原林业部《森林资源规划设计调查主要技术规定》，把森林划分为生态公益林和商品林两大类。生态公益林包括防护林和特种用途林；商品林包括用材林、薪炭林和经济林。各林种下还可细分，共分为两大类、五个林种、二十三个亚林种。2020 年新修订的《森林法》第八十三条中，将薪炭林更名为能源林。具体分类系统见表 4-1。

森林具有生态、经济和社会的多方面功能和效益，满足社会的林产品供给、生态保护和生态文化服务等多样化需求。为弥补两类林划分的缺点，《全国森林经营规划》(2016—2050 年)根据森林所处的地理区位、自然条件和经营目的，将森林分为严格保育的公益林、多功能经营的兼用林和集约经营的商品林 3 类。

4.2.3.1 严格保育的公益林

严格保育的公益林是我国重要生态功能区内对国土生态安全、生物多样性保护和经济社会可持续发展具有重要作用，以发挥森林生态和社会服务功能为主要经营目的，应予以特殊保护和严格控制经营活动的森林。包括山体陡坡（长江以北 36°、长江以南 46°以上）

表 4-1　林种分类系统

森林类别	林种	亚林种
一、生态公益林(地)	(一)防护林	1. 水源涵养林 2. 水土保持林 3. 防风固沙林 4. 农田牧场防护林 5. 护岸林 6. 护路林 7. 其他防护林
	(二)特种用途林	1. 国防林 2. 实验林 3. 母树林 4. 环境保护林 5. 风景林 6. 名胜古迹和革命纪念林 7. 自然保护区林
二、商品林(地)	(三)用材林	1. 短轮伐期工业原料用材林 2. 速生丰产用材林 3. 一般用材林
	(四)能源林	1. 能源林
	(五)经济林	1. 果树林 2. 食用原料林 3. 林化工业原料林 4. 药用林 5. 其他经济林

江河两岸、江河源头、饮用水水源一级保护区，世界自然遗产地、国际重要湿地、国家级自然保护区、国家级森林公园，荒漠化和水土流失严重地区年均降水量 400mm 以下地区的森林，以及沿海防护林基干林带、红树林、热带雨林和季雨林等。

4.2.3.2　多功能经营的兼用林

多功能经营的兼用林包括生态服务为主兼顾林产品生产的森林和以林产品生产为主兼顾生态服务的森林。其中，生态服务为主兼顾林产品生产的森林是我国生态区位重要和脆弱地区内以提供公益性、社会性产品或服务，构建生态屏障、修复生态环境为主要经营目的，兼顾林产品生产，应严控林地流失、加强管护，实施以提质增效为目的的经营活动的森林。包括除严格保育的公益林以外的其他公益林和天然林商业性停采区森林。林产品生产为主兼顾生态服务的森林是分布于水热条件较好区域，以保护、培育大径级用材和珍贵树种资源，增加木材战略储备，提供优质木材等林产品为主要经营目的，兼顾生态服务功能，应考虑环境约束，采取以改善木材品质、培育高经济价值林木为目的的经营活动的森林。包括国家、地方规划发展的珍贵树种、大径级用材林和生态经济林。

4.2.3.3　集约经营的商品林

集约经营的商品林是分布于自然条件优越、立地质量好、地势平缓区域，以培育短周期的纸浆材、人造板材和生物质能源、优势特色经济林果等，保障木(竹)材、木本粮油、木本药材、干鲜果品等林产品供给为主要经营目的，应实施集约经营活动的森林。包括速生丰产用材林、短轮伐期用材林、生物质能源林和优势特色经济林等。

4.2.4　经营主体的分类

经营主体分类是林业分类经营改革的关键。森林分类经营是林业分类经营的充分条件，而市场经济条件下的林业经营主体分类是林业分类经营的内在要求，所以林业分类经营改革的实质就是市场经济条件下的生产关系调整，即按照市场经济运行规律，区分不同投资经营主体，根据市场运行机制，形成不同的运行机制和管理体制。

中共中央、国务院2003年发布《关于加快林业发展的决定》后以及2008年林权制度改革后，我国非公有制经济林业发展迅速。据第九次全国森林资源清查结果，森林面积按土地权属划分，国有、集体分别占38.66%、61.34%，森林面积按林木权属划分，国有、集体、个人和其他分别占37.92%、17.75%、44.33%，说明无论是国有还是集体所有土地均出现了私人企业和个体经营的现象，林业经营主体出现了多元化的趋势。

根据产权制度和投资经营目的，林业经营主体分为国有国营、国有民营、民有民营。结合森林分类与经营主体分类，林业经营类型分为国有国营生态公益林、民有民营生态公益林、国有国营商品林、国有民营商品林、民有民营商品林五大类型(图4-7)。

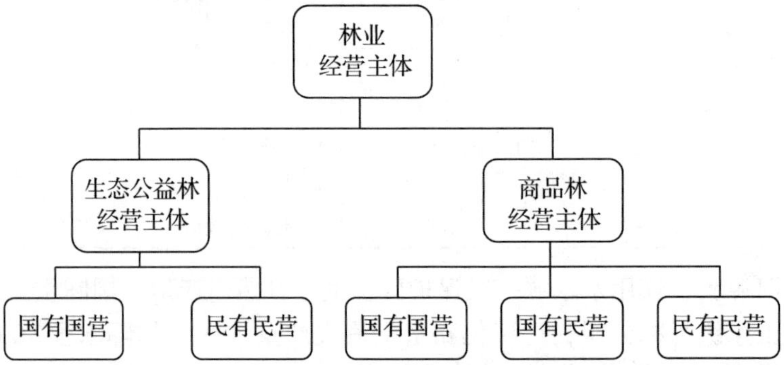

图4-7　林业经营类型

生态公益林分国有国营生态公益林和民有民营生态公益林两种经营形式。生态公益林经营产品是公共产品，无法从市场中获得平均社会投资回报，缺乏私人投资激励动力，所以要按照公益事业的管理模式由政府组织生产，不适合企业和个人经营。但是，由于共有产权的租耗远远高于私有产权的交易成本，非公有制经济主体同样可以参与并且必须参与生态公益林建设，才能发挥最大的社会效益和生态效益，如荒山荒地、沙地私人承包治理。另外，目前公益林区划，已经把民营的森林界定为生态公益林，国家暂时无力全部赎买为国家经营管理。同时，采取国投民营的生态补偿方式，可以充分发挥公共产品私人投资的优势。

商品林分国有国营商品林、国有民营商品林和民有民营商品林三种经营形式。商品林产品是私人产品，直接通过市场交易获得社会投资回报，市场经营主体的积极性高，非公有制经济在商品林投资中快速发展。由于国有林产权制度改革滞后，民营投资主体难以进入国有林地经营林业。因此，国有国营商品林仍将是一种主要的商品林经营主体。另外，随着国有资本有进有退、合理流动机制的形成，国有民营商品林将会得到大力发展。随着林权制度改革的进一步深入，民有民营林业，特别是民有民营商品林将会得到快速发展。

4.2.5　林业分类经营的管理机制

林业是一项公益事业，又是一项产业。作为公益事业，主要发挥森林的生态效益与社会效益，应当或是由国家和地方政府作为公益事业来经营，或是建立森林生态效益补偿机制，以增加对营林事业的投入。作为产业，森林资源是资产，它应当通过市场机制进行森林资源的资产运营。林业分类经营是世界先进国家的成功经验，纵观世界上的林业分类经营，均有相应配套的管理体制和运行机制。

我国现有的管理体制和运行机制没有区分经营主体，制约着林业发展。全国范围内均没有落实森林经营主体，森林经营主体积极性不高。政策不完善，森林资源管理特别是现有采伐管理在森林经营配套政策的实际操作中不够便利、快捷，也没有相应的经济政策对森林经营者进行补助和补贴。因此，需要针对不同林业经营主体，进一步理顺林业管理体制，加强林业产权制度改革、林业投融资改革、林业的各种税费改革，建立健全森林经营投入、运行、利益分配、监督管理机制，使森林经营走上集约化、规模化、市场化的道路。

实行分类管理，管好公益林，放活商品林，逐步建立起适应社会主义市场经济体制且反映林业特殊性的林政资源管理体制和运行机制，为建立起林业分类经营的激励机制服务。主要内容包括：①培育林业经营主体；②放活林地经营权；③创新分类经营机制；④实现森林资源资产化管理；⑤减轻林业税费负担；⑥实行森林资源分类管理制度；⑦积极推进非公有制林业的发展。

4.3　森林生态系统经营理论

4.3.1　森林生态系统经营理论的提出

德国和北欧等国 18 世纪开始大面积营造针叶树同龄纯林，针对同龄纯林带来的森林生态结构失衡、生态功能破坏的后果，德国林学家盖耶尔(Gayer)于 1882 年率先提出强调择伐、禁止皆伐作业方式的恒续林思想。1920 年，缪拉(Moller)发表了题为“赤松恒续林作业”的论文，1922 年出版了《恒续林思想》一书，标志着恒续林经营思想的诞生。在此基础上，德国提出“接近自然的林业”(nature approximating forestry)，其目标是使森林接近自然状态，实现生态与经济的长期稳定。随着经济的发展，木材需求量在不断增加，美国国有林也不断增加森林采伐量，采伐方式基本上是皆伐，缺乏生态系统保护和景观考虑。20 世纪 60 年代，围绕森林资源与环境利用，美国相继制定了一系列法律法规，自 1960 年相继通过了《综合利用永续作业法案》(1960)、《国家环境政策法》(NEPA，1969)，在美国环境保护署的基础上，美国林务局分别制订了《森林、牧地可再生资源计划法》(1974)和《国有林经营法》(1976)等法律法规。但由于基础研究不足，缺乏可操作性的标准和指标，这些法令在实践中执行困难，实际上仍最大限度推行以木材生产优先的经营方针。随着时间的推移，林业实践对科研成果的需求日益提高，从而促进了生态系统研究进程。

20世纪70年代，“生态系统经营”一词开始出现在环境保护组织的出版物中，当时的生态系统经营仅局限于单纯的环境保护。20世纪80年代，可持续发展很快成为世界各国的共识，人们越来越深刻地认识到森林对于维持地球健康及人类生活质量方面的重要生命支持作用，并对传统森林经营思想进行反思，传统森林经营的概念和方法已经不能反映森林的价值观和满足人类对森林的广泛需求，因而从理论到实践均受到挑战。美国林业界开始提出一个新的模式：生态系统经营。

生态系统经营模式的第一个标志是1989年由福兰克林提出的“新林业”(new forest)思想：森林的生产、保护和游憩功能不会自然、均衡地出现，需要转变为多目标经营的新林业。之后美国林务局在“新观念”(new perspectives)的提法下开始实施生态系统经营，提出了“适应性经营”(adaptive management)。美国林学会于1993年发表了《保持长期森林健康和生产力》的专题报告，认为需要找到一条生态系统经营的途径，要在景观水平上长期保持森林健康和生产力，即森林生态系统经营(forest ecosystem management)，并广为人们所接受，被认为是21世纪森林经营的趋势。

1992年，美国林务局正式宣布国有林采用生态系统经营方针。森林生态系统经营作为一种新的资源管理模式，还没有一个公认的明确的概念。

美国林务局提出的概念：“在不同等级生态水平上巧妙、综合地应用生态知识，以生产期望的资源价值、产品、服务和状态，并维持生态系统的多样性和生命力。”它意味着我们必须把国家森林和牧地建设为多样的、健康的、有生命力和可持续的生态系统，以协调人民的需要和环境价值。

美国林纸协会提出的概念：“在可接受的社会、生物和经济上的风险范围内，维持或加强生态系统的健康和生命力，同时生产基本的商品及其他方面的价值，以满足人类需要和期望的一种资源经营制度。”

美国林学会提出的概念：“森林资源经营的一条生态途径。它试图维持森林生态系统复杂的过程、途径及相互依赖的关系，并长期地保持它们的功能良好，从而为短期压力提供恢复能力，为长期保持、保护提供适应性。它是‘景观水平上维持森林全部价值和功能的战略’。”

4.3.2 森林生态系统经营的特点

森林生态系统经营提出后，得到一些国家的响应，如加拿大、芬兰等。这一基于生态系统的经营途径，从以下7个方面有别于传统的基于木材永续利用的森林经营：

①社会方面定义的目标　其目标强调可持续性及未来时代，因而它关注森林状况的维持，即生态系统整体性在景观水平上整个地被维持，而不是森林的产出。

②整体、综合的科学　过去关于生态系统的研究，一直集中在系统的部分，而不是综合的整体。

③广泛的空间规模和长的时间尺度　它采用景观的概念，超越所有权设定的边界，认识到邻近生态系统与所经营的生态系统的相互影响。要维持森林的全部价值，需要在景观和多世代的时空框架内实现。

④森林动态管理　森林生态系统经营的经营方式是把经营置于自然干扰的背景内，仿效自然干扰的模式，但不是回到自然状态。因此，它要求符合生态系统发生发展的演替规律，根据变化的规律进行森林动态管理。

⑤公众参与和合作决策　生态系统经营的一个主要挑战是需要所有者之间的合作计划和协调，以确保生态系统生产力在景观水平上得以维持。

⑥有适应能力的制度　当前的组织结构通常是按功能和学科设置，这不便于生态系统经营所需要的学科间的综合，需要建立有适应能力的组织和制度，如建立计划和监测的多学科组研究组织。

⑦开展适应性经营　主要是由于人们知识的不完善及人类与森林生态系统相互作用的复杂性，在面对不确定性的环境中可持续地管理资源的过程评价和调节等一系列行动，通过循环监测、改进知识基础，帮助完善经营计划，必要时通过调节经营实践以实现资源经营的目标。

4.3.3　实施森林生态系统经营的策略

通过森林生态系统经营实现国家森林的长期健康和生产力，需要有新的策略。包括相互联系的3方面的策略：即森林资源的经营策略、发展新知识研究的策略以及教育的策略，通过这3方面的策略形成经营—研究—教育的伙伴关系。

森林资源的经营策略主要体现为生态系统经营计划策略和方法，不同于实现永续利用的策略计划。生态系统经营的计划策略和方法包括以下方面：①评价经营效果。从生态系统经营角度，森林经营方案编制需要更好地体现基本的生态过程和期望的森林状况，从而能够评价对物种和生态功能的经营效果；②在经营方案中反映自然干扰；③为对整个生态系统开展经营，需要发展涉及不同所有者的计划及合作方法；④在经营方案中纳入适应性管理，以克服不确定性，促进新知识的发展和应用；⑤改进调查方法，要求更详细的调查；⑥应用营林措施，有助于实现一些重要的生态系统经营目标。

实施生态系统经营的一般化模型是：综合现有的信息；根据当前的科学定义生态系统；综合已有的科学和公众价值确定目标；形成一个前置的经营战略；执行经营行动；导向研究，获取更多的信息，以减少不确定性和评价经营行动；综合现有的信息。

按生态学原理经营必须要考虑空间规模和时间尺度。美国林学会特别强调，要在景观和多世代的时空框架里实现生态系统经营的目标。景观水平的森林经营要考虑另外两个因素：一是后演替森林保护区的建立；二是保护区之间建立良好的功能性基底(matrix)方式。而不是传统的廊道方式。有学者认为，成功的生态系统经营应在合适的规模(区域、流域或景观、林分)上解决生态和社会问题，每一规模涉及不同的时空问题、生态原理和概念、社会问题、经营设计等基本组成，并提供不同的利益和服务。

4.3.4　实施森林生态系统经营的过程

森林生态系统经营的过程可以分为3个阶段。

(1)调查和评估阶段

森林生态系统经营的调查包括自然的、经济的、社会方面的调查，不仅重视多资源、多层次的调查，而且重视评估，包括生态评估、经济评估和社会评估。

(2)区划和区域规划阶段

以生态学为基础的土地利用规划，为土地适宜性分类和利用提供了一种新的方法和途径，即在一个全面保护、合理利用和持续发展战略下，将多种资源和多种效益的要求分配或整合到每块土地和林分上，以保持一个健康的土地状况、森林状态和一个持久的土地生产力。通常，生态系统经营规划是在4个空间范围内进行，即区域、省/流域、集水区和生态小区。

(3)实施、监测和建立起自适应机制的阶段

这一阶段的行动包括：在对未来取得共识的基础上，执行适应性管理过程，建立新的监测和信息系统，增加调研和调整计划的方法，增强部门内外机构的合作，以及如何保证公众的参与等。

所谓适应性管理，包括连续的调查、规划、实施、监测、评估、调控等整个过程。为此，需要提供一个在各种所有制下开展森林经营活动的、现实的自然生态和社会经济状况的信息系统、一个多层次和多种价值的调查系统、一个环境支持下的决策系统和便于对实施作适当调整的评价系统，这些系统对于自适应机制的建立是非常必要的。

4.3.5 森林生态系统经营存在的主要问题

森林生态系统经营是传统森林经营模式的转变，从理论到实践都有不少的问题需要解决，目前在这方面的研究还不够深入，存在不少的问题。

(1)缺乏较成熟的森林生态系统经营理论及技术体系

目前国内外在这方面多处于研究的初级阶段，我国在这方面也刚刚起步。对一些主要概念的理解还存在歧义，如森林生态系统经营这个概念本身都还缺乏严格、统一的定义，从而妨碍了研究的进展。此外，当前还没有具体有效的林学技术措施，如生态系统经营体系在计划的时空安排、森林培育、木材生产及投入产出经济分析等方面都缺乏具体技术。

(2)缺乏被证实的示范实例

尽管森林生态系统经营经过了几十年的历程，但由于知识的不完备及对复杂生态系统的组成、结构、过程及响应还不十分了解，因此，在生态系统经营概念指导下的大范围森林经营实例至今还是缺乏的。在这各种情况下，对经营计划的制订和实施、实施结果的监测和分析、计划的修订等不断重复这样一个适应性经营过程是必不可少的，适应性经营是发展和完善生态系统经营的一个重要手段。

(3)缺乏整体性研究

森林生态系统经营是在景观水平和相应的较长时间内(多世代)维持森林的全部价值和功能，要求各种专业、学科知识与技术的交叉与综合，综合考虑生态、经济和社会效益。因此，必须超越传统的时空尺度和专业分工，实行综合、系统的研究。而目前国内森林生态系统研究与森林经营管理研究是分散进行，缺乏系统的综合。今后应从局部的、孤立的研究到整体性研究，研究对象的范畴、规模和尺度方面要有新的发展。

(4)缺乏社会的普遍理解和支持

从传统的森林经营转变到森林生态系统经营，意味着传统森林经营形成的经济平衡、

社区稳定性及观念的定势等被打破，对地方工业、就业、税收、文化整体性及森林社区的人们生产生活等产生影响，从而削弱了市场经济社会在舆论、政策、法律及投入方面对它的支持。因此，要成功地进行森林生态系统经营，必须有体制、政策、制度和法律上的支持；要求林业工作者在观念、行为上有较大转变，并有公众的积极参与。

4.4　森林可持续经营

4.4.1　森林可持续经营的发展历程

1992 年联合国环境与发展大会对全球可持续发展问题进行了热烈的讨论，并取得了共识。可持续发展理论已是当今世界各国经济发展的共同指导思想。大会强调指出，森林可持续发展是经济可持续发展的重要组成部分；森林是环境保护的主体，森林是各部门经济发展和维持所有生物必不可少的资源。森林和林地应采用可持续方式进行经营管理，以满足当代和子孙后代在社会、经济、文化和精神方面的需要。现在，各国林学家都在从不同角度研究森林可持续经营(forest sustainable management，FSM)理论。该理论已经形成，正在逐步深化完善。尽管各国林学家对其内涵和定义的理解还莫衷一是，但何谓“森林可持续发展”，基本达到了共识。

与传统的森林经营概念比较，森林可持续经营更注重森林经营的多种产品与服务功能的协调管理，即森林经营多目标的综合管理。关于森林可持续经营的概念，国内外有多种解释。其中，国际上几个重要文本的解释如下：

一是《森林问题原则声明》：森林资源和林地应当可持续地经营以保障当代和下一代人的社会、经济、生态、文化和精神的需求。这些需求是森林产品和服务，如木材、木材产品、水、食物、饲料、药品、燃料、庇荫、就业、休憩、野生动物生境、景观多样性、碳库和自然保护区，以及其他森林产品。应该采用适宜的措施来保护森林免遭污染的有害影响，如源于大气的污染以及火灾、病虫害等，来充分保持森林的多种价值。

二是《热带森林可持续经营》：最广义地讲，森林可持续经营是在一个技术含量和政策性可接受的整个土地利用规划框架内，有关森林保护和利用方面行政的、经济的、社会的、法规的、技术的问题。

三是《赫尔辛基进程》：可持续经营表示森林和林地的管理和利用遵循以下途径和方式：保持它们的生物多样性、生产力、更新能力、活力和现在、将来在地方、国际和全球水平上潜在地实现有关生态、经济和社会的功能，而且不产生对其他生态系统的危害。

四是《国际热带木材组织》(ITTO)：森林可持续经营是经营永久性的林地过程，以达到一个或更多的明确的专门经营目标，考虑期望的森林产品和服务的持续“流”，而无过度地减少其固有价值和未来的生产力，无过度地对物理和社会环境的影响。

五是《蒙特利尔进程》：森林可持续经营表述为，当森林为当代和下一代的利益提供环境、经济、社会和文化机会时，保持和增进森林生态系统健康的补偿性目标。

由以上可见，虽然森林可持续经营有各种解释，但是基本内容是一致的。森林可持续经营是一种包含行政、经济、法律、社会、科技等手段的行为，涉及天然林和人工林；是有计划的各种人为干预措施，目的是保护和维持及增强森林生态系统及其各种功能；并通过发展具有环境、社会或经济价值的物种，长期满足人类日益增长的物质需要和环境需要。从技术上讲，森林可持续经营是通过各种森林经营方案的编制和实施，从而调控森林目的产品的收获和永续利用，并且维持和提高森林的各种环境功能。

4.4.2 森林可持续经营的内涵

从技术层面来看，森林可持续经营的内涵包括以下4个方面的内容：

(1)森林经营的目的是培育稳定健康的森林生态系统

森林是一个生态系统，好的生态系统才能发挥完整的生态、经济和社会功能。一个稳定健康的森林生态系统能够天然更新，必须有一个合理的结构，它包括树种组成、林分密度、直径和树高结构、下木和草本层结构、土壤结构等。一个现实林分可能没有达到这样的结构，需要辅助一些人为措施，促进森林尽快达到理想状态，这就是森林经营措施。森林状况不同，需要采用不同的经营措施。例如，对于缺少目的树种的林分，需要补植目的树；对于一个过密或结构不合理的中、幼龄林，必须清除一些干扰木促进目标树生长，保证林分整体的健康。

(2)近代森林经营的准则是模拟林分的自然过程

森林自然生长发育的基本规律是天然更新、优胜劣汰、连续覆盖，这个过程需要很长的时间。森林经营应该模拟这个过程，永远保持森林环境。根据现实林分情况，以比较小的干扰，或者补充目的树种，或者清除干扰木，把更多的资源用在目的树的培育上，加快群体的生长发育过程和促进森林健康。

森林自然发育过程中，森林从建群开始到最后形成稳定的顶极群落，经过不同的发育阶段，不同发育阶段林分结构不同，对于现实林分，需要根据发育阶段调整林分结构(树种、径阶、树高、密度)，使林分保持群体的健康和活力，以此确定相应的经营措施和指标。

土壤是森林生态系统的重要组成部分，是当地气候、母岩和植被长期作用的结果，原生植被提供了“适地适树”的参考，森林植被的发育促进了土壤发育并且是提高土壤肥力的基础。

生物多样性包括物种多样性、生态系统(森林类型)多样性、遗传多样性。生物多样性是森林健康稳定的物质基础，保护生物多样性是森林经营的重要任务。生物多样性保护有2个主要内容：保护栖息地和保护稀有物种，目的是维持生态系统平衡。保护稀有物种的2种主要方式，原地保护和迁地保护，保护本身就是一种森林经营活动。

(3)森林经营包括林业生产的全过程

森林经营贯穿整个森林生命过程，主要包括3个阶段：收获、更新、田间管理。广义的田间管理包括所有管理森林的技术措施：中幼林抚育、病虫害防治、防火、野生生物保护、土壤管理、林道建设、水源和河溪管理、机械使用等。中幼林抚育是田间管理的一个内容。不要把森林经营仅理解为抚育采伐。收获是森林经营的产出，没有收获的森林经营是没有意义的，是不可持续的森林经营。森林更新有多种方式，在目标树经营系统中，更强调人工促进更新。

(4)重视森林经营计划(规划或方案)的作用

森林生命周期的长期性和森林类型的多样性，决定了森林经营措施的多样性。但是什么样的林分应当采用什么经营措施，既需要科学知识也需要实际经验。所谓科学知识就是要根据不同林分发展阶段，依据森林的林学和生物学特性确定采取什么经营措施(方法、指标和标准)。安排林业活动的全过程，即安排在什么时间、什么地点、对什么林分采用什么措施，也就是“森林经营规划或方案”。规划是政府职责，用来规范政府行为；经营方案是经营主体行为，是进行经营活动的依据。

4.4.3　森林可持续经营的目标

森林可持续经营的目标，从森林与人类生存和发展相互依赖关系角度来看，目前比较一致的观点可归纳为：森林可持续经营的总体目标是通过现实和潜在森林生态系统的科学管理、合理经营，维持森林生态系统的健康和活力，维护生物多样性及其生态过程，以此来满足社会经济发展过程中对森林产品及其环境服务功能的需求，保障和促进社会、经济、资源、环境的持续协调发展。

(1)森林可持续经营的社会目标

持续不断地提供多种林产品，满足人类生存发展过程中对森林生态系统中与衣食住行密切相关的多种产品的需求，是森林可持续经营的一个主要目标。森林资源可持续经营的社会目标还包括为社会提供就业机会、增加居民收入、满足人的精神需求目标。对于大多数发展中国家而言，森林资源可持续经营还具有发展经济、消除贫困的目标。

(2)森林可持续经营的经济目标

首先是通过对森林资源的可持续经营获得人们生活所需的多种林产品，从而带动林产工业的发展，为国家或者地方的经济发展做出贡献。其次，通过对森林资源的可持续经营，使相关的森林经营者和经营部门获得持续的经济收益。再次，通过对森林资源的可持续经营，能促进与森林生态系统密切相关的水利、旅游、渔业、畜牧业的发展，从而提高相关产业的经济效益。最后，通过对森林的可持续经营，提高国家、区域(流域)等不同尺度空间防灾、减灾的经济目标。

(3)森林可持续经营的环境目标

这主要取决于人类对森林环境功能、森林价值的认识程度，包括水土保持、涵养水源、二氧化碳储存、改善气候、生物多样性保护、流域治理、荒漠化防治等目标。从根本上为人类社会的生存发展提供适宜和可供利用的生态环境，为满足人的精神、文化、宗教、教育、娱乐等多方面需求，提供良好的生态景观及其环境服务。

由于森林本身具有复杂、动态的系统特征，森林可持续经营的发展历程是建立在对森林生态系统功能、作用的认识，以及社会对林产品及其环境服务功能需求变化基础之上的。因此，可持续经营的森林目标应当具有可操作性，有利于引导森林经营。

4.4.4　森林可持续经营的评价

所谓标准，是用于评价可持续森林经营的条件或过程的类目。它是由一系列定期监测以评价变化的相关指标所表示的特征。指标，是对标准某个方面的度量，是可测定或描述的定量或定性的变量，并可定期观测其变化趋势。

森林可持续经营标准与指标是森林认证指标的基础，是衡量森林可持续经营本身所需要、可向决策者提供信息的基础，有助于决策者在各个层次上把林业经营目标集中在可持续发展上，特别是有助于向主要政策的目标设置提供一个行动路线，以及评价该政策和措施的有效性。标准与指标具有真实性、明确性、可应用性、方便性和灵活性，所以选用什么标准和指标也不是一成不变的，应根据具体情况来选择制定。

截至1998年，国际上有关森林可持续经营标准与指标的主要区域性进程有：《蒙特利尔进程》《赫尔辛基进程》《塔拉波托(Tarapoto)倡议》《非洲干旱区进程》《中美洲进程》《近东进程》《国际热带木材组织(ITTO)进程》《非洲木材组织(ATO)进程》和《亚洲干旱区进程》9个进程。这些进程的标准与指标涉及森林可持续经营的经济、环境和社会等各个方面，基于当时认识水平及研究的进展，这些标准与指标框架均处于起步或验证的初步阶段，但通过这些进程，使森林问题成为国际社会包括政府和非政府组织以及许多国际组织议论的焦点问题，推动了全球的林业发展。

(1)国际热带木材组织进程

1992年制定了国家水平的5个标准27个指标，森林经营单位级的6个标准23个指标。1998年热带木材组织对该评价体系进行了修订，并提出了新的体系，其中国家水平的7个标准66个指标，经营单位级别的7个标准57个指标。

(2)蒙特利尔进程

主要研究温带和北方森林有关问题。1993年该进程的参加国有加拿大、美国、墨西哥、智利、中国、日本、韩国、澳大利亚、新西兰和俄罗斯10国，这些国家拥有全球90%的温带和北方森林面积，占世界全部森林的60%。该进程提出了7个标准67个指标，主要是国家级水平的评价体系。

(3)赫尔辛基进程

主要研究欧洲森林问题，共有38个国家参与了这一行动。1994年制订了欧洲森林可持续经营的6条标准27个指标。1995年又提出了101个指标作为修改或补充。许多西欧、北欧国家，如德国、芬兰、瑞典、挪威等国家认为，本国已经实现了森林可持续经营。

(4)塔拉波托Tarapoto倡议

1995年主要由亚马孙合作条约签署国制定，关于亚马孙森林可持续经营的国家级指标体系，共7个标准47条指标。

(5)非洲干旱区进程

1995年11月27个非洲国家(撒哈拉沙漠以南地区)制定了该地区国家级水平的森林可持续经营指标体系，共7个标准47条指标。

(6)近东进程

1996年10月，联合国环境规划署(UNEP)和联合国粮食及农业组织(FAO)在开罗召开专家会议，制定了国家级水平的7个标准65个指标。

从上述进程可以看出，这些区域性的国家级别的森林可持续性经营指标体系，有着共同特点，标准数一般为6~7个，指标数为26~67个。指标体系涉及的内容主要有以下方面：生物多样性保护；森林生态系统生产能力的维护；森林生态系统健康与活力的维护；水土资源的保持；森林对全球碳循环贡献的保持；满足社会需求的多种经济效益；相关的法规、政策、体制。

4.5　森林近自然与多功能经营

4.5.1　森林近自然经营

近自然经营尽量利用和促进森林的天然更新，其经营采用单株采伐与目标树相结合的方式进行。即从幼林开始就确定培育目的树种，再确定目标树(培育对象)与目标直径，整个经营过程只对选定的目标树进行单株抚育。抚育内容包括目的树种周围的除草、割灌、疏伐和对目的树的修枝、整枝。对目的树个体周围的抚育范围以不压抑目的树个体生长并能形成优良材为准则，其余乔灌草均任其自然竞争，天然淘汰。单株择伐的原则是，对达到目标直径的目标树，依据事先确定的规则实施单株采伐或暂时保留，未达到目标直径的目标树则不能采伐；对于非目的树种则视对目的树种生长影响的程度确定保留或采伐。一般不能将相邻大径木同时采伐，而按照树高一倍的原则确定下一个最近的应伐木。

近自然经营法的核心是，在充分进行自然选择的基础上加上人工选择，保证经营对象始终是遗传品质最好的林木个体。其他个体的存在，有利于提高森林的稳定性，保持水土，维护地力，并有利于改善林分结构及对保留目标树的天然整枝。由于应用“近自然林业”经营方法时，充分利用了适应当地生态环境的乡土植物，因此，群落的稳定性好，并在最大程度上保持了水土，维护了地力，提高了生物物种的多样性。

近自然经营并不是回归到天然的森林演替过程，而是尽可能从林分的建立，经过抚育以及采伐等方式接近并加速潜在的天然森林植被正向演替过程。达到森林生物群落的动态平衡，并在人工辅助下使天然物种得到复苏，最大限度地维护地球上最大的生物基因库——森林生物物种的多样性。

4.5.2　森林多功能经营

森林具有生态、经济、社会、文化等多种功能。根据《联合国千年生态系统评估报告》，森林的功能可以分为供给、调节、文化和支持等 4 大类。

①供给功能　指森林生态系统通过初级和次级生产提供给人类直接利用的各种产品，如木材、食物、薪材、生物能源、纤维、饮用水、药材、生物化学产品、药用资源和生物遗传资源等。

②调节功能　指森林生态系统通过生物化学循环和其他生物圈过程调节生态过程和生命支持系统的能力。除森林生态系统本身的健康外，还提供许多人类可直接或间接利用的服务，如净化空气、调节气候、保持水土、净化水质、减缓自然灾害、控制病虫害、控制植被分布和传粉等。

③文化功能　指通过丰富人们的精神生活、发展认知、大脑思考、生态教育、休闲游憩、消遣娱乐、美学欣赏、了解宗教文化等，使人类从森林生态系统中获得精神财富。

④支持功能　指森林生态系统为野生动植物提供生境，保护其生物多样性和进化过程的功能，这些物种可以维持其他的生态系统功能。

理论上，每一片森林都是多功能的，但从人类利用的角度，森林的多个功能的重要性是不同的，即存在一个或多个主导功能。森林的多种功能之间并非一直一致，是一种对立统一的关系。

森林多功能经营是在充分发挥森林主导功能的前提下，通过科学规划和合理经营，同时发挥森林的其他功能，使森林的整体效益得到优化，其对象主要是“多功能森林”。它既不同于现在的分类经营，也不同于以往的多种经营，而是追求森林整体效益持续最佳的多种功能的管理。多功能经营原则是实行长伐期(让森林长大)；择伐作业、及时更新(多次收获利用，连续覆盖)；人工林天然化经营(近自然)。

多功能森林经营起源于欧洲多功能林业的思想。18 世纪初，德国提出森林永续收获原则并广泛应用于木材收获和森林经营实践。18 世纪中期，认识到大面积人工针叶纯林的弊端，德国林学家提出了著名的“森林多效益永续经营理论”。18 世纪末，德国林学家提出恒续林经营思想，瑞士林学家在实践中创造了检查法，进一步发展为近自然经营。从 20 世纪 50 年代起，人们对森林的结构和功能有了新的认识，强调森林是一种多资源、多功能效益的综合体，在生产木材和林副产品的同时还要考虑森林生态功能和服务价值。20 世纪 60 年代以后，德国开始推行“森林多功能理论”，这一理论逐渐被美国、瑞典、奥地利、日本等许多国家接受推行。1960 年，美国颁布了《森林多种利用及永续生产条例》，标志着美国的森林经营思想由生产木材为主的传统森林经营走向经济、生态、社会多功能经营的现代林业。1975 年，德国公布了《联邦保护和发展森林法》，确立了森林多效益永续利用的原则，正式制定了森林经济、生态和社会三大效益一体化的林业发展战略。

欧洲近自然森林经营是尽可能有效地运用生态系统的规律和自然力造就森林，把生态与经济要求结合起来实现合理地经营森林的一种贴近自然的森林经营模式；生态系统经营则强调把森林作为生物有机体和非生物环境组成的等级组织和复杂系统，用开放的复杂的大系统来经营森林资源；欧盟和日本等通过林业立法倡导多功能林业，并取得了一些实质性科技进展。无论是“近自然林”还是“生态系统管理”，其实质都是为了维护和恢复森林生态系统的健康，发挥森林的多种功能和自我调控能力。近自然森林经营仅是在特定条件下实现多功能经营的一种途径，二者不能等同起来。

充分利用森林的多种功能已被国际社会广泛认同，但由于缺乏对多种功能间复杂关系的深入全面认识，对森林功能的评价经常是单个功能间的简单叠加，即使联合国 2001—2005 年的千年生态系统评估也是如此。随着森林多功能利用的呼声不断增强，相关研究正从单项测评、简单求和式的功能评价转向对森林多功能关系的全面认识和定量评价。

本章小结

森林永续利用思想最早出现在我国春秋战国时期，1826 年德国林学家洪德斯哈根提出的“法正林”，经补充和发展，成为森林永续利用的经典理论。法正林由若干实行皆伐作业的同龄林分系列组成，它必须具备法正龄级分配、法正林分排列、法正生长量、法正蓄积量 4 个条件。林业分类经营是按照森林多种功能的主导利用目标，将森林划分为以提供公益性产品为主要经营目的的公益林、以提供物质产品为主要目的的商品林两大类，并分别按各自的特点和规律运营的一种新型的林业经济体制和发展模式。生态系统经营模式的第一个标志是 1989 年由福兰克林提出的“新林业”思想。强调森林经营的社会目标、景观和多世代的时空框架、仿效自然干扰的模式、公众参与和合作决策、开展适应性经营，是森林生态系统经营的特点。与传统的森林经营概念比较，森林可持续经营更注重森林经营的多种产品与服务功能的协调管理，即森林经营多目标的综合管理。森林近自然经营并不是回归到天然的森林演替过程，而是尽可能从林分的建立，经过抚育以及采伐等方式接近并加速潜在的天然森林植被正向演替过程。森林多功能经营是在充分发挥森林主导功能的前提下，使森林的整体效益得到优化。森林多功能经营原则是实行长伐期(让森林长大)；择伐作业、及时更新(多次收获利用，连续覆盖)；人工林天然化经营(近自然)。

思考题

1. 简述国际上有关森林可持续经营标准与指标的几个主要区域性进程。
2. 如何建立林业分类经营的管理机制?
3. 森林生态系统经营存在的主要问题有哪些?
4. 某杉木中径材经营类型的面积(F)为 3795.2 hm^2，轮伐期(u)为 30 年，该经营类型的生长过程表见表 4-2(疏密度=1.0)，请分别用生长过程表法和伐期收获量法计算标准蓄积量(法正蓄积量)，设期望疏密度(B_s)为 0.8。

表 4-2 杉木生长过程表

龄阶	平均树高/m	平均胸径/cm	每公顷株数	每公顷蓄积量/m^3
5	2.5	3.1	4395	17.55
10	5.2	6.3	3615	45.45
15	7.8	9.1	3075	97.2
20	10.2	12.0	2655	175.5
25	12.4	14.7	2310	262.5
30	13.9	16.5	2055	322.5
35	15.0	17.8	1875	365.25
40	15.8	18.8	1740	398.25
45	16.4	19.6	1650	422.25
50	16.9	20.2	1575	440.85

(1)按生长过程表计算标准蓄积量 (V_n)

$$V_n = B_s\left[n\left(m_n + m_{2n} + \cdots\cdots + m_{u-n} + \frac{m_u}{2}\right)\right] \times \frac{F}{u}$$

式中，B_s 为期望疏密度；n 为生长过程表中的龄阶期年数；m_n，m_{2n}，…为生产过程表中各龄阶林分的单位面积蓄积量；m_u 为轮伐期所在龄阶林分的单位面积蓄积量；F 为某经营类型的面积；u 为轮伐期。

(2)按伐期收获量表计算标准蓄积量(V_n)

$$V_n = \frac{m_u \times u}{2} \cdot \frac{F}{u} = \frac{m_u}{2} \times F$$

式中，各字母含义同前。

推荐阅读书目

1. 林业分工论——中国林业发展道路研究．雍文涛．中国林业出版社，1992.
2. 森林经理学(第 2 版)．于政中．中国林业出版社，1993.
3. 森林经理学．井上由夫著，陆兆苏等译．中国林业出版社，1993.
4. 森林资源经营管理．亢新刚．中国林业出版社，2001.

参考文献

Franklin J F, 1989. The new forestry[J]. Journal of soil and water conservation, 44(6): 549-552.
吕柳，温作民，1997. 现代林业指标体系框架研究[J]. 世界林业研究 (6): 64-70.
现代林业课题组，1996. 现代林业基本框架与指标体系的研究[J]. 林业经济 (2): 1-10.
杨建洲，2001. 森林可持续经营的基本途径[J]. 林业经济 (9): 27-29.
杨礼旦，陈应平，1999. 初论森林可持续经营的概念、内涵和特征[J]. 林业科学 (2): 118-123.

第 5 章　森林资源

森林资源是地球上最重要的自然资源，它涉及人类环境与发展的各个方面，是实现社会可持续发展的不可缺少的一环。森林资源是林业的基础，没有森林资源就没有林业。森林资源面积的大小、质量的高低，不仅反映了林业企业的森林经营水平，也是森林生态服务功能大小的重要标志。了解森林资源的现状及其特点，是管理森林资源及开展森林经营规划的前提。

5.1　森林资源的数量、种类与分布

5.1.1　世界森林资源的数量、种类与分布

森林是人类的摇篮，也是人类赖以生存的资源和环境。但是，随着人口的急剧膨胀和经济的发展，全球森林却在不断地减少、消失。到 2015 年时，全球森林及其他林木茂盛地区的面积为 52.03×10^8 hm^2，森林(联合国粮食及农业组织定义“森林”为：发达国家郁闭度 20%，发展中国家郁闭度 10%的地面)占 39.99×10^8 hm^2，其他林地 12.04×10^8 hm^2，主要由疏林、灌丛和轮种区域构成。据联合国粮食及农业组织 2015 年的报告，全球森林覆盖率 31%，人均 0.6 hm^2。

根据联合国粮食及农业组织截至 2015 年的森林资源分布状况报告(表 5-1)，按照气候带划分，全球森林 44%分布在热带地区、8%分布在亚热带地区、25%分布在温带地区、22%分布在寒带地区。按照地理区域划分，欧洲(包括俄罗斯)的森林面积占全球的 25%，其

表 5-1　2015 年全球森林资源分布状况

地　区	土地面积/($\times10^8hm^2$)	森林和疏林地面积		森林覆盖率/%
		数量/($\times10^8$ hm^2)	占比/%	
合　计	130.97	39.99	100	30.53
非　洲	29.64	6.24	15.60	21.05
欧　洲	22.69	10.15	25.38	44.73
北美洲	21.78	7.23	18.08	33.20
南美洲	17.52	8.42	21.06	48.06
亚　洲	30.89	6.22	15.55	20.14
大洋洲	8.45	1.73	4.33	20.45

次是南美洲(21%)、北美洲(18%)，三者合计占64%，亚洲、非洲和大洋洲约占36%。大洋洲森林数量尽管近几十年来一直比较稳定，但仍然是最少的，仅占世界的4.33%。森林和疏林地面积最多的是欧洲，占世界森林的25.38%，其次是南美洲，占世界森林总量的21.06%。从森林覆盖率看，全球为30.53%，最高的是南美洲，达到48.06%，第2位的是欧洲为44.73%，最少的是亚洲为只有20.14%。按照收入水平来看，75%的森林处于高收入和中上等收入国家，其中只有25%属于中低收入国家。

根据联合国粮食及农业组织2015年的世界森林资源状况报告，我国森林面积排第5位，森林蓄积量排第6位，见表5-2。

表5-2　世界部分国家森林资源状况

国　家	森林面积 /($\times10^6hm^2$)	排序	森林蓄积量 /($\times10^9m^3$)	人均森林面积 /hm^2	人均森林蓄积量 /m^3	森林覆盖率 /%
世　界	3999.0		531.0	0.60	64.6	30.6
俄罗斯	814.9	1	81.5	5.75	605.6	50
巴　西	493.5	2	96.7	2.43	424.1	59
加拿大	347.1	3	33.9	9.74	951.6	38
美　国	310.1	4	40.7	0.95	111.6	34
中　国	208.3	5	16.0	0.15	9.4	22
刚果(金)	152.6	6	35.1	2.03	356.3	67
澳大利亚	124.8	7	11.6	5.24	454.8	16
印度尼西亚	91.0	8	10.2	0.36	39.4	53
秘　鲁	74.0	9	8.9	2.40	408.4	58
印　度	70.7	10	5.2	0.05	2.7	24

注：根据联合国粮食及农业组织《2015年全球森林资源评估报告》整理。

5.1.2　我国森林资源的数量、种类与分布

从2014年开始，我国进行第九次全国森林资源清查，每年完成约1/5的省(自治区、直辖市)的森林资源清查，到2018年全部完成。清查结果显示：全国森林面积2.2 hm^2，森林覆盖率22.96%，森林蓄积量175.6 m^3。根据《2015全球森林资源评估报告》分析，我国森林面积居俄罗斯、巴西、加拿大、美国之后，列第5位；森林蓄积量居巴西、俄罗斯、美国、刚果民主共和国、加拿大之后，列第6位；人工林面积继续位居世界首位。我国人均森林面积0.15 hm^2，相当于世界人均占有量的25%；人均森林蓄积量10.98 m^3，相当于世界人均占有量的14%。我国森林资源总量位居世界前列，但人均占有量少。

全国各省(自治区、直辖市、特别行政区)森林覆盖率超过60%的有福建、江西、台湾、广西4省份，50%~60%的有浙江、海南、云南、广东4省份，30%~50%的有11个省份，10%~30%的有13个省份，不足10%的有青海、新疆2省份(表5-3)。

表 5-3　全国各地森林覆盖率

森林覆盖率分级	省(自治区、直辖市、特别行政区)	森林覆盖率/%
≥60%	4	福建 66.80、江西 61.01、台湾 60.71、广西 60.17
50%~60%	4	浙江 59.43、海南 57.36、云南 55.04、广东 53.52
40%~50%	7	湖南 49.69、黑龙江 43.78、北京 43.72、贵州 43.77、重庆 43.11、陕西 43.06、吉林 41.49
30%~40%	4	湖北 39.61、辽宁 39.24、四川 38.03、澳门 30.00
20%~30%	6	安徽 28.65、河北 26.78、香港 25.05、河南 24.14、内蒙古 22.10、山西 20.50
10%~20%	7	山东 17.51、江苏 15.20、上海 14.04、宁夏 125.63、西藏 12.14、天津 12.07、甘肃 11.33
<10%	2	青海 5.82、新疆 4.87

5.1.3　我国森林资源变化情况

我国森林资源发展变化经历了过量消耗、治理恢复、快速增长的过程。中华人民共和国成立之初到 20 世纪 70 年代末，林业作为基础产业，从国家建设需要出发，其首要任务是生产木材，森林资源曾一度出现消耗量大于生长量的状况。在“普遍护林护山，大力造林育林，合理采伐利用”的方针指导下，森林资源总体上呈现缓慢、曲折的增长趋势。80 年代以后，中共中央、国务院作出了《关于保护森林发展林业若干问题的决定》，坚持“以营林为基础，普遍护林，大力造林，采育结合，永续利用”的方针，森林资源保护和造林绿化工作得到了加强。到 20 世纪 90 年代初，实现了森林面积、蓄积量双增长，但生态环境恶化趋势没有得到根本扭转。

进入 21 世纪，林业建设步入以生态建设为主的新时期，把森林资源保护与发展提升到维护国家生态安全、全面建设小康社会、实现经济社会可持续发展的战略高度，坚持严格保护、积极发展、科学经营和持续利用森林资源的基本方针，扎实推进了林业的各项改革，全面实施了林业重点工程建设，持续加强森林资源保护和管理，中国森林资源快速增长。我国森林资源 40 多年的变化见表 5-4。

表 5-4　历次森林资源清查结果主要指标状况

清查间隔期	活立木蓄积量 /($\times10^8 m^3$)	森林面积 /($\times10^8 hm^2$)	森林蓄积量 /($\times10^8 m^3$)	森林覆盖率 /%
第一次(1973—1976)	95.32	1.219	86.56	12.70
第二次(1977—1981)	102.61	1.152	90.28	12.00
第三次(1984—1988)	105.72	1.247	91.41	12.98
第四次(1989—1993)	117.85	1.337	101.37	13.92
第五次(1994—1998)	124.88	1.589	112.67	16.55
第六次(1999—2003)	136.18	1.749	124.56	18.21
第七次(2004—2008)	149.13	1.955	137.21	20.36
第八次(2009—2013)	164.33	2.077	151.37	21.63
第九次(2014—2018)	185.05	2.204	170.58	22.96

5.2 我国森林资源的结构特征

5.2.1 林地结构

根据第九次全国森林资源清查结果，我国林地面积 3.2369×10^8 hm^2。其中，乔木林地 1.7989×10^8 hm^2，竹林地 641×10^4 hm^2，灌木林地 7385×10^4 hm^2，宜林地 4998×10^4 hm^2，未成林地 699×10^4 hm^2，疏林地 342×10^4 hm^2，苗圃地 72×10^4 hm^2、采伐迹地 242×10^4 hm^2。

根据与森林植被生长密切相关的水热条件、地貌特征和土壤环境等因素，对林地质量进行综合评定，划分为好、中、差 3 个等级。林地质量好的占 40%，主要分布在南方和东北东部；质量中等的占 38%，主要分布在中部和东北西部；质量差的占 22%，主要分布在西北、华北干旱地区和青藏高原。

宜林地质量好的占 10%，质量中等的占 36%，质量差的占 54%。67%的宜林地分布在干旱、半干旱地区的内蒙古、陕西、甘肃、山西、青海、新疆 6 省份，质量较差。

5.2.2 森林面积与蓄积量

根据第九次全国森林资源清查结果，全国活立木总蓄积量 185.05×10^8 m^3。其中，森林蓄积量 170.58×10^8 m^3，疏林蓄积量 1.00×10^8 m^3，散生木蓄积量 8.78×10^8 m^3，四旁树蓄积量 4.69×10^8 m^3。森林蓄积量主要分布在西南和东北省份，其中西藏 23.05×10^8 m^3、云南 21.32×10^8 m^3、黑龙江 20.00×10^8 m^3、四川 19.72×10^8 m^3、内蒙古 16.63×10^8 m^3、吉林 10.54×10^8 m^3，6 省合计占全国的 60.12%。

全国森林面积 2.1822×10^8 hm^2，森林蓄积量 170.58×10^8 m^3。森林面积中，乔木林 1.7989×10^8 hm^2，占 82.43%；竹林 641×10^4 hm^2，占 2.94%；国家特别规定的灌木林面积 3192×10^4 hm^2，占 14.63%。内蒙古、云南、黑龙江、四川、西藏、广西森林面积较大，6 省森林面积合计 1.1472×10^8 hm^2，占全国的 52.57%。西藏、云南、四川、黑龙江、内蒙古、吉林森林蓄积量较大，6 省合计 105.03×10^8 m^3，占全国的 61.57%。

森林面积按林种分，防护林 1.0082×10^8 hm^2，占 46.20%；特用林 2280×10^4 hm^2，占 10.45%；用材林 7242×10^4 hm^2，占 33.19%；能源林 123×10^4 hm^2，占 0.56%；经济林 2094×10^4 hm^2，占 10.45%。森林蓄积量按林种分，防护林 88.18×10^8 m^3，特用林 26.18×10^8 m^3，用材林 54.15×10^8 m^3，能源林 0.57×10^8 m^3，经济林蓄积量 1.49×10^8 m^3。按照森林主要用途的不同，将防护林和特用林归为公益林，将用材林、经济林和能源林归为商品林，公益林与商品林的面积之比为 57∶43，蓄积量之比为 67∶33。

5.2.3 乔木林龄级与树种结构

根据第九次全国森林资源清查结果，全国乔木林面积 1.7989×10^8 hm^2，蓄积量 170.58×10^8 m^3。乔木林面积中，中幼龄林比例较大，幼龄林占 32.67%，中龄林 31.27%。中幼龄林主要分布在黑龙江、云南、内蒙古、广西、江西、湖南、广东、四川 8 省(自治区)，合计 6772×10^4 hm^2，占全国中幼龄林面积的 58.87%(表 5-5)。近、成、过熟林面积仅占

表 5-5　乔木林各龄组面积和蓄积量

龄　组	面积/($\times10^4$ hm^2)	面积比例/%	蓄积量/($\times10^4$ m^3)	蓄积量比例/%
幼龄林	5877.54	32.67	213 913.86	12.54
中龄林	5625.92	31.27	482 135.45	28.26
近熟林	2861.33	15.91	351 428.80	20.60
成熟林	2467.66	13.72	401 111.45	23.52
过熟林	1156.40	6.43	257 230.03	15.08
合　计	17 988.85	100.00	1 705 819.59	100.00

36.06%，主要分布在内蒙古、黑龙江、四川、西藏、云南、吉林 6 省(自治区)，合计 4098×10^4 hm^2，占全国近、成、过熟林面积的 63.18%。

从优势树种(组)看，面积比重排名前 10 位的优势树种(组)为栎类、桦木、杉木、落叶松、马尾松、杨树、云南松、桉树、云杉、柏木，面积合计 8329.20×10^4 hm^2，占全国的 46.30%；蓄积量合计 74.76×10^8 m^3，占全国的 43.83%(表 5-6)。

表 5-6　乔木林主要优势树种(组)面积和蓄积量

类　型	面积/($\times10^4$ hm^2)	面积比例/%	蓄积量/($\times10^4$ m^3)	蓄积量比例/%
栎树林	1656.26	9.21	141 832.30	8.32
杉木林	1138.66	6.33	85 201.65	5.00
落叶松林	1083.51	6.02	112 295.74	6.58
桦木林	1038.34	5.77	92 285.35	5.41
杨树林	825.49	4.59	61 241.06	3.59
马尾松林	804.30	4.47	62 606.28	3.67
桉树林	546.74	3.04	21 562.90	1.26
云杉林	439.34	2.44	97 266.27	5.70
云南松林	425.74	2.37	50 100.92	2.94
柏木林	370.82	2.06	23 202.71	1.36
合　计	8329.20	46.30	747 595.18	43.83

5.3　我国森林资源质量问题

5.3.1　资源总量多、人均少

根据联合国粮食及农业组织 2015 年公布的《世界森林资源评估》报告，中国森林资源面积总量排名世界第 5 位，林木总蓄积量排名第 6 位。由于中国人口众多，约占世界人口的 22%，而森林面积只占世界的 3.9%，我国人均森林面积 0.15 hm^2，相当于世界人均占有量的 25%；人均森林蓄积量 10.98 m^3，相当于世界人均占有量的 14%。从总体上看，我国仍然属于森林资源贫乏国家。

5.3.2 分布不均

由于历史和自然条件等方面的原因，我国森林资源分布非常不均匀。东北、西南和东南各地森林资源较多，华北、中原和西北各地的森林资源分布少，差异极大。森林覆盖率超过60%的有福建、江西、台湾、广西4省(自治区)，不足10%的有青海、新疆2省(自治区)。从人均拥有量来说，人均森林面积超过世界平均水平的只有西藏和内蒙古2自治区，其中西藏人均最多，这主要是由于人口稀少所致。人均蓄积量超过世界平均水平的只有西藏自治区。

森林资源分布不均的特征还反映在与人口、经济发展关系的不平衡上。现有森林主要分布在远离人口密集、经济发达的偏远地域，不仅增加了经营利用森林的费用，尤其是运输费用，也使人们的生活环境得不到森林资源的直接保护，降低了生活质量。近年来在我国日渐兴盛的与森林有关的旅游、文化、休憩等活动，也由于森林距离遥远，而增加了出行的难度和费用。

5.3.3 森林结构不合理

森林结构不合理主要反映在林龄结构上、胸径结构上、树种结构上。从年龄结构上看，不合理主要反映在幼龄林、中龄林多，成过熟林资源少的林分低龄化上。全国乔木林中，幼龄林和中龄林的面积、蓄积量分别占63.94%、40.80%，近成、过熟林面积仅占36.06%，主要分布在内蒙古、西藏、黑龙江、四川、云南、吉林等偏远省份的国有林区。从区域林区状况分析，森林资源低龄化的倾向更为严重。例如，东南部丘陵山地林区，幼、中龄林面积占80%以上，近熟、成熟林蓄积量只有约40%，距离正常情况下60%～70%的理想结构相距其远。

根据第九次全国森林资源清查结果，我国乔木林平均胸径只有13.4 cm，平均郁闭度为0.58，林分过疏、过密的面积占乔木林的34.91%。人工林中60%以上为纯林，80%森林处于演替的初中期。

5.3.4 林地生产力低、森林质量差

我国乔木林每公顷蓄积量为94.83 m^3，约是世界平均水平的84%，不到德国等林业发达国家的1/3。乔木林年生长量为4.73 m^3/hm^2，只有德国、芬兰等林业发达国家的1/2左右。我国森林生物量占全国陆地植被生态系统总生物量的69.5%，而全球为94.0%，每公顷乔木林生物量为86.22 t/hm^2，仅为世界平均水平的70%。

全国乔木林质量分级，好、中、差的比例分别为20.68%、68.04%、11.28%，平均森林质量指数只有0.62，总体处于中等质量水平。

据估算，我国森林年生态服务价值12.6万亿元，但每公顷森林年生态服务价值只有6.1万元，仅相当于日本的40%。我国森林平均固碳能力为91.75 t/hm^2，远低于全球中高纬度地区157.81 t/hm^2 的平均水平。

5.3.5 人工林质量不高

1949年以后，经过几十年的人工造林绿化，我国的人工林与世界各国同期人工林相

比，数量是最多的。现有人工林面积 7954×10^4 hm^2，占森林面积的 36.45%，这些人工林已经成为全国森林资源重要的组成部分，在我国的经济建设和生态环境保护中发挥着巨大的作用。

但由于经营管理水平不高，人工林的质量较低。全国人工林蓄积量 33.88×10^8 m^3，仅占森林蓄积量的 19.86%，平均每公顷只有 59.30 m^3，与天然林每公顷 111.36 m^3 相比还有较大的提升空间。究其原因，除了许多人工林正处于幼龄、中龄林阶段外，主要是经营管理水平低，造林成活以后，后期管理跟不上，成活而未成林。

本章小节

本章主要介绍了世界森林资源基本情况和中国森林资源基本概况、中华人民共和国成立以来我国资源变化情况、我国资源结构特征及存在的主要问题。根据联合国粮食及农业组织 2015 年森林资源状况报告，欧洲的森林面积占全球的 25%，其次是南美洲(21%)、北美洲(16%)，亚洲、非洲和大洋洲约占 38%。我国森林面积世界排名第 5 位，森林蓄积量排名第 6 位。1949 年以来，中国森林资源发展变化经历了过量消耗、治理恢复、快速增长的过程。根据第九次全国森林资源清查结果，我国森林资源面临着资源总量多、人均少，分布不均，森林结构不合理，林地生产力低、森林质量差，人工林质量不高等问题。

思考题

1. 根据联合国粮食及农业组织 2015 年森林资源状况报告，简述世界森林资源分布特点。
2. 中国森林资源在世界森林资源的地位如何？
3. 根据第九次全国森林资源清查结果，简述我国森林资源的结构特征。
4. 我国森林资源面临着哪些质量问题？

推荐阅读书目

1. 中国森林资源 . 雷加富 . 中国林业出版社，2005 .
2. 中国森林资源报告(2014—2018). 国家林业和草原局 . 中国林业出版社，2019 .
3. 2015 年全球森林资源评估报告——世界森林资源变化情况(第二版). 联合国粮食与农业组织(FAO)，2016.

参考文献

董智勇，司洪生，1996. 德国森林经营历史经验的借鉴[J]. 世界林业研究(4)：36-40.
肖玲，2003. 中国林业发展的阶段划分和现阶段特征研究[D]. 北京：北京林业大学 .
张会儒，雷相东，2017. 森林经理与森林质量精准提升[J]. 国土绿化(8)：13-15.
张会儒，2019. 当前森林经营需要注意的几个问题[J]. 中国林业产业(6)：61-66.

第6章　森林资源调查

林业是国民经济重要的组成部分，而森林资源又是林业的基础，可以说没有森林资源就没有林业。了解和掌握森林资源信息——森林资源的种类、数量、质量、生长规律、环境条件等，是科学地经营管理森林资源的前提条件，森林资源调查的目的即在于此。因此，如何科学、合理及有效的开展森林资源调查，对合理经营森林，实现林业的可持续发展具有十分重要的意义。同时，由于森林资源面积的辽阔性，林区自然地理条件和社会经济条件有较大差异，因此为了合理地开展森林资源经营管理以及组织各种林业生产活动，必须进行森林区划。森林区划是森林资源调查和森林经营活动的基础性工作，合理的区划有助于提高森林资源调查工作的效率及精度，同时也是森林经营活动能落地的关键，因此具有十分重要的意义。

6.1　森林资源调查概述

6.1.1　森林调查的概念

森林资源调查也称为森林调查，是指依据经营森林的目的要求，系统地采集、处理、预测森林资源有关信息的工作。它应用测量、测树、遥感、各种专业调查、抽样及电算技术等手段，以查清指定范围内的森林数量、质量、分布、生长、消耗、立地质量以及可及性等，为制定林业方针政策和科学经营森林提供依据，主要有森林资源状况、森林经营历史、经营条件及未来发展等方面的调查。

6.1.2　森林调查的目的

林业是国民经济中重要的组成部分，而森林资源又是林业的基础，可以说没有森林资源就没有林业。了解和掌握森林资源信息——森林资源的种类、数量、质量、生长规律、环境条件等，是科学地经营管理森林资源的前提条件，森林调查的目的就在于此。森林调查的信息，主要有以下3个方面的用途：

①为国家和各级地方政府制订经济和环境发展计划或规划、方针、政策等提供依据。

②为林业企业、事业单位制订长期、中期、短期或年度计划提供依据。

③检查、评价森林经营效果和计划执行情况。

6.1.3　森林调查的种类

森林调查的种类多种多样，各类调查的方法、目的、内容等也有所不同。在我国，根据调查的目的和范围将森林调查分为 3 大类：

①以全国(大区或省)为对象的森林调查，称为“国家森林资源连续清查”(原称为“全国森林资源连续清查”)，也简称“一类调查”。调查的目的是为了掌握调查区域内森林资源的宏观状况，为制定或调整林业方针政策、规划、计划提供依据。

②以森林资源经营管理的企事业单位和行政县、乡(镇)或相当于县、乡(镇)的单位为对象的森林调查称为“森林资源规划设计调查”(原称为“森林经理调查”)，也称为“二类调查”。此类调查的目的是为县级林业区划、企事业单位的森林区划、编制森林经营方案、制订生产计划提供依据。

③主要为满足林业企业伐区设计、造林设计、抚育采伐设计等而进行的“作业调查”，也简称“三类调查”，调查的目的主要是对将要进行生产作业的区域进行调查，以便了解生产区域内的资源状况、生产条件等内容。

6.2 森林区划

6.2.1 森林区划的目的和意义

林业生产的特点之一是地域辽阔，一个林业局(林场)管理的面积少则数万公顷，多则十几万以至几十万公顷，其自然地理条件、森林资源以及社会经济条件多不相同。合理的区划，可便于调查统计和分析森林资源的数量和质量，便于组织经营单位、开展营林活动和进行技术经济核算，有效地管理森林资源，从而为林业的行政管理、资源管理和林业生产组织提供条件。

森林区划是对整个林区进行地域上的划分，为合理组织森林经营、实现永续利用而对林地进行的空间秩序的安排。将林区在地域上区划为若干个不同的单位，以便于合理经营。它是森林经营管理工作的重要内容之　，也是调查规划的基础工作，合理的区划对森林资源调查及经营管理具有重要的意义。

森林区划又称林地区划，主要目的有：①便于调查、统计和分析森林资源的数量和质量；②便于组织各种经营单位；③便于长期的森林经营利用活动，总结经验，提高森林经营水平；④便于进行各种技术、经济核算工作。

6.2.2 森林区划系统

目前，在我国林区中，森林经营区划系统如下：

(1)国有林区林业局区划系统

林业局—林场—营林区—林班—小班。

(2)国有林场区划系统

总场(林场)—分场(营林区或作业区)—林班—小班。

(3)集体林区区划系统

县—乡—村—林班—小班。

国外对森林区划也很重视，认为它是合理地组织森林经营的一项基础性工作。世界各国的森林区划各有特点，但多数林业发达国家一般都分 4 种区划单位，即施业区、施业分区、林班、小班。施业区类似我国的林业局或独立的国有林场。如苏联的森林区划大多分为林管区(国有林场)、施业区、林班、小班；美国分林场、施业区、林班、小班或林分；德国分林业局、施业区、林班、小班、细班。日本在营林署下分施业区、林班、小班。印度在各邦以下有林管区(林业局)、施业区、林班、小班。

6.2.3 森林区划的原则和方法

在进行森林区划时，应根据区划范围内情况，从今后经营管理、开发利用及资源清查工作的需要来考虑。

现将各级森林区划单位的区划原则与方法分述如下：

6.2.3.1 林业局的区划

林业局是林区中一个独立的林业生产和经营管理的企业单位。合理确定林业局的范围和境界，是实现森林永续经营利用的重要保证。根据全国林业规划，我国各林区已大部分建立了林业局。但在初次开展森林经营管理工作的地区，首先应合理地确定林业局的范围和境界，影响林业局境界确定的主要因素通常有：

①企业类型　林业企业类型是根据林权及经营重点划分的。现阶段我国所有权分为全民和集体所有制。在国有林区有林业局、国有林场等企业单位；在集体林区或农村地区，有乡办或村办的集体林场。

②森林资源情况　森林资源是林业生产的物质基础。在林业局范围内，只有具备一定数量和质量的森林资源，才能有效地、合理地进行森林经营利用活动。所谓森林资源，主要表现在林地面积及森林蓄积量上。从长期经营及森林永续利用的要求出发，林业局的经营面积一般以 15×10^4 ~ 30×10^4 hm^2 为宜。在我国南方林区，有些地区森林资源比较分散，此地区林业局的面积可小些，经营面积 5×10^4 ~ 10×10^4 hm^2。

③自然地形、地势　此项因素对确定林业局的境界和范围有重要作用。以大的山系、水系等自然界线和永久性的地物(如公路、铁路)作为林业局的境界，对于经营、利用、管理、运输、生活等方面均有重要作用。

④行政区划　确定林业局边界时，应尽量与行政区划相一致，这样有利于林业企业与地方机构协调关系，特别是在林政管理、护林防火、劳动力调配等方面。

林业局的范围，应充分考虑有利于生产、生活及交通情况，一般境界线确定后，不宜轻易变动。林业局的面积不宜过大，其形状以规整为好，切忌将局址设在管辖范围以外。

6.2.3.2 林场的区划

林场是经营和管理森林资源的基层林业生产单位，也是森林经营方案编制和执行的基本单位。一般利用山脊、河流、道路或人工标志作为境界。区划林场要考虑"以场轮伐，以场定居"，有利于全面经营森林、合理组织生产和方便职工生活等原则。

关于林场的经营面积，北方林业局(企业局)下属的林场，经营面积一般为 1×10^4 ~ 2×10^4 hm^2，南方独立的国有林场的经营面积一般为 1×10^4 hm^2 左右，较大的可达 3×10^4 hm^2。在少林地区，国有林场的经营面积大都为 0.1×10^4 ~ 0.2×10^4 hm^2。集体林区民办林场的面积从几公顷到几千公顷不等。根据我国林业企业的森林资源情况、木材生产工艺过程和营林工作的需要，林场的面积不宜大于 3×10^4 hm^2。总之，林场的面积不宜过大或过小，过大不利于合理组织生产和安排职工生活。过小则可能造成机构相对庞大、机械效率不能充分发挥等缺点。

我国林业局以下的林业管理机构名称也有多种，如主伐林场、经营所、采育场、伐木场等。从长远看，应统称为“林场”较为适合。

6.2.3.3　营林区的区划

在林场内，为了合理地进行森林经营利用活动，开展多种经营以及考虑生产和职工生活的方便，根据有效经营活动范围，特别是护林防火工作量的大小，还应当将林场再区划为若干个营林区。由于森林资源的分散和集中程度，地形、地势条件，居民点分布，火险等级，经营水平和交通条件等，营林区的大小有所不同。但应以工作人员到达最远的现场花费的时间不超过 1.5 h(步行)为宜。营林区界线一般与林班线一致，即将若干个林班集中在一起组成营林区。

6.2.3.4　林班的区划

在林场范围内，把林地划分为若干面积大小比较一致的永久性地段，作为森林经营活动和生产管理的单位，称为林班。其主要作用是便于面积测算、林地定位、森林资源清查、护林防火和进行经营利用的规划设计等。林班的编号用阿拉伯数字从西向东、由北到南依次排列，在林班界线相交处埋设标桩。

林班区划方法有 3 种：即人工区划法、自然区划法和综合区划法。

(1)人工区划法

即把林地区划为正方形或长方形的规整地块，林班线用人工伐开(图 6-1)。其优点是设计简单，林班面积基本相等，林班线的走向容易辨认，在平原和丘陵地区有利于调查统计和开展各种经营活动，并可作为防火线及道路使用。缺点是由于伐开林班线的工作量过大，不便于在地形起伏较大的山地森林中采用。此法适用于平坦地区及丘陵地带的林区及部分人工林区。例如，我国 1951 1954 年，在东北及部分南方林区曾大量使用人工区划。

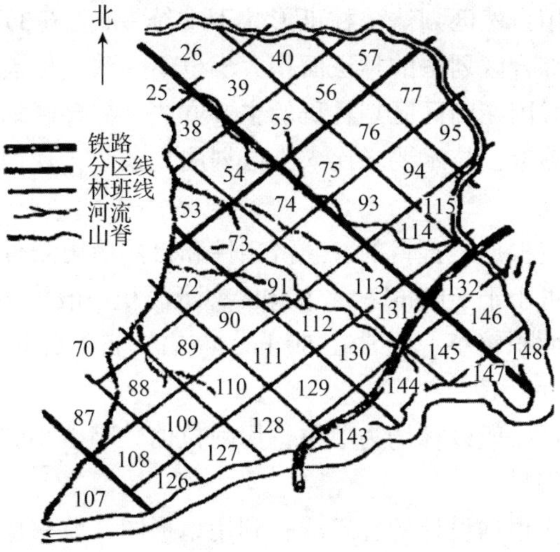

图 6-1　人工区划法

(2)自然区划法

自然区划法是以林场内的自然界线及永久性标志，如河流、沟谷、分水岭及道路等作为林班线划分林班的方法(图6-2)。因而林班面积的大小不一，形状也不规整。自然区划的林班多为两面山坡夹一沟，这样便于经营管理。如面积过大时，可以将一个坡面作为一个林班。林区中永久性的道路是进行森林经营利用重要的设施及标志，因而多用作林班线。自然区划的林班线因利用已有的自然境界，因此通常不需伐开，但必须沿林班线挂树号或用油漆划横线标明，从而可减少很多工作量。这种区划法的缺点是林班面积往往大小不一，形状各异，给求算面积带来一些困难，同时林班线不能用来定位、定向，也对经营管理带来不便。其优点是保持自然景观，对防护林、特种用途林有积极的意义，对自然保护区也有特殊的作用，此法适用于山区。

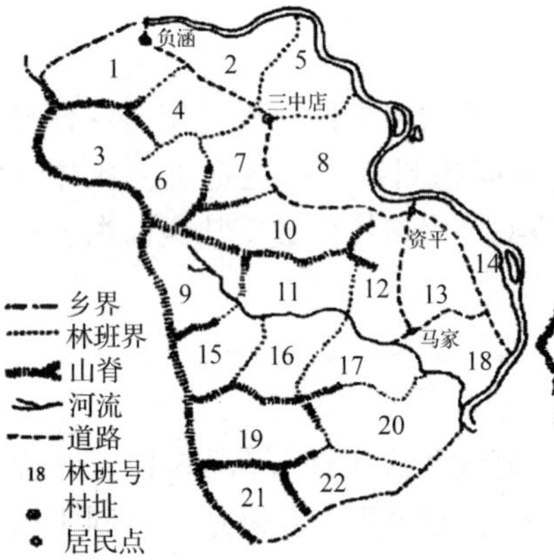

图6-2 自然区划法

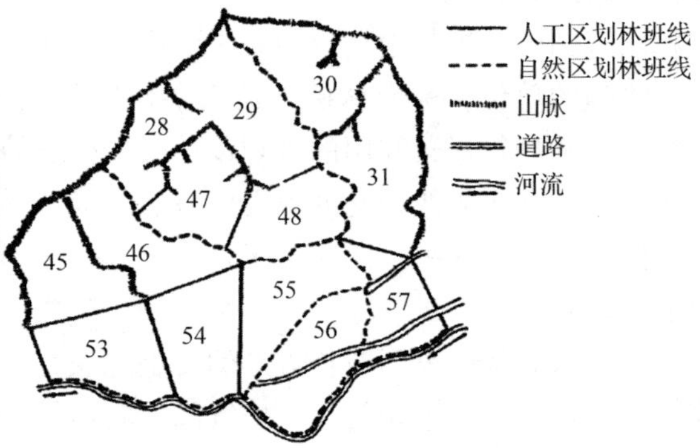

图6-3 综合区划法

(3)综合区划法

综合区划法是人工区划法和自然区划法的综合应用，在地形平坦处，用人工区划法，在地形复杂的山地，则用自然区划法，林班形状不求统一(图6-3)，但划分时应尽量考虑同一集材和运材系统。综合区划法的林班面积大小也不一致，但能避免过大过小，比自然区划法要好一些。它是我国在山区区划林班的主要方法。综合区划法虽克服了上述两种方法的不足，但在组织实施上，技术要求比人工区划法复杂些，现地区划时仍有时会出现林班线不易确定落实的情况。

林班面积的大小，应根据经营目的、经济条件和自然历史条件而定。在南方经济条件较好的地区，林班面积可小于50 hm^2；北方林区林班面积一般为100~200 hm^2；风景林和其他特种用途林的林班面积较小，通常在50 hm^2 左右。自然保护区和高山林区的林班面积较大，往往超过200 hm^2。

林班的编号和命名：一般以林场为单位，用阿拉伯数字由小到大，从林场的西北角起向东南，由上到下依次编号。

林班区划设计后，应根据设计的林班线，利用地形图、航空像片或测量成果在现地落实，也就是在现地伐开林班线及挂树号，也可以利用彩色油漆在林班线两侧树上划出标记，并在林班线相交处按规定及条件埋设林班桩。林班桩的材料，以坚实耐用为原则。林班编号除特殊情况，一般不应更改或重新编号，以免引起经营管理上的混乱。

6.2.3.5　小班的区划

根据林班内土地利用状况和林分调查因子的差别而划分的地块，是营林措施规划设计的基本单位，也是森林区划和森林资源统计的基本单位以及森林资源清查和统计计算的基本单位。划分的原则是小班内自然特征基本相同，与邻近小班有明显的差别。划分的依据是土地类别、林种、优势树种或优势树种组、龄级、郁闭度或疏密度、立地类型或林型、地位级或地位指数、出材率等级、林权等各种调查因子。

(1)权属

权属包括所有权和使用权(经营权)，分为林地所有权、林地使用权和林木所有权、林木使用权。权属具体分类为：林地所有权分国有和集体；林木所有权分国有、集体、个人和其他；林地与林木使用权分国有、集体、个人和其他。

(2)土地类别

依据土地利用现状和森林植被覆盖特征进行土地类型划分，把调查区域内的土地类型分为林地和非林地两大类。其中，林地划分为有林地、疏林地、灌木林地、未成林地、苗圃地、无立木林地、宜林地、辅助生产林地 8 个地类，见表 6-1。

表 6-1　林地分类系统

序号	一　级	二　级	三　级
1	有林地	乔木林	纯林
			混交林
		红树林	
		竹林	
2	疏林地		
3	灌木林地	国家特别规定灌木林	专为防护用途灌木林地
			灌木经济林
		一般灌木林	
4	未成林地	未成林造林地	
		未成林封育地	
5	苗圃地		
6	无立木林地	采伐迹地	
		火烧迹地	
		其他无立木林地	
7	宜林地	宜林荒山荒地	
		宜林沙荒地	
		其他宜林地	坡耕地
			撂荒地
			其他
8	辅助生产林地		

(3)林种

有林地、疏林地和灌木林地根据经营目标不同，根据2020年修订的《中华人民共和国森林法》，将森林划分为生态公益林和商品林两大类。生态公益林包括防护林和特种用途林；商品林包括用材林、能源林和经济林。各林种下还可细分，共分为2大类、5个林种、23个亚林种。林种分类系统见第4章表4-1。

(4)林分起源与树种组成

根据林分生成方式，分天然林、人工林和飞播林3类，天然林可分天然下种和萌生形成的森林；人工林下分人工播种、植苗和扦插造林形成的森林；飞播林可分飞机播种和人工撒播形成的森林。

优势树种或优势树种组：树种调查应记载树种的种名。按林分之间的优势树种或优势树种组相差2成(25%)者可划分出不同的小班。如为纯林，则优势树种应占7成(65%)以上。个别珍贵树种，如东北的红松林，如占4成(35%)就可划出小班，如树种很多分不清优势树种时，可将几个树种合并为树种组记载。南方优势树种较多，必要时可按树种组划分小班。

(5)龄级(组)

林分间Ⅵ龄级以下相差1个龄级，Ⅶ龄级以上相差2个龄级以上，可划出不同小班。如按龄组划分小班，则分幼(龄)、中(龄)、近(熟)、成(熟)、过(熟)5个龄组。有时分幼龄、壮龄(包括中、近)、成熟龄(包括过熟)3个龄组。各树种(组)的龄级期限和龄组的划分标准见表6-2。

表6-2 主要乔木树种龄级与龄组划分 单位：a

树种	地区	起源	龄组划分					龄级期限
			幼龄林	中龄林	近熟林	成熟林	过熟林	
红松、云杉、柏木、紫杉、铁杉	北部	天然	≤60	61~100	101~120	121~160	≥161	20
	北部	人工	≤40	41~60	61~80	81~120	≥121	20
	南部	天然	≤40	41~60	61~80	81~120	≥121	20
	南部	人工	≤20	21~40	41~60	61~80	≥81	20
落叶松、冷杉、樟子松、赤松、黑松	北部	天然	≤40	41~80	81~100	101~140	≥141	20
	北部	人工	≤20	21~30	31~40	41~60	≥61	10
	南部	天然	≤40	41~60	61~80	81~120	≥121	20
	南部	人工	≤20	21~30	31~40	41~60	≥61	10
油松、马尾松、云南松、思茅松、华山松、高山松	北部	天然	≤30	31~50	51~60	61~80	≥81	10
	北部	人工	≤20	21~30	31~40	41~60	≥61	10
	南部	天然	≤20	21~30	31~40	41~60	≥61	10
	南部	人工	≤10	11~20	21~30	31~50	≥51	10
杨、柳、桉、檫、楝、泡桐、木麻黄、枫杨、软阔	北部	人工	≤10	11~15	16~20	21~30	≥31	5
	南部	人工	≤5	6~10	11~15	16~25	≥26	5

（续）

树　种	地区	起源	龄组划分					龄级期限
			幼龄林	中龄林	近熟林	成熟林	过熟林	
桦、榆、木荷、枫香、珙桐	北部	天然	≤30	31~50	51~60	61~80	≥81	10
	北部	人工	≤20	21~30	31~40	41~60	≥61	10
	南部	天然	≤20	21~40	41~50	51~70	≥71	10
	南部	人工	≤10	11~20	21~30	31~50	≥51	10
栎、柞、槠、栲、樟、楠、椴、水、胡、黄、硬阔	南北	天然	≤40	41~60	61~80	81~120	≥121	20
	南北	人工	≤20	21~40	41~50	51~70	≥71	10
杉木、柳杉、水杉	南部	人工	≤10	11~20	21~25	26~35	≥36	5

注：飞播造林同人工林。

(6)郁闭度(疏密度)

商品林郁闭度相差0.20以上，公益林相差一个郁闭度级，灌木林相差一个覆盖度等级时，可划出小班。有林地郁闭度等级采用三角划分：即疏(0.20~0.39)，中(0.40~0.69)，高(0.70以上)；灌木林覆盖度等级采用：密(70%以上)，中(50%~69%)，疏(30%~49%)三级划分。

(7)立地类型或林型

在进行了林型(或立地条件类型)和地位级(或地位指数)划分的地区，区划小班时，可按林型(或立地条件类型)和地位级(或地位指数)的不同区划小班。未进行林型(或立地条件类型)和地位级(或地位指数)划分的，可直接根据坡度、坡向、坡位和地貌等因子的不同区划小班。

(8)地位指数级或地位级

地位级或地位指数相差1级，可划分小班。

(9)坡度级

坡度级分6级，相差1级时划分出小班。Ⅰ级为平坡0°~5°；Ⅱ级为缓坡6°~15°；Ⅲ级为斜坡16°~25°；Ⅳ级为陡坡26°~35°；Ⅴ级为急坡36°~45°；Ⅵ级为险坡46°及以上。

(10)坡向

分东、南、西、北、东北、东南、西北、西南8个坡向以及无坡向。

(11)坡位

分脊、上、中、下、谷、全坡、平地7个坡位。

(12)土壤厚度等级

根据土壤A层+B层厚度确定。

(13)地貌

极高山，海拔大于5000 m的山地；高山，海拔为3500~5000 m的山地；中山，海拔为1000~3499 m的山地；低山，海拔小于1000 m的山地；丘陵，没有明显的山脉，坡度较缓和，且相对高程小于100 m；平原，平坦开阔，起伏很小。

(14)出材率等级

用材林近、成、过熟林，林分出材率等级由林分出材量占林分蓄积量的百分比或林分

表 6-3 用材林近、成、过熟林林分出材率等级表

出材率等级	林分出材率/%			用材树比率/%		
	针叶林	针阔混交林	阔叶林	针叶林	针阔混交林	阔叶林
1	≥70	≥60	≥50	≥90	≥80	≥70
2	50~69	40~59	30~49	70~89	60~79	45~69
3	<50	<40	<30	<70	<60	<45

中用材树的株数占林分总株数的百分比确定，具体标准见表 6-3。

(15) 林业工程类别

林业工程主要包括天然林资源保护工程、退耕还林工程、三北和长江中下游地区等重点防护林体系建设工程、京津风沙源治理工程、野生动植物保护及自然保护区建设工程、速生丰产用材林基地建设工程和其他林业工程(六大林业重点工程之外的林业工程)。

(16) 生态公益林的事权与保护等级

公益林按事权等级划分为国家公益林(地)和地方公益林(地)；国家公益林(地)按保护等级划分一级和二级两级，地方公益林(地)按保护等级划分为重点和一般公益林(地)。

小班面积的大小应依据林种、绘制基本图所用的地形图比例尺和经营集约度而定，最小小班面积以能在基本图上反映出来为准；南方集体林区商品林最大小班面积一般不超过 15 hm^2，其他地区一般不超过 25 hm^2。

区划小班的方法可以分为 3 种：即用航空像片或卫星像片判读勾绘、用地形图现地勾绘、用罗盘仪实测。不论采用何种方法划分小班，均应到现地核对，对不合理的界线进行修正。在有条件的地区，应尽量利用明显的地形、地物等自然界线作为小班界线或在小班线上设立明显标志，使小班位置固定下来，以便统一编码管理。

小班编号以林班为单位，用阿拉伯数字标记，其顺序、编写方法与林班编号相同。

6.3 森林规划设计调查

6.3.1 森林资源规划设计调查概述

6.3.1.1 目的和任务

森林资源规划设计调查(简称二类调查)是以国有林区林业局(场)、自然保护区、森林公园等森林经营单位或县级行政区域为调查单位，以满足森林经营方案、总体设计、林业区划与规划设计需要而进行的森林资源调查。

其主要任务是查清森林、林地和林木资源的种类、数量、质量与分布，客观反映调查区域自然、社会经济条件，综合分析与评价森林资源与经营管理现状，提出对森林资源培育、保护与利用的意见。调查成果是建立或更新森林资源档案，制定森林采伐限额，进行林业工程规划设计和森林资源管理的基础，也是制定区域国民经济发展规划和林业发展规划，实行森林生态效益补偿和森林资源资产化管理，指导和规范森林科学经营的重要依据。

6.3.1.2 调查的内容

森林资源规划设计调查的内容分为基本内容和可选内容两大类，可以概括为林业生产

条件调查、小班调查和专项调查3个方面。

调查基本内容包括：①核对森林经营单位的境界线，并在经营管理范围内进行或调整(复查)经营区划；②调查各类林地的面积；③调查各类森林、林木蓄积量；④调查与森林资源有关的自然地理环境和生态环境因素；⑤调查森林经营条件、前期主要经营措施与经营成效。

可选内容：下列调查内容以及调查的详细程度，应依据森林资源特点、经营目标和调查目的，以及以往资源调查成果的可利用程度，由调查会议具体确定：①森林生长量和消耗量调查；②森林土壤调查；③森林更新调查；④森林病虫害调查；⑤森林火灾调查；⑥野生动植物资源调查；⑦生物量调查；⑧湿地资源调查；⑨荒漠化土地资源调查；⑩森林景观资源调查；⑪森林生态因子调查；⑫森林多种效益计量与评价调查；⑬林业经济与森林经营情况调查；⑭提出森林经营、保护和利用建议；⑮其他专项调查。

调查间隔期：二类调查一般10年进行一次，经营水平高的地区或单位也可5年进行1次；两次二类调查的间隔期也称为经理期。从二类调查的经理期可以看出，依据它所制订的计划，主要是中期计划，也有人称为规划。

6.3.2　林业生产条件调查

对森林资源进行科学合理的经营管理，除了对森林资源有详尽的了解外，还应对森林经营管理产生影响的相关条件进行全面系统的调查。

6.3.2.1　自然条件调查

自然条件是森林资源所处的环境条件，对森林资源的形成、演替、生长、类型、结构、功能、林木的数量和质量等都有着决定性的作用。现在流行的“近自然林业”“森林生态系统经营”等森林经营管理模式，与森林可持续经营的理论一样，都是要求人们在经营管理森林资源时使人与自然的关系和谐，适应自然界发展的客观规律。

在自然条件调查中，主要的内容如下：①自然条件，包括行政区划、植物区系、地形地势、山脉和水系；②地质条件，包括土壤种类、有机物含量、物理性质、成土母岩；③水资源条件，包括河流状况、湿地状况、水资源利用状况；④气候、气象条件，包括气温、降水、风，以及其他天气现象。

6.3.2.2　社会经济条件调查

作为区域社会可持续发展不可或缺的重要组成部分，林业与区域社会各组成部分有着千丝万缕的联系。在区域社会中，其他各部门对林业的发展起到制约和促进的作用。一般而言，区域社会整体发展水平较高时，林业或森林资源的经营管理水平也相应较高，林业或森林资源的作用也就越重要。

社会经济条件调查的内容主要是林业在区域社会中的地位和作用，与林业发展关系最密切部门的状况和关系，包括：①林业与农、牧、渔、工业等的关系；②森林与区域社会、环境的关系；③林业的地域配置、林权等状况；④森林产品市场状况；⑤林业对区域社会的经济贡献；⑥交通运输状况；⑦人口、劳动力状况等。

6.3.2.3　林业经营历史状况调查

任何行业的经营历史经验都对现实经营产生重要的影响，所谓“吃一堑、长一智”“推广先进经验”等说法都表明历史经验的重要。森林资源经营的生产周期较长，因而历史经验对现实经营的作用就更加重要。在进行此方面调查时，应注重正、反两方面的经验，无论忽略哪一方面都会对现实森林经营产生负面影响。

林业经营历史调查的内容主要包括以下几个方面：①森林经营机构的改革；②以往开展的二类调查工作；③森林经营方案编制和执行情况；④森林经营管理情况；⑤环境状况；⑥林业企业管理。

6.3.3 小班调查

6.3.3.1 小班调绘

根据实际情况，可分别采用以下 3 种方法进行小班调绘：

①采用由测绘部门绘制的当地最新的比例尺为 1∶10 000~1∶25 000 的地形图到现地进行勾绘。对于没有上述比例尺的地区可采用由 1∶50 000 放大到 1∶25 000 的地形图。

②使用近期拍摄的(以不超过两年为宜)、比例尺不小于 1∶25 000 或由 1∶50 000 放大到 1∶25 000 的航片、1∶100 000 放大到 1∶25 000 的侧视雷达图片在室内进行小班勾绘，然后到现地核对，或直接到现地调绘。

③使用近期(以不超过一年为宜)经计算机几何校正及影像增强的比例尺 1∶25 000 的卫片(空间分辨率 10 m 以内)在室内进行小班勾绘，然后到现地核对。

6.3.3.2 小班调查内容

分别商品林和生态公益林小班按地类调查或记载不同调查因子，见表 6-4。具体记载事项参见原国家林业局《森林规划设计调查技术规程》。

表 6-4 不同地类小班调查因子

地　类	乔木林	竹林	疏林地	国家特别规定灌木林	其他灌木林	人工造林未成林地	封育未成林地	苗圃地	采伐迹地	火烧迹地	宜林地	其他无立木林地	辅助生产林地
空间位置	1，2	1，2	1，2	1，2	1，2	1，2	1，2	1，2	1，2	1，2	1，2	1，2	1，2
权　属	1，2	1，2	1，2	1，2	1，2	1，2	1，2	1，2	1，2	1，2	1，2	1，2	1，2
地　类	1，2	1，2	1，2	1，2	1，2	1，2	1，2	1，2	1，2	1，2	1，2	1，2	1，2
工程类别	1，2	1，2	1，2	1，2	1，2	1，2	1，2		1，2	1，2	1，2	1，2	
事　权	2	2	2	2	2	2	2		2	2	2	2	
保护等级	2	2	2	2	2	2	2		2	2	2	2	
地形地势	1，2	1，2	1，2	1，2	1，2	1，2	1，2		1，2	1，2	1，2	1，2	
土壤/腐殖质	1，2	1，2	1，2	1，2	1，2	1，2	1，2		1，2	1，2	1，2	1，2	
下木植被	1，2	1，2	1，2	1，2	1，2	1，2	1，2		1，2	1，2	1，2	1，2	
立地类型	1，2	1，2	1，2	1，2	1，2	1，2	1，2		1，2	1，2	1，2	1，2	
立地等级	1	1	1	1	1	1	1		1	1	1	1	
天然更新	1，2	1，2	1，2				1，2		1，2	1，2	1，2	1，2	

（续）

地　类	乔木林	竹林	疏林地	国家特别规定灌木林	其他灌木林	人工造林未成林地	封育未成林地	苗圃地	采伐迹地	火烧迹地	宜林地	其他无立木林地	辅助生产林地
造林类型									1，2	1，2	1，2	1，2	
林　　种	1，2	1，2	1，2	1，2	1，2								
起　　源	1，2	1，2	1，2	1，2	1，2	1，2	1，2						
林　　层	1												
群落结构	2												
自 然 度	1，2	1，2	1，2	1，2	1，2								
优势树种(组)	1，2	1，2	1，2	1，2	1，2	1，2	1，2						
树种组成	1	1	1			1	1						
平均年龄	1，2		1，2	1		1，2	1，2						
平均树高	1，2	1，2	1，2	1，2	1，2	1，2	1，2						
平均胸径	1，2	1，2	1，2										
优势木平均高	1												
郁闭/覆盖度	1，2	1，2	1，2	1，2	1，2								
每公顷株数	1	1	1			1，2	1，2						
散 生 木				1，2	1，2	1，2	1，2		1，2	1，2	1，2	1，2	
每公顷蓄积量	1，2	1，2	1，2										
枯倒木蓄积量	1，2		1，2										
健康状况	1，2	1，2	1，2	1，2	1，2	1，2	1，2						
调查日期	1，2	1，2	1，2	1，2	1，2	1，2	1，2	1，2	1，2	1，2	1，2	1，2	1，2
调查员姓名	1，2	1，2	1，2	1，2	1，2	1，2	1，2	1，2	1，2	1，2	1，2	1，2	1，2

注：1 为商品林；2 为生态公益林。

6.3.3.3　小班调查方法

根据调查单位的森林资源特点、调查技术水平、调查目的和调查等级，可采用不同的调查方法进行小班调查。

(1)样地实测法

在小班范围内，通过随机、机械或其他的抽样方法，布设圆形、方形、带状或角规样地，在样地内实测各项调查因子，由此推算小班调查因子。布设的样地应符合随机原则(带状样地应与等高线垂直或成一定角度)，样地数量应满足相应的精度要求。

(2)目测法

当林况比较简单时采用此法。调查前，调查员要通过 30 块以上的标准地目测练习和一个林班的小班目测调查练习，并经过考核。各项调查因子目测的数据 80%项次以上达到允许的精度要求时，才可以进行目测调查。

小班目测调查时，必须深入小班内部，选择有代表性的调查点进行调查。为了提高目测精度，可利用角规样地或固定面积样地以及其他辅助方法进行实测，用以辅助目测。目测调查点数视小班面积不同而定：①3 hm^2 以下，1～2 个；②4～7 hm^2，2～3 个；③ 8～12 hm^2，3～4 个；④13 hm^2 以上，5～6 个。

(3)航片估测法

航片比例尺大于 1∶10 000 时可采用此法。调查前，分别林分类型或树种(组)抽取若干个有蓄积量的小班(数量不低于 50)，判读各小班的平均树冠直径、平均树高、株数、郁闭度等级、坡位等，然后到实地调查各小班的相应因子，编制航空像片树高表、胸径表、立木材积表或航空像片数量化蓄积量表。为保证估测精度，必须选设一定数量的样地对数表(模型)进行实测检验，达到 90%以上精度时方可使用。

航片估测时，先在室内对各个小班进行判读(可结合小班室内调绘工作)，利用判读结果和所编制的航空像片测树因子表估计小班各项测树因子。然后，抽取 5%～10%的判读小班到现地核对，各项测树因子判读精度达到精度要求的小班超过 90%时可以通过航片估测法进行小班调查。

(4)卫片估测法

当卫片的空间分辨率达到 3 m 时可采用此法。其技术要点为：

①建立判读标志　根据调查单位的森林资源特点和分布状况，以卫星遥感数据景幅的物候期为单位，每景选择若干条能覆盖区域内所有地类和树种(组)、色调齐全且有代表性的勘察路线。将卫星影像特征与实地情况对照获得相应影像特征，并记录各地类与树种(组)的影像色调、光泽、质感、几何形状、地形地貌及地理位置(包括地名)等，建立目视判读标志表。

②目视判读　根据目视判读标志，综合运用其他各种信息和影像特征，在卫星影像图上判读并记载小班的地类、树种(组)、郁闭度、龄组等判读结果。

对于林地、林木的权属、起源以及目视判读中难以区别的地类，要充分利用已掌握的有关资料、询问当地技术人员或到现地调查等方式确定。

③判读复核　目视判读采取一人区划判读，另一人复核判读方式进行，二人在“背靠背”作业前提下分别判读和填写判读结果。当两名判读人员的一致率达到 90%以上时，二人应对不一致的小班通过商议达成一致意见，否则应到现地核实。当两判读人员的一致率达不到 90%以上时，应分别重新判读。对于室内判读有疑问的小班必须全部到现地确定。

④实地验证　室内判读经检查合格后，采用典型抽样方法选择部分小班进行实地验证。实地验证的小班数不少于小班总数的 5%(但不低于 50 个)，并按照各地类和树种(组)判读的面积比例分配，同时每个类型不少于 10 个小班。在每个类型内，要按照小班面积大小比例不等概率选取。各项因子的正判率达到 90%以上时为合格。

不同调查方法应调查的小班测树因子见表 6-5。

表 6-5　不同调查方法应调查的小班测树因子表

调查法	样地法	目测法	航　片 估测法	卫　片 估测法
林　　层	√	√	√	
起　　源	√	√	√	√
优势树种(组)	√	√	√	√
树种组成	√	√		
平均年龄(龄组)	√	√	√	√
平均树高	√	√	√	
平均胸径	√	√	√	
优势木平均高	√	√	√	
郁 闭 度	√	√	√	√
每公顷株数	√	√	√	
散生木蓄积量	√	√		
每公顷蓄积量	√	√	√	√
枯倒木蓄积量	√	√		
天然更新	√	√		
下木覆盖度	√	√		

6.3.3.4　总体蓄积量的抽样控制

(1)总体的设置

国有林区林业局、林场以林场为单位设置总体；重点林业县以县为单位设置总体；一般林区县或少林县以市(地区)为单位设置总体；林业股份公司或集体所有的林场，以公司或林场森林资源为总体。

以经营单位或县级行政单位为总体进行总体蓄积量抽样控制，调查面积小于 5000 hm^2 或森林覆盖率小于 15%的单位可以不进行抽样控制，也可以与相邻经营单位联合进行抽样控制，但应保证控制范围内调查方法和调查时间的一致性。

(2)抽样控制方法

在抽样总体内，采用机械抽样、分层抽样、整群抽样等抽样方法进行抽样控制调查，样地数量要满足抽样控制精度要求。

样地实测可以采用角规测树、每木检尺等方法。根据样地样木测定的结果计算样地蓄积量，并按相应的抽样理论公式计算总体蓄积量、蓄积量标准误和抽样精度。

(3)精度要求

总体抽样控制精度根据单位性质确定：以商品林为主的经营单位或县级行政单位为 90%；以公益林为主的经营单位或县级行政单位为 85%；自然保护区、森林公园为 80%。当总体蓄积量抽样精度达不到规定的要求时，要重新计算样地数量，并布设、调查增加的样地，然后重新计算总体蓄积量、蓄积量标准误和抽样精度，直至总体蓄积量抽样精度达到规定的要求。

将各小班蓄积量汇总计算的总体蓄积量(包括林网和四旁树蓄积量)与以总体抽样调查

方法计算的总体蓄积量进行比较：

①当两者差值不超过±1倍的标准误时，即认为由小班调查汇总的总体蓄积量符合精度要求，并以各小班汇总的蓄积量作为总体蓄积量。

②当两者差值超过±1倍的标准误、但不超过±3倍的标准误时，应对差异进行检查分析，找出影响小班蓄积量调查精度的因素，并根据影响因素对各小班蓄积量进行修正，直至两种总体蓄积量的差值在±1倍的标准误范围以内。

③当两者差值超过±3倍的标准误时，小班蓄积量调查全部返工。

6.3.4 专项调查

由调查会议确定的生长量调查、消耗量调查、土壤调查、森林病虫害调查、森林火灾调查、珍稀植物、野生经济植物资源调查、野生动物资源调查、湿地资源调查、荒漠化土地资源调查、森林多种效益计量、评价调查和林业经济调查等各专项调查，执行原林业部制定的《林业专业调查主要技术规定》和其他有关专项调查技术规定(或实施细则)。这里，重点介绍森林多资源调查的内容和方法。

6.3.4.1 森林多资源调查的内容

森林资源不仅包括林木产品，也包括森林内的动物、植物、土地、水、气候、地下资源等。为正确评价森林多种效益，发挥森林的各种有效性能，满足森林经营方案、总体设计、林业区划与规划设计的需要，在森林分类经营的基础上进行多资源调查。

林区内的森林多资源比较复杂，大体可归纳为经济植物资源、野生动物资源、放牧资源、水资源和渔业资源、风景资源、其他资源(建材、矿产等)。

6.3.4.2 森林多资源调查的方法

林区内森林多资源调查与森林经理调查同时进行。在标准地练习阶段增加森林多资源练习项目，外业调查时通过小班调查线和小班调查样地采集森林多资源基础数据，但对特殊部分需要根据特殊对象、特殊要求，采用不同的补充调查方法，并且要充分利用已有资料，以满足多资源调查的要求。

(1)经济植物资源调查

调查对象为可提供食用果实、根茎、叶的植物(如红松、刺老芽、蘑菇、榛子、蕨菜等)；药用植物(如黄波罗、人参、五味子、平贝等)；可提供工业原料的植物(如油桐、漆树等)。查清这些植物资源的种类、分类、蕴藏量。一般采用小班目测调查法，即在小班调查时对以上项目目测调查记载，也可以在小班调查样地中心设置半径1~2 m的样圆。在样圆内采集标准株和标准枝的方法，实测调查经济植物的种类、分布、蕴藏量。

(2)野生动物资源调查

查清野生动物的种类、数量、组成、动向、分布及可利用的情况和群体的自然分布区域。采用在小班调查线上对以上项目通过叫声数、足迹或卧迹数、粪堆数、啃食数的方法进行目测。调查时可以参考地方收购部门的统计、当地居民和林业部门的介绍。

(3)放牧资源调查

查清适于放牧的牧草的质量，灌木的枝、叶、果实等饲料的利用系数；草场的面积、种类、立地、载蓄量(头数)、利用情况、发展畜牧业及野生动物潜力。调查时首先在卫星照片上判读区划，利用小班调查线，采用目测调查法调查。

(4)水资源和渔业资源调查

水资源调查包括降水、地表和地下水补给和排泄、水域面积、水量、水质、水生生物和生态状况及水生生境评价、地表水景观的环境、人为活动对水的污染、生产和生活对水的利用情况。渔业资源包括养殖面积、种类、习性、鱼龄、生长发育情况、现有量、负载量、生产量，采用目测调查法进行调查。在卫星照片上判读和区划，在小班调查时，根据实际情况目测调查以上项目(调查时应仔细查阅水文资料等)。

(5)风景资源调查

调查内容包括自然景观(如地质地貌、水文、气象、动物、植物等)和人文景观(历史古迹、民族风情、宗教、近代现代革命文物和文化建设等)。调查时按下列类型进行：

①乔灌林景观的调查　以山区垂直植物带或不同林分类型为单位，调查记载可供旅游观赏价值的景观。

②“森林浴”林调查　乔灌木林可以大量排放氧气，其中由某些树种组成的乔灌木能排放某些抑制、毒杀病菌的化学物质或其他有益人体的芳香气味，游人在林内能够起到疗养的作用，称作“森林浴”林。“森林浴”林调查，应记载种类、分布范围、数量、花期。

③林区地貌景物调查　山景调查包括悬崖、陡壁、怪石、雪山等。对特殊山景，应记载位置(并记载详细 GPS 坐标值)、生成原因、数量、分布特点、体态大小。游客可远眺河流、湖泊、林海、原野等景观的场所。

6.3.5　调查成果

(1)森林调查簿

森林调查簿是以林班为单位进行森林资源信息记录和汇总的表册，简称调查簿。调查簿由 3 部分组成：封面、封里和封底。封面是林班内各类土地面积、蓄积量的汇总及林班概况；封里是记录各小班的调查因子状况、林分生长和经营措施意见情况，封里的形式有小班调查卡片或计算机编码记录；封底是林班内各小班经营变化情况的记录。

调查簿是森林资源信息中最基础的部分，也是森林资源档案的基础组成部分。林业企业、事业单位的资源数据都是由调查簿汇总而成，甚至有的国家的全国森林资源统计也是由森林调查簿汇总而成的。森林资源规划设计调查的森林调查簿的具体格式由各省(自治区、直辖市)确定。

(2)森林资源统计表

统计表的种类有很多，主要是根据调查上报内容和经营管理需要而定。但最基本的统计表有：①各类土地面积统计表；②各类森林、林木面积蓄积量统计表；③林种统计表；④乔木林面积、蓄积量按龄组统计表；⑤生态公益林(地)统计表；⑥红树林资源统计表等 6 种，其他统计表由各省(自治区、直辖市)确定。这些统计表是由小班调查簿汇总而成，以林业局(县)、林场(或相当的单位)为单位进行编制。

(3)图面材料

①基本图　基本图是计算林地面积、编绘林相图和其他专业用途的基础图面资料。基本图的内容包括各种境界线(行政区域界、林场、营林区、林班、小班)、道路、居民点、

独立地物、地貌(山脊、山峰、陡崖等)、水系、地类、林班注记、小班注记(图 6-4)。小班注记，应位于小班的适中位置，以分子式注记小班号、面积、森林类别、树种或地类，对混合小班注记时以主要地类为代表，对混交林注记时以优势树种为代表，混合小班应首先按有林地、疏林地、无林地等大类确定地类，注记式如：

$$\frac{9-86}{\text{杉}}\quad\frac{10-59}{S\,\text{硬阔}}\quad\frac{11-84}{G\,\text{毛竹}}\quad\frac{12-47}{\text{未成造}}$$

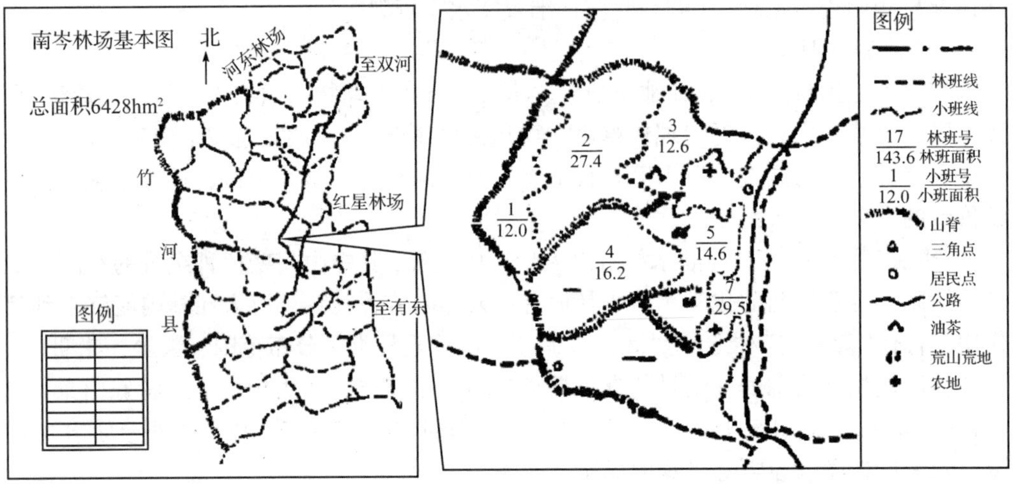

图 6-4　基本图

②林相图　林相图是根据小班调查材料，以林场为单位绘制的常用图表。图中反映的主要内容有：各小班的地类、优势树种、龄组、面积等因子。正式的林相图是着色的，用各种颜色表示不同的小班地类和优势树种。颜色的深浅表示林分的龄组：幼龄林较浅，中龄林稍深(颜色深浅中等)，近成、过熟林最深。

林相图的比例尺在我国多为 1∶10 000～1∶50 000。林相图中的小班标记采用分数式结构，分子为小班号和龄级，分母为地位级(或地位指数、林型、立地类型)和郁闭度(或疏密度)。

③森林分布图　以经营单位或县级行政区域为单位，用林相图缩小绘制。比例尺根据各县面积而定，一般为 1∶50 000～1∶100 000。地形、地物可简化，行政区划界线到乡镇、林场一级，将相邻、相同地类或林分的小班合并。凡在森林分布图上大于 4 mm^2 的非有林地小班界均需绘出。但大于 4 mm^2 的有林地小班，则不绘出小班界，仅根据林相图着色区分。但有特别意义的地类、树种，面积虽达不到上图面积，也要图示出来。

④森林分类区划图　以经营单位或县级行政区域为单位绘制，比例尺根据各县面积而定，一般为 1∶50 000～1∶100 000。成图方法：用本期森林资源二类调查的森林分布图为底图，以营林区、乡级商品林、生态公益林分布图为基础按比例缩小归并绘制而成。图上要反映乡级以上(含乡)行政区界线，各级政府、行政村、林业企事业单位驻地的符号、名称，重要区位名称。生态公益林区域按事权等级进行着色，同时主要河流、水库、铁路、公路等也要按要求着色。其他成图图式要求参照《林业地图图式》的有关规定。

⑤专题图　反映专项调查内容的各种专题图，如土壤分布图、湿地分布图、立地类型图等，其图种和比例尺根据经营管理需要，并参照《森林资源规划设计调查主要技术规范》（GB/T 26424—2010）林业专业调查技术规定。

（4）文字材料

主要有：①森林资源规划设计调查报告；②专项调查报告；③质量检查报告；④与上述表格材料、图面材料和文字材料相对应的电子文档。

（5）电子文档

与上述表格材料、图面材料和文字材料相对应的电子文档。

（6）档案管理信息系统

基于森林资源调查规划设计调查建立的森林资源档案，提交调查单位的森林资源管理信息系统。

（7）其他

各级森林资源管理部门规定的其他成果材料。

6.3.6　规划设计调查工作程序

森林资源规划设计调查的工作步骤，主要分为以下 8 个阶段：

（1）准备工作

包括物质准备、技术准备和组织准备。物质准备主要包括编制财务预算计划、编制物质准备及供应计划，领取调查器械、工作用具。技术准备包括收集调查地区已有的测绘资料以及自然社会经济文字资料，制订技术方案，购买近期拍摄的航片、卫片。组织准备主要包括领取工作任务计划书、组建调查队伍、编制劳动力指标。

（2）召开第一次经理会议

国有林场、自然保护区等森林经营单位开展调查的，由调查单位的上级主管部门主持召开第一次调查会议；县级行政单位开展调查的，由上级政府林业主管部门会同县级人民政府共同主持召开第一次调查会议。调查会议应当召集政府有关部门、经营单位、调查承担单位以及与当地森林开发、经营、利用关系密切的单位参加。会议的议题主要是组织、协调、确定规划设计调查的重大事项，落实调查经费，讨论、审定调查工作方案和技术方案，明确调查工作中各部门、各单位的任务和责任。

（3）培训试点

由具有资质的调查单位技术负责人向调查队员讲解技术规程，明确调查内容、调查方法和技术要求。在此基础上，进行野外试点练习，以便统一技术方法，提高调查技能和目测能力，并进行考核，不合格者不能作为调查队员。在野外练习的基础上，对存在的问题进行讨论，并统一技术方法。

（4）外业工作

在做好外业试点的基础上，根据批准的森林资源规划设计调查外业实施计划及技术方案，按规定的工作程序，开展外业调查工作，包括森林区划和测量、林业生产条件调查、小班调查、专项调查。

(5)内业工作

包括编制森林调查簿、绘制图面资料(基本图、林相图、森林分布图)、编制森林资源统计表、编写调查报告、建立森林资源档案数据库等。

(6)质量检查

在规划设计调查过程中，由调查单位的林业主管部门、调查单位和调查承担单位代表共同组成专职检查组对调查工作进行质量检查，专职检查组在检查工作结束后要提交质量检查报告。

(7)成果验收

专职检查组检查合格后，由调查单位提交自查报告、验收申请报告，森林资源管理部门组织森林资源调查专家组成调查质量验收组，开展验收工作，并编写调查质量验收报告。

(8)召开第二次经理会议

调查结束后，经营单位的规划设计调查成果由该单位的上级主管部门主持，县级行政单位调查成果由上级政府林业主管部门和县级人民政府共同主持，召开由有关专家和相关部门参加的第二次调查会议，对调查成果进行审核。调查成果经审核通过后，按规定程序上报、批准后方可使用。

本章小节

本章首先介绍了森林调查的目的、任务、种类，然后介绍了森林区划的目的、区划系统，并重点介绍了林班和小班的区划条件和方法。在此基础上，重点阐述了森林资源规划设计调查(二类调查)的概念、目的、任务及调查内容，介绍了小班调查的内容及其方法、蓄积量精度控制、规划设计调查成果等，并简要介绍了多资源调查的内容及方法。

我国森林区划一般划分为林业局—林场—营林区—林班—小班 5 级。林班是营林区范围内若干面积大小比较一致的永久性地段，林班区划可以采用人工区划法、自然区划法和综合区划法 3 种。小班是营林措施规划设计的基本单位，也是森林区划和森林资源统计的基本单位，划分的原则是小班内自然特征基本相同，与邻近小班有明显的差别。森林资源规划设计调查的内容分为基本内容和可选内容两大类，可以概括为林业生产条件调查、小班调查、专项调查 3 个方面。

思考题

1. 小班累积总蓄积量的抽样控制计算。

通过小班调查，可以获得每个小班的蓄积量。把小班蓄积量加以累计，可以获得整个经营单位的总蓄积量。但小班累计的蓄积量没有提供相应的精度。为此，有必要在估测总体内采取抽样的办法，检查小班累计总蓄积量是否落在置信区间范围内。

设某林场总面积 22 700 亩，活立木蓄积量为 112 463 m^3(小班累计数)。根据规程要求，该林场活立木蓄积量的允许误差为 15%(E=0. 15)。按过去资料分析，该林场蓄积量变动系数为 60%(c=0. 6)。按简单随机抽样样地计算公式计算结果，$n=t^2c^2/E^2=61$(t=1. 96，可靠性 95%)，样地间距为 500 m × 500 m，样地面积为 1 亩(方形样地，边长为 25. 82 m)。实地布点结果，共设样地 64 个。样地原始数据见表 6-6。试判断该林场小班累计总蓄积量是否落在置信区间范围内；如果不在，请分析原因。

表 6-6　样地蓄积量调查登记表　　单位：m^3

No	X	No	X	No	X	No	X
1	7. 123	17	9. 243	33	8. 361	49	3. 865
2	9. 834	18	11. 023	34	10. 141	50	5. 573
3	7. 701	19	8. 204	35	11. 156	51	10. 230
4	7. 654	20	5. 171	36	1. 753	52	9. 440
5	8. 763	21	5. 201	37	5. 075	53	1. 077
6	9. 960	22	6. 201	38	5. 601	54	0
7	10. 350	23	7. 451	39	9. 540	55	8. 993
8	8. 021	24	6. 210	40	1. 369	56	6. 472
9	9. 293	25	7. 455	41	4. 165	57	3. 170
10	9. 391	26	6. 044	42	3. 086	58	8. 438
11	5. 093	27	7. 012	43	4. 505	59	2. 395
12	7. 334	28	8. 340	44	1. 681	60	2. 598
13	6. 924	29	9. 188	45	1. 228	61	0
14	7. 185	30	6. 135	46	9. 219	62	0
15	8. 235	31	10. 404	47	0	63	3. 882
16	6. 374	32	11. 434	48	11. 136	64	6. 078

注：No 为样地号；X 为样地蓄积量。

推荐阅读书目

1. 林业专业调查主要技术规定．中华人民共和国林业部．中国林业出版社，1990.
2. 森林调查手册．林业部调查规划院．中国林业出版社，1984.
3. 森林资源规划设计调查主要技术规定．国家林业局，2003.

参考文献

于政中，1993. 森林经理学[M]. 2 版．北京：中国林业出版社．
亢新刚，2001. 森林资源经营管理[M]. 北京：中国林业出版社．

第 7 章　森林资源分析

森林是一种动态的再生性资源，分析森林资源，既要掌握其现状，也要了解其动态。森林资源结构决定了森林资源的质量和功能，要充分发挥森林的多功能效益，离不开合理、稳定的森林结构。森林结构可分为非空间结构和空间结构两类。本章首先介绍了森林资源非空间结构分析的指标，其次介绍了森林资源空间结构分析的方法，最后介绍了森林资源数据空间分析的方法及常用的空间分析软件。

7.1　森林资源非空间结构分析

7.1.1　林地利用状况指标

(1)森林覆盖率

森林覆盖率是指森林面积占土地总面积的百分比。森林覆盖率可以说明某一地区国土利用状况以及森林在当地国民经济中的地位，综合反映了森林资源对社会需求所满足的程度。

$$P=\frac{S_{有林地}+S_{灌木林}+S_{四旁树}}{S_{土地面积}}\times 100\% \tag{7-1}$$

式中　P——森林覆盖率；

$S_{有林地}$——有林地面积；

$S_{灌木林}$——灌木林面积；

$S_{四旁树}$——四旁树折算面积；

$S_{土地面积}$——土地总面积。

(2)乔木林地平均郁闭度

郁闭度是林分内乔木层树冠的垂直投影面积与林地总面积之比。林分郁闭度影响到抚育采伐强度的确定和森林生态效益的发挥，也关系到森林生产率的高低，是衡量一个地区森林资源管理水平的重要指标。乔木林地平均郁闭度 $\bar{P}$ 的计算公式为：

$$\bar{P}=\frac{P_1\times S_1+P_2\times S_2+\cdots+P_n\times S_n}{S_1\times S_2+\cdots+S_n} \tag{7-2}$$

式中　P_1，P_2，P_n——相应林分的郁闭度；

S_1，S_2，S_n——相应郁闭度的乔木林地面积。

(3)林地利用率

林地利用率是指郁闭度 0.2 以上的乔木林地及竹林地面积占林业用地面积的百分比。

我国《森林法》规定，林地是指县级以上人民政府规划确定的用于发展林业的土地，包括郁闭度 0.2 以上的乔木林地以及竹林地、灌木林地、疏林地、采伐迹地、火烧迹地、未成林造林地、苗圃地等。

7.1.2 森林资源结构指标

森林资源结构主要从森林资源的质量、森林多种效益的发挥、森林永续利用等方面来分析森林资源的状况。

(1)林种结构

指森林经营管理单位内不同林种的组成、面积、蓄积量及其比例关系。根据《森林法》，我国森林可以分为防护林、特种用途林、用材林、经济林和能源林 5 类。按照主要用途的不同，将防护林和特种用途林划入生态公益林，将用材林、经济林和能源林划入商品林。

(2)树种结构

指森林经营管理单位或林分内不同树种的组成、数量及其比例关系。在进行大范围的宏观分析时，树种结构可以用针叶林与阔叶林的数量比例来表示；对于县级以下的林业生产单位，可以用各优势树种的比例关系来表示。

(3)年龄结构

指森林经营管理单位或林分内林木的年龄组成、数量及其比例关系，通常用龄级或龄组分配情况来表示。龄级是林木或林分年龄的分级，由树种生物学特性及森林经营要求确定。龄组则是将相邻的龄级进行分组，乔木林龄组按年龄大小划分为幼龄林、中龄林、近熟林、成熟林和过熟林。林分内林木年龄相差不超过一个龄级的是同龄林，相差一个龄级以上的是异龄林。

可以通过乔木林中各优势树种按龄级分配情况来反映龄级结构。为了形象地说明问题，可以采用条形图的形式，分别优势树种组绘制龄级结构示意图。

(4)径级结构

一般指林分内不同大小直径林木按径级的分配状态。一般可采用柱形图的形式来直观地展现林分内径级分布情况，也可以利用不同概率分布函数来描述林分径级分布的规律。同龄纯林的径级结构通常近似呈正态分布，随林龄大小从左偏逐渐向右偏移动，而典型的异龄林径级结构则往往呈倒“J”形分布。

7.1.3 森林生产率指标

森林生产率是通过人的劳动和自然力的作用，在一定林分内森林活立木的生长量、蓄积量增长量以及能够提供其他林产品的能力。

(1)有林地单位面积蓄积量

①现实单产 即以现实林龄作为蓄积量积累期，直接用有林地现实蓄积量除以有林地面积得到。

②定期单产 采用统一的基准年龄作为蓄积量积累期，以此期间内积累的有林地蓄积量除以有林地面积得到。南方集体林区一般统一采用 25 年为基准年龄。龄级期为 10 年的

树种，如松树、阔叶树，可采用Ⅲ龄级的蓄积量被相应的面积去除；龄级期为5年的树种，如杉木，则可用Ⅴ、Ⅵ龄级的蓄积量被相应的面积去除。

(2)有林地单位面积生长量

生长量可以说明林木当前的生长速度。生长量的种类很多，常见的有平均生长量和连年生长量。作为森林资源状况指标体系中的组成部分，可以采用定期平均生长量，以最近5年为定期年数，用连年生长量除以相应的面积，即可得到有林地单位面积生长量。

7.1.4 森林资源消长指标

(1)造林保存率

在实际工作中，造林保存率可分为造林株数保存率和造林面积保存率两种。造林株数保存率是指造林一定年限后(如3年)单位面积造林地上保持正常生长的植株与造林时单位面积上总株数的百分比。造林面积保存率则指造林一定年限后造林保存面积(达到有林地标准)与造林施工总面积的百分比。这两个指标均可反映出林业工作实绩和资源动态状况。

(2)有林地面积净增率

有林地面积净增率指森林面积在调查间隔期末与间隔期初之间的年平均增长率。调查间隔期末与期初的森林面积之比值的几何平均数反映森林面积的平均发展速度，用平均发展速度减1即可得年平均增长率 P_s：

$$P_s = \left(\sqrt[n]{\frac{S_n}{S_1}} - 1\right) \times 100\% \tag{7-3}$$

式中 P_s——有林地面积净增率；

S_n——期末调查的森林面积；

S_1——期初调查的森林面积。

当 P_s 为负值时，说明森林面积在调查期内有所减少。

(3)有林地蓄积量净增率

有林地蓄积量净增率指森林蓄积量在调查间隔期末与间隔期初之间的年平均增长率。调查间隔期末与期初的森林蓄积量之比值的几何平均数反映森林蓄积量的平均发展速度，用平均发展速度减1即可得年平均增长率 P_m：

$$P_m = \left(\sqrt[n]{\frac{M_n}{M_1}} - 1\right) \times 100\% \tag{7-4}$$

式中 P_m——有林地蓄积量净增率；

M_n——为期末调查的森林蓄积量；

M_1——为期初调查的森林蓄积量。

当 P_m 为负值时，说明森林蓄积量在调查期内有所减少。

7.2 森林资源空间结构分析

随着森林经营对精准信息需求的增加，现代森林经营越来越强调林分的空间结构。林分空间结构是指林木在林地上的分布格局及其属性在空间上的排列方式，即林木之间树种、大小、分布等空间关系。林分空间结构影响到林木之间的竞争关系及其空间生态位，在很大程度上决定了林分的稳定性、发展方向和经营空间的大小。目前，林分空间结构分析已成为国际上天然林经营模拟技术的主要研究内容。

林分空间结构可以从以下 3 个方面加以描述：①树种的空间隔离程度，即树种组成与空间配置情况(描述非同质性)；②林木个体大小分化程度，即林木的生长竞争程度(描述非均一性)；③林木个体在水平地面上的分布形式，即种群的空间分布格局(描述非规则性)。

7.2.1　树种的空间隔离程度

一般用混交度(distribution of mingling)作为树种空间隔离程度的表达参数。混交度又分为简单混交度(simple distribution of mingling)和树种多样性混交度(diversity distribution of mingling)。

7.2.1.1　简单混交度

简单混交度被定义为对象木的最近邻木与对象木不属同种的个体所占的比例。用公式表示为：

$$M_i = \frac{1}{n}\sum_{j=1}^{n} v_{ij} \tag{7-5}$$

$$v_{ij} = \begin{cases} 1 & \text{当对象木 } i \text{ 与第 } j \text{ 株最近邻木属不同树种} \\ 0 & \text{当对象木 } i \text{ 与第 } j \text{ 株最近邻木属同一树种} \end{cases}$$

式中　M_i—— 对象木 i 的简单混交度；

n—— 对象木 i 的最近邻木株数。

显然，$0 \leqslant M_i \leqslant 1$。$M_i = 0$ 表示对象木 i 周围 n 株最近邻木与对象木均属同一树种；$M_i = 1$ 则表示对象木 i 周围 n 株最近邻木与对象木均属不同树种。可见，简单混交度表示任意一株树木的最近邻木为其他树种的概率。

惠刚盈和胡艳波(2001)研究认为，$n = 4$ 可以满足对混交林空间结构分析的要求。当考虑对象木周围的 4 株相邻木时，M_i 的取值有 5 种情况：$M_i = 0$，对象木周围 4 株最近相邻木与对象木均属于同种；$M_i = 0.25$，对象木周围 4 株最近相邻木有 1 株与对象木不属于同种；$M_i = 0.5$，对象木周围 4 株最近相邻木有 2 株与对象木不属于同种；$M_i = 0.75$，对象木周围 4 株最近相邻木有 3 株与对象木不属于同种；$M_i = 1$，对象木周围 4 株最近相邻木与对象木均不属于同种。这 5 种不同取值对应于通常所讲混交度的描述，即零度、弱度、中度、强度、极强度混交(相对于此结构单元而言)，这些取值说明在该结构单元中树种的隔离程度，其强度以中级为分水岭，生物学意义明显。

按式(7-5)计算的简单混交度是以对象木为中心的林木点混交度，而林分混交度是林木点混交度的平均值，计算公式如下：

$$M = \frac{1}{N}\sum_{i=1}^{N} M_i \tag{7-6}$$

式中　M——林分混交度；

N——林分内林木株数；

M_i——第 i 株林木的点混交度。

林分混交度取值也在[0, 1]之间，取值为0表示零度混交，即绝对纯林；取值为1表示极强度混交。林分混交度是反映多树种林分空间结构的重要指标。一般认为，林分混交度越大，林分越稳定。

7.2.1.2 树种多样性混交度

仔细考察简单混交度的计算公式，不难看出，用该式计算的林木点混交度是以对象木 i 与 n 株最近邻木之间的树种异同比较结果为基础的，并不考虑 n 株最近邻木之间的树种异同。因此，它不能反映多树种(2个以上)时的实际树种隔离程度。基于此，汤孟平(2003)提出了树种多样性混交度的概念。

树种多样性混交度是指对象木与最近邻木之间以及最近邻木相互之间树种的空间隔离程度。树种多样性混交度仍以林木点混交度为基础，但林木点混交度除考虑对象木与最近邻木树种不同之外，还考虑最近邻木之间树种异同情况。树种多样性混交度定义为：

$$M_i = \frac{n_i}{n^2}\sum_{j=1}^{n} v_{ij} \tag{7-7}$$

式中 M_i——树种多样性混交度；

n_i——对象木 i 的 n 株最近邻木中的不同树种个数。

树种多样性混交度能反映林分的实际混交程度，可作为描述混交林空间结构特征的一个有效指数。林分树种多样性混交度的计算采用式(7-6)，与林分简单混交度计算原理相同。

7.2.2 林木个体大小分化程度

林分内有限的空间和养分资源会引起不同林木之间相互竞争，进而导致林木个体大小的分化。用来反映林木个体大小分化程度的空间指标是与距离有关的竞争指数，根据计算原理可分为林木影响圈、生长空间和大小比3类。其中大小比竞争指数的计算简便，且得到的结果较好，目前得到了广泛的应用。反映大小比的常用竞争指数有以下2种：

7.2.2.1 Hegyi 指数

Hegyi 竞争指数由 Hegyi(1974)提出，用来描述对象木与竞争木之间的大小和距离关系。Hegyi 指数包括林木点竞争指数 CI_i 和林分竞争指数 CI，计算公式为：

$$CI_i = \sum_{j=1}^{n} \frac{d_j}{d_i \cdot L_{ij}} \tag{7-8}$$

式中 CI_i——对象木 i 的点竞争指数；

L_{ij}——对象木 i 与竞争木 j 之间的距离；

d_i——对象木 i 的胸径；

d_j——竞争木 j 的胸径；

n——竞争木株数。

竞争指数实质上是反映对象木所承受来自竞争木的竞争压力。对某一对象木而言，竞争指数越大，来自周围竞争木的竞争压力越大，在竞争中越处于不利地位。式(7-8)的设计原理是：对象木周围的竞争木尺寸越大，则受到的竞争压力越大；对象木与竞争木的距离越近，则受到的竞争压力越大。

在计算竞争指数时，对于竞争木株数 n 的确定非常重要。Hegyi 将其定义为半径 3.05 m(10 英尺)范围内的所有林木。为了选取更多竞争木，国内研究也有采用半径 5 m 或 6 m，一些国外学者也有采用可变半径进行研究。

林分竞争指数常用各林木点竞争指数的平均值表示，计算公式为：

$$CI = \frac{1}{N}\sum_{i=1}^{N} CI_i \tag{7-9}$$

式中 CI——林分竞争指数；

N——林分内林木总株数。

7.2.2.2 大小比数

大小比数(neighborhood comparison)被定义为大于对象木的相邻木数占所考察的全部最近相邻木的比例。用公式表示为：

$$U_i = \frac{1}{n}\sum_{i=1}^{n} K_{ij} \tag{7-10}$$

$$K_{ij} = \begin{cases} 1 & \text{当对象木 } i \text{ 小于第 } j \text{ 株最近邻木时} \\ 0 & \text{当对象木 } i \text{ 大于第 } j \text{ 株最近邻木时} \end{cases}$$

式中 U_i——对象木 i 的大小比数；

n——对象木 i 的最近邻木株数，惠刚盈等研究认为，$n = 4$ 可以满足对混交林空间结构分析的要求；

K_{ij}——计数变量，可设置为胸径、树高或冠幅。

大小比数将对象木与其相邻木的相对大小关系量化，一个结构单元的大小比数值越低，说明比对象木大的相邻木越少，则该结构单元对象木的生长越处于优势地位。当考虑 4 株最近相邻木时，U_i 值的可能取值范围及代表的意义为：$U_i = 0$(相邻木均比对象木小)；$U_i = 0.25$(1 株相邻木比对象木大)；$U_i = 0.5$(2 株相邻木比对象木大)；$U_i = 0.75$(3 株相邻木比对象木大)；$U_i = 1$(4 株相邻木均比对象木大)。这 5 种可能分别对应于通常对林木状态的描述，即优势、亚优势、中庸、劣态和绝对劣态，它明确定义了被分析的对象木在该结构单元中所处的生态位，且生态位的高低以中级为分水岭。

显然，按树种统计可获得该树种在整个林分中某一测度方面的生态位。以树种计算的大小比数的均值($\bar{U}_{sp}$)即为该树种在林分所测指标上的优势程度，可用下式计算：

$$\bar{U}_{sp} = \frac{1}{n}\sum_{i=1}^{n} U_i \tag{7-11}$$

式中 $\bar{U}_{sp}$ ——以树种计算的大小比数的均值；

U_i——该树种内对象木 i 的大小比数值；

N——所观察树种的对象木数量。

$\bar{U}_{sp}$ 的值越小，说明该树种在某一比较指标(胸径、树高或树冠等)上越占优势，根据 $\bar{U}_{sp}$ 值的大小排序即可说明林分中所有树种在某一比较指标上的优势程度。

7.2.3 林木空间分布格局

林木空间分布格局是指林木个体在水平空间的分布状况。它是种群生物学特性、种内与种间关系，以及环境条件之间综合作用的结果，也是种群空间属性的基本数量特征之一。空间分布格局研究不仅可以对种群和群落的水平结构进行定量描述，给出它们之间的空间关系，同时能够说明种群和群落的动态变化。

7.2.3.1 林木空间分布类型

基本的林木空间分布类型包括 3 种：随机分布、均匀分布和聚集分布。

(1)随机分布(random distribution)

是指种群个体的分布相互间没有联系，每个个体的出现都有同等的机会，与其他个体是否存在无关，林木的位置以连续而均匀的概率分布在林地上。对于任意两个不重叠的样地，其上的林木数量是一个相互独立的随机变量。也就是说，林木与其本身所处的位置互不发生影响。正是由于这个中立性，随机分布才得以作为一个评价任意林木分布格局的尺度。常用描述随机分布的数学模型是泊松分布(Poisson distribution)。

(2)均匀分布(regular distribution)

是指林木在水平空间中的分布是均匀等距的，或者说林木对其最近相邻树以尽可能大的距离均匀地分布在林地上，林木之间互相排斥。在所有取样单元中接近平均株数的单元最多，密度极大或极小的情形都很少。常用描述均匀分布的数学模型是二项分布(positive binomial distribution)。

(3)聚集分布(aggregated distribution)

林分内的林木之间相互吸引，林木个体空间分布呈聚集状。与随机分布相比，林木有相对较高的超平均密度占据的范围。常用描述聚集分布的数学模型是负二项分布(negative binomial distribution)。

7.2.3.2 林木空间分布格局分析方法

根据分布格局尺度的不同，可以把林木空间分布格局分为林分整体格局和林木点格局。林木点格局是以单株树木为中心点，某一局部范围内林木的分布特征。林木点格局描述林分的局部精细结构，是计算林分整体格局的基础。林分整体格局等于林木点格局的平均数。

常用的林木空间分布格局分析方法有 4 种：聚集指数、精确最近邻体分析、Ripley's $K(d)$函数和角尺度。前两种方法又统称最近邻体分析。

(1)聚集指数

聚集指数是克拉克(Clark) 和埃文斯(Evans，1954)提出的简单最近邻体分析方法，目的是检验种群分布格局。其方法是计算实际个体平均最近邻体距离在随机分布格局下期望平均最近邻体距离之比，以此作为空间分布格局的检验指标，一般又称为 Clark 和 Evans 指数。计算公式为：

$$R = \frac{\frac{1}{N}\sum_{i=1}^{N} r_i}{\frac{1}{2}\sqrt{\frac{F}{N}}} \tag{7-12}$$

式中 R——聚集指数；

r_i——第 i 株树木到其最近邻木的距离；

N——样地内林木株数；

F——样地面积。

若 $R > 1$，则林木有均匀分布的趋势；若 $R < 1$，则林木有聚集分布的趋势；若 $R = 1$，则林木有随机分布的趋势。

聚集指数计算简单，结果明确。作为一个单一的数量指标，常用于林分整体空间分布格局的适合性检验。

(2)精确最近邻体分析

由于聚集指数的分析结果与选取的样方大小有关，Ripley 把平均最近邻体统计方法拓展到完全累积分布函数，称为精确最近邻体分析(refined nearest neighbor analysis)。精确最近邻体分析提供了所观测空间范围内的分布格局相对于随机分布是距离尺度的函数。

精确最近邻体分析以距离尺度 d 的概率密度函数为基础，d 是任意一林木到最近相邻木的距离。如果林木位置是随机的，那么以林木 i 为中心，以其到最近邻木距离 d_i 为半径的圆面积是一个独立、同分布的随机变量，其概率密度函数为：

$$f(d) = 2\lambda\pi e^{-\lambda\pi d^2} \tag{7-13}$$

式中　λ——林分密度，一般用 $\hat{\lambda} = N/A$ 来估计；

N——样地内林木株数；

A——样地面积；

d——林木到最近邻木的距离。

累积分布函数 $F(d)$是最近邻木落入以林木 i 为中心，半径为 d，面积为 πd^2 圆内的概率，通过对概率密度函数积分得：

$$F(d) = P(d_i \leqslant d) = 1 - e^{-\lambda\pi d^2} \tag{7-14}$$

式中　$F(d)$——累积分布函数；

d_i——最近邻木距离 d_i。

通过最近邻木距离 d_i 与半径 d 的比较，$\hat{F}(d)$ 等于样地内 $d_i \leqslant d$ 的林木株数与样地林木总株数 N 之比，计算公式为：

$$\hat{F}(d) = \frac{\sum_{i=1}^{N}\delta_i(d)}{N} \tag{7-15}$$

$$\delta_i(d) = \begin{cases} 1 & (d_i \leqslant d) \\ 0 & (d_i > d) \end{cases}$$

通过绘制 $F(d)$和 $\hat{F}(d)$ 的关系图，可看出 d 在哪个范围、哪个方向上，观测样本的分布与空间随机分布零假设是否符合，以确定林木空间分布格局。根据 $\hat{F}(d)$ 和 $F(d)$的比较结果，可以判别在 d 这一距离上的分布格局。林木空间分布格局的判别原则是：

① $\hat{F}(d) > F(d)$，所观测的格局是聚集分布；

② $\hat{F}(d) < F(d)$，所观测的格局是均匀分布；

③ $\hat{F}(d) = F(d)$，所观测的格局是随机分布。

(3) Ripley's $K(d)$ 函数分析

Ripley's $K(d)$ 函数分析方法是 Ripley(1977)提出的用林木点图形数据进行林木空间格局分析的第二类常用方法。与最近邻体分析相同之处是 Ripley's $K(d)$ 函数分析也是基于平面上点间距离，不同之处在于 Ripley's $K(d)$ 函数分析考虑平面上所有成对点之间的距离，而不仅是最近邻体，因此可以更详细地分析点间关系。点间关系既可以是同一类点间的关系，也可以是不同类点间的关系。下面，对 Ripley's $K(d)$ 函数分析原理作简要介绍。

把样地中每一株树木到其他所有林木之间距离的累积分布函数定义为：

$$\lambda K(d) = \sum_{i=1}^{N}\sum_{j=1}^{N}\frac{\delta_{ij}(d)}{N} \quad (i \neq j) \tag{7-16}$$

$$\delta_{ij}(d) = \begin{cases} 1 & (\text{若}\, d_{ij} \leqslant d) \\ 0 & (\text{若}\, d_{ij} > d) \end{cases}$$

式中 d_{ij}——林木 i 与林木 j 的距离；

$\lambda K(d)$——可解释为以任一林木为中心，以距离 d 为半径范围内期望林木株数；

λ——株数密度；

N——样地内林木株数。

设 A 是样地面积，λ 用 $\bar{\lambda} = N/A$ 来估计，则 $K(d)$ 的估计值 $\hat{K}(d)$ 可按下式计算：

$$\hat{K}(d) = A\sum_{i=1}^{N}\sum_{j=1}^{N}\frac{\delta_{ij}(d)}{N^2} \quad (i \neq j) \tag{7-17}$$

Ripley's $K(d)$ 函数分析需要检验总体分布格局是否符合随机分布。在森林随机分布的零假设下，以随机选取的一株树木为中心，以 d 为半径的圆内林木株数 k 的期望值是 $\lambda\pi d^2$。由此可知，对随机分布的森林，$\hat{K}(d) = \pi d^2$。Besag 和 Diggle(1977)提出用 $\hat{L}(d)$ 取代 $\hat{K}(d)$，并对 $\hat{K}(d)$ 作开平方的线性变换，以保持方差稳定。在随机分布的假设下，期望值接近 0。

$$\hat{L}(d) = \sqrt{\frac{\hat{K}(d)}{\pi}} - d \tag{7-18}$$

$\hat{L}(d)$ 与 d 的关系图可用于检验依赖于尺度的分布格局类型。如果 $\hat{L}(d)$ 为负值，即小于随机分布下的期望值，说明林木相互间距离较远，则可认为是均匀分布。类似地，如果 $\hat{L}(d)$ 为正值，则认为林木呈聚集分布；如果 $\hat{L}(d) = 0$，则为完全随机分布。

(4) 角尺度

惠刚盈(1999)提出了一个描述林木个体在水平面上分布格局的结构参数——角尺度。角尺度的计算建立在 n 个最近相邻木的基础上，因此即使对较小的团组，用角尺度也可以评价出各群之间的这种变异。

定义 α 是对象木到任意两个最近相邻木的夹角($\alpha \leqslant 180°$)，则对象木 i 的角尺度 W_i 为 α 角小于标准角 α_0(=72°)的个数占所考察的最近 n 株相邻木的比例(一般取 $n = 4$)，即：

$$W_i = \frac{1}{n}\sum_{i=1}^{n} z_{ij} \tag{7-19}$$

$$z_{ij} = \begin{cases} 1 & （当第 j 个 \alpha 角小于标准角 \alpha_0 时） \\ 0 & （否则） \end{cases}$$

从上式可以看出角尺度的可能取值和意义：$W_i = 0$ 说明对象木与所有相邻木间的 α 角都大于或等于 α_0，表示 4 株最近相邻木在参照树周围分布是特别均匀的状态；$W_i = 0.25$ 说明有 1 个 α 角小于 α_0，表示 4 株最近相邻木在参照树周围分布是一般均匀的状态；$W_i = 0.5$ 说明有 2 个 α 角小于 α_0，表示 4 株最近相邻木在参照树周围分布是特别随机的状态；$W_i = 0.75$ 说明有 3 个 α 角小于 α_0，表示 4 株最近相邻木在参照树周围分布是不均匀或一般随机的状态；$W_i = 1$ 说明所有 α 角小于 α_0，表示 4 株最近相邻木在参照树周围分布是特别不均匀的或聚集的状态。

角尺度既可用分布图，也可用均值表达，角尺度分布图对称表示林木分布为随机，即位于中间类型(随机)两侧的频率相等；若左侧大于右侧则为均匀；若右侧大于左侧则为聚集。角尺度的均值 $\hat{W}$ 可以用来反映一个林分的整体分布情况，用公示表示为：

$$\hat{W} = \frac{1}{N}\sum_{i=1}^{N} W_i \tag{7-20}$$

式中 N——样地内的林木株数；

W_i——样地内对象木 i 的角尺度。

更为精细的分析可以角尺度均值 $\hat{W}$ 的置信区间为准：随机分布时，$\hat{W}$ 取值范围为 [0.475, 0.517]；$\hat{W} > 0.517$ 时为聚集分布；$\hat{W} < 0.475$ 时为均匀分布。

7.3 森林资源空间数据分析

随着对地观测及社会经济调查的蓬勃开展、计算机网络和格网信息处理能力的迅速提高，空间数据正在以指数方式急剧增加。森林资源数据包含了大量的空间位置信息，属于空间数据的一种。随着林业的发展和森林资源数据的长期积累，大量的森林资源数据如何处理储存、快速显示、管理成为如今林业部门面临的问题。

空间数据通常具有非独立性，这与经典统计学的基本假设正好相反。因此，专门的空间信息分析理论和技术正在迅速发展，并已在遥感、生态环境、地球科学、社会经济等领域得到诸多成功的应用，展现出广阔的应用潜力。空间信息技术(spatial information technology)是 20 世纪 60 年代兴起的一门新兴技术，70 年代中期以后在我国得到迅速发展。主要包括卫星定位系统、地理信息系统和遥感技术，90 年代后开始在林业数据处理中大量应用。

7.3.1 森林资源空间数据特点

7.3.1.1 分布式特征

分布式特征是指在空间上分布于各处的森林资源数据，基于森林资源的时空分异规律、特征和过程的相关性，通过计算机网络在逻辑上统一管理，以对用户透明的方式按需提供数据服务。即森林资源数据存储、组织、更新、分析和挖掘等要做到“物理分散、逻辑集中、分布透明”。主要表现在以下 4 个方面。

(1)数据形成过程

我国森林资源分布广阔，森林资源数据是对森林资源时空特征和演替过程的描述。某一特定区域内的森林资源特征数据可自然构成一个数据集，而相对于其他数据集则是独立的，这势必导致森林资源数据内容呈天然分散性特征。

(2)数据采集过程

森林资源数据获取在不同级别的区域尺度上进行，其区域分布特点和数据生产者的区域背景都决定了数据必然呈现天然的水平和垂直分布式特征。

(3)数据组织管理过程

森林资源数据的物理存储、组织、更新和维护都是由分布于各级、各地的林业数据库实现的，无论是在数据库技术上，还是在实际数据需求上，都无法将全球或全国的各类森林资源数据统一集中管理。

(4)数据处理分析过程

持续监测和积累的森林资源数据需要高性能的计算过程以满足数据服务需求，基于云计算和大数据理论与技术，目前切实可行的方案是把林业资源数据分割成多个数据块，分布式存储在一组计算节点中，由计算节点同时承担存储任务和计算任务。

7.3.1.2 多尺度特征

尺度是森林资源数据表达的一种非常重要的因子，一般指资源的实体、结构和过程表达的空间相对范围和时间相对长短。一般地，尺度与信息密度呈负相关，但非等比例变化。林业资源数据的多尺度特征表现在空间多尺度和时间多尺度两方面。

(1)空间多尺度

森林资源数据所表达的空间范围是多样的，存在着多种空间尺度，并可根据林业资源实体的空间相关性、分异特征和演化规律，表达不同尺度下森林资源实体过程状态分布及变化规律，反映空间特征和实体属性相应的变化过程。

(2)时间多尺度

森林资源的生长与消耗有其自然规律性，各类森林资源监测周期各不相同，各监测要素的表达和变化都与时间紧密相关，导致森林资源数据具有时间多尺度特征。

时间尺度与空间尺度存在一定的关联性，往往呈正相关性，因此森林资源数据会呈现不同时间分辨率下区域性、多层次的动态变化特征。只有融合了时间和空间这两个维度，才能更好地表达森林资源内在的时空过程和特征规律。

7.3.1.3 海量特征

森林资源数据的海量特征与分布式和多尺度特征密切相关，常通过计算机中的数据存储空间这一指标来衡量。相比于一般的二维关系属性数据，森林资源数据内容主要表现为矢量地图、栅格数据、遥感影像和 DEM 等二维和三维时空数据，其自身呈现一定的海量特性，常常从 TB 级别跃升到 PB 级别。

随着物联网、“3S”和移动互联网等信息技术的推广和应用，森林资源数据的来源和种类会不断增多，除了传统的遥感、GIS 和数字采集终端等数据源外，传感、多媒体、地理位置服务数据、短报文数据已经成为森林资源数据的新来源。大数据背景下，森林资源数据的空间分布范围更广，时间尺度更为多变，时效性更强，数据量更大，处理速度更快。这些必然导致森林资源数据量大且增长快，PB 级别乃至 EB 级别将是常态。

7.3.2　空间分析方法

7.3.2.1　空间关系查询

空间实体间存在着多种空间关系，包括拓扑、顺序、距离、方位等关系。空间关系查询和定位空间实体是地理信息系统不同于一般数据库系统的功能之一。空间数据的查询检索是 GIS 最基本的功能。用户通过空间数据查询，不仅能提取数据库中的既有信息，还能进一步获取很多派生的空间信息。空间关系查询中最常见的是空间数据查询检索，即按一定的要求对 GIS 所描述的空间实体及其空间信息进行访问，检索出满足用户要求的空间实体及其相应的属性，并形成新的数据子集。如查询满足下列条件的城市：在京九线的东部，距离京九线不超过 200 km，城市人口大于 100 万并且居民人均年收入超过 1 万元。整个查询计算涉及空间顺序方位关系(京九线东部)，空间距离关系(距离京九线不超过 200 km)，甚至还有属性信息查询(城市人口大于 100 万并且居民人均年收入超过 1 万元)。

7.3.2.2　邻域分析

邻近度描述了地理空间中两个地物距离相近的程度，对其确定是空间分析的一个重要手段。邻域分析包括缓冲区、泰森多边形、等值线、扩散等方法。交通沿线或河流沿线的地物有其独特的重要性，公共设施的服务半径，大型水库建设引起的搬迁，铁路、公路以及航运河道对其所穿过区域经济发展的重要性等，均是一个邻近度问题。缓冲区分析是解决邻近度问题的空间分析工具之一。所谓缓冲区就是地理空间目标的一种影响范围或服务范围。在建立缓冲区时，缓冲区的宽度并不一定是相同的，可以根据要素的不同属性特征，规定不同的缓冲区宽度，以形成可变宽度的缓冲区。例如，沿河流绘出的环境敏感区的宽度应根据河流的类型而定。这样就可根据河流属性表，确定不同类型的河流所对应的缓冲区宽度，以产生所需的缓冲区。

7.3.2.3　叠加分析

大部分 GIS 软件是以分层的方式组织地理景观，将地理景观按主题分层提取，同一地区的整个数据层集表达了该地区地理景观的内容。地理信息系统的叠加分析是将有关主题层组成的数据层面进行叠加产生一个新数据层面的操作，其结果综合了原来两层或多层要素所具有的属性。叠加分析的作用主要包括：为了获取新的类型；计算某一区域内的类型和面积；进行不同时段的动态对比分析；进行效益成本分析和提取符合条件的地物。叠加分析包括视觉信息复合和属性数据层叠合两类。

(1)视觉信息复合

将同一地区的同一比例尺的不同含义的图像、地图进行叠合，从而获得更多的空间信息或改善视觉效果，以便用户直观地判断不同地理实体的空间关系。视觉复合只是改善了视觉效果，各属性层数据结构不变，也不生成新图层。

GIS 中视觉复合通常有 3 类：①点、线和面状图之间的复合，通过点、线、面状图的复合，寻求特征信息在空间上的关联性；②专题图与数字高程图复合成立体专题图，主要是改善视觉效果；③遥感信息与专题图复合，影像地图亮度、色度、饱和度变换增强视觉效果后再与其他多元信息复合，并进行地图可视化。

(2) 属性数据层叠合

将分散在不同层上的空间、属性信息按相同空间位置重叠在一起，进行图形运算和属性运算(关系运算)，产生新的空间图形和属性(数据层)的过程。通过叠加分析，不仅增强了视觉效果，而且生成了新的数据层，其属性包含了参加叠合的多种属性，重新划分了数据的空间区域。

常用的属性数据层叠合有2类：①矢量图层叠加，主要是图层叠加之后求交、拓扑生成和属性处理。包括点与多边形的叠加、线与多边形的叠加和多边形与多边形之间的叠加。②栅格图层叠加，是指将对应栅格单元的属性通过运算得到新的图层属性，包括单点变换、掩膜提取和相交提取等操作。

7.3.2.4 网络分析

对地理网络(如交通网络)、城市基础设施网络(如各种网线、电力线、电话线、供排水管线等)进行地理分析和模型化，是地理信息系统中网络分析功能的主要目的。网络分析包括路径分析、资源分配、空间规划等。路径分析，如找出两地通达的最佳路径，这里的最短路径不仅指一般地理意义上的距离最短，还可以引申到其他指标的度量，如时间、费用、线路容量等。资源分配如确定最近的公共医疗设施，引导最近的救护车到事故地点。而空间规划，如确定某零售店的服务区域，从而查明区域内的顾客数量等。

网络分析的核心是定位与分配模型，即根据需求点的空间分布，在一些候选点中选择给定数量的供应点以使预定的目标方程达到最佳结果。不同的目标方程就可以求得不同的结果。在运筹学的理论中，定位与分配模型常可用线性规划求得全局性的最佳结果。由于其计算量以及内存需求巨大，所以在实际应用中常用一些启发式算法(heuristic algorithms)来逼近或求得最佳结果。

7.3.2.5 空间统计分类分析

多变量统计分析主要用于数据分类和综合评价，而数据分类是GIS的重要组成部分。空间统计分类分析是基于空间数据分类与统计方法，对空间数据进行定量处理和分析。空间数据分类和统计分析的目的是简化复杂的事物，突出主要因素。空间数据分类包括单因素分类、间接因素分类、地理区域分类、多因素分类、聚类分析等。常用的空间统计分类分析方法包括以下8种。

(1) 常规统计分析

指对空间数据进行统计性描述，包括对数据集合的频数、集中趋势、离散程度和分布等的统计分析，常用的统计参数有频数、频率、均值、中位数、众数、方差、标准差、极差、离差、变差系数、偏度、峰度等。

(2) 空间自相关分析

可以揭示空间变量的区域结构形态，是认识空间分布特征、选择适宜的空间尺度来完成空间分析的最常用的方法，也是检验某一要素属性值是否与其相邻空间点上的属性值相关联的重要指标。

(3) 回归分析

是用于分析两组或两组以上变量之间定量关系的一种统计分析方法，即建立数学模型并估计其中的未知参数。回归分析的实现依赖于不同的回归拟合技术，如线性回归、指数回归、对数回归、逻辑斯蒂回归、多元回归等。

(4)趋势分析

空间数据往往是离散的点，通过数学模型模拟地理特征的空间分布与时间过程，把地理要素时空分布的实测数据点之间的不足部分内插或预测出来。

(5)主成分分析

又称 K-L 变换，用作变量重组和筛选。地理问题往往涉及大量相互关联的自然和社会要素，众多的要素常常给分析带来很大困难，同时也增加了运算的复杂性。主成分分析法通过数理统计分析，将众多要素的信息压缩表达为若干具有代表性的合成变量，从而克服变量选择时的冗余和相关，然后选择信息最丰富的少数因子进行各种聚类分析，构造应用模型。

(6) 层次分析

在分析涉及大量相互关联、相互制约的复杂因素时，各因素对问题的分析有着不同程度的重要性，确定它们对目标重要性的大小十分重要。层次分析(AHP)方法把相互关联的要素按隶属关系划分为若干层次，根据专家经验对各层次各因素的相对重要性给出定量指标，在此基础上综合数学方法确定各层次各要素的相对重要性权值，作为综合分析的基础。该方法是把决策者对复杂系统的决策思维过程模型化、数量化，并用数学方法为分析、决策、预报或控制提供定量依据。

(7) 系统聚类分析

系统聚类是根据多种地学要素对地理实体划分类别的方法，对不同的要素划分类别往往反映不同目标的等级序列，如土地分等定级、水土流失强度分级等。系统聚类根据实体间的相似程度，逐步合并为若干类别，其相似程度由距离或相似系数定义，主要有欧氏距离、绝对值距离、马氏距离、切比雪夫距离等。进行类别合并的准则是，使类间差异最大，而类内差异最小。

(8)判别分析

又称分辨法，是在分类确定的条件下，根据某一研究对象的各种特征值判别其类型归属问题的一种多变量统计分析方法。判别分析与聚类分析同属分类问题，所不同的是，判别分析是根据理论与实践，预先确定出等级序列的因子标准，再将分析的地理实体安排到序列的合理位置上。判别分析对于诸如水土流失评价、土地适宜性评价等有一定理论根据的分类系统定级问题比较适用。

7.3.2.6　空间插值分析

空间插值分析是 GIS 空间分析的重要组成部分，它是将离散点的测量数据转换为连续的数据曲面，以便与其他空间现象的分布模式进行比较。其理论假设是空间位置上越靠近的点，越可能具有相似的特征值；而距离越远的点，其特征值相似的可能性越小。

空间插值方法可以分为整体插值和局部插值两类。整体插值法用研究区所有采样点的数据进行全区特征拟合；局部插值法则是仅用邻近的数据点来估计未知点的值。整体插值方法主要有趋势面分析、变换函数插值；局部插值方法主要有样条函数插值方法、克里金(Kriging)插值。

7.3.3 常用空间数据分析软件

20 世纪 80 年代以来，随着空间数据分析理论不断成熟，计算机技术的迅猛发展，出现了 Windows 系列操作系统，空间数据分析软件开始如雨后春笋般地不断涌现。如 ArcGIS 软件、IDRISI 软件、GEO-EAS 软件、GS+软件、Surfer 软件、GeoDA 软件等国外软件和 CGES 软件、3Dmine 软件、DIMINE 软件等国产软件。

7.3.3.1 ArcGIS

目前，国内外流行的 GIS 软件主要有 ArcGIS、MapInfo、MapGIS、SuperMap、GeoStar、MGE 等。这些 GIS 平台软件都具有空间分析功能，但强弱差别或侧重点不尽相同。ArcGIS 强大、全面的空间分析能力成为当前应用程度最高的 GIS 综合平台系统。

ArcGIS 由美国环境系统研究所(Environmental Systems Research Institute，ESRI)于 1978 年首次推出，至今已相继推出多个版本，其产品功能得到不断扩展与更新。ArcGIS 是 ESRI 通过整合 GIS 与数据库、软件工程、人工智能、网络技术及其他相关计算机技术后推出的全面的、可伸缩的 GIS 平台。目前，ArcGIS 以其强大、完善的空间分析功能成为主流的空间分析软件。ArcGIS 的空间分析功能可以完成栅格数据、矢量数据、三维数据的空间分析以及属性数据的地统计分析等任务。

这里以 ArcGIS 10 为例介绍其主要空间分析功能。ArcGIS 10 主要通过空间分析模块(spatial analyst tools)进行空间分析，但此模块并未包含其全部空间分析功能，对于一些具有较强特色或专题性明显的空间分析，可以使用其他相应模块。ArcGIS 10 中执行空间分析功能的模块主要包含空间分析模块(spatial analyst tools)、3D 分析模块(3D analyst tools)、地理统计分析模块(geostatistical analyst tools)、网络分析模块(network analyst tools)、追踪分析模块(tracking analyst tools)等。

7.3.3.2 GeoDa

GeoDa 是一款免费的实现探索性空间数据分析(Exploratory Spatial Data Analysis，ESDA)的模型工具集成软件，由美国亚利桑那州立大学的地理信息科学与城市规划学院的 Anselin 教授开发，主要用于发掘空间要素的关系。GeoDa 提供了一个友好型的图形界面以供用户进行空间数据分析，包括探索数据分析、全局以及局部空间自相关分析结果的可视化、空间回归分析和简单地图制作等功能。该软件运用动态链接窗口技术，实现地图与统计图表联合、交互操作。其最初是为了在 ESRI 的 ArcInfo GIS 和 SpaceStat 软件间建立一个连接以进行空间数据分析，在其发展的第二阶段，由一系列对 ESRI 的 ArcView 3. X GIS 的执行连接窗口和级联更新的扩展理念组成。目前软件不需要特定的 GIS 系统，能在微软公司的操作系统下运行。

GeoDa 以空间位置来描述点(点坐标)和多边形(多边形边界坐标)，是面向离散地理空间数据的分析。目前支持 shapefile(.shp)与 table(.dbf)两种数据格式，此外，可将 ASCII 格式的点坐标或边界坐标文件转换为 shapefile 格式。GeoDa 采用 ERSI 的 shape file 作为存放空间信息的标准格式，使用 ESRI 的 MapObjects LT2 技术进行空间数据存取、制图和查询，其分析功能是由一组 C++程序和其相关的方法组成。GeoDa 的功能主要有以下 6 个方面：①一般空间数据操作：数据输入、输出与转换；②数据转换：变量变换、创建新变量；③地图制作：绘制分位地图、统计地图和地图动画；④探索性数据分析(exploratory data analysis，EDA)：绘制直方图、散点图、箱图、平行坐标图、3D 散点图和条件地图；⑤探索性空间数据分析：单变量 Moran'I 统计、多变量 Moran'I 统计、通过 EB 平滑的比率 Moran'I 统计、单变量 LISA 计算、多变量 LISA 计算、通过 EB 平滑的比率 LISA 和局部 G 统计量计算；⑥空间回归分析：诊断以及线性回归模型的最大似然估计。

7.3.3.3　R

R 是用于统计计算与绘图的语言和操作环境，是属于 GNU 系统的一个自由、免费、源代码开放的软件，可在 Windows、Linux、Mac OS 等多种操作系统中运行。它是基于 S 语言的一个 GNU 项目，故可视为 S 语言的一种实现。1980 年左右，S 语言由约翰·钱伯斯(John Chambers)与其同事们在贝尔实验室(现为美国朗讯科技公司，Lucent Technologies)开发。1992 年，新西兰奥克兰大学统计系的罗斯·伊哈卡(Ross Ihaka)与罗伯特·杰特曼(Robert Gentleman)在 S 语言的基础上开发出 R，由于两位主要开发者的名字都以字母 R 开头，所以该软件被称为 R，目前由"R 核心开发团队"(R Development Core Team)负责开发与维护。同时，来自全球不同领域的相关人员也自愿地为 R 语言的发展奉献力量。因此，R 语言发展飞速，展现出巨大的活力，现已成为主要的数据分析工具之一。

R 是一套集数据处理、计算和制图功能于一体的软件系统，主要功能包括：数据存储与处理；数组运算工具特别是向量、矩阵运算功能强大；丰富、连贯的统计运算分析；数据显示及分析制图；简洁、高效的编程语言(如分支、循环、自定义递归函数、数据输入输出语句等)。此外，R 语言具有良好的可扩展性，使用者可根据具体情况灵活调用有关功能函数，或通过编程创造出符合需要的新方法。

R 具有的数据处理、统计分析与可视化功能使其非常适合执行空间分析。近年来，R 出现了若干用于处理和分析空间数据的程序包。目前，CRAN 上与空间数据相关的 R 包已超过 100 个，为空间分析提供了良好的工具，使空间分析逐渐成为 R 的重要应用领域之一。R 的空间分析功能主要包括：空间数据可视化；数据导入与导出(投影与坐标转换、矢量或栅格等文件导入导出等)；空间取样、拓扑检查、数据叠置或组合等空间数据高级处理；定制空间数据类；空间点模式分析；插值与地统计(空间相关性估计、空间预测、模型诊断、地统计模拟等)；空间自相关分析(邻域分析、空间权重、空间自相关检验)；数据建模(空间统计、混合效应模型、广义加法模型、广义估计方程、广义线性混合模型、Moran 特征值方法、地理加权回归等)和制图等。

7.3.3.4　CrimeStat

CrimeStat 软件是由美国内德·莱文(Ned Levine)博士主持开发、美国 National Institute of Justice 等机构资助研制的免费软件。它最初被用作对犯罪事件进行空间统计分析，也可用于其他点数据的空间统计，如事件发生点、最优路径、设施点分布等，目前在流行病学等领域也得到广泛应用。

该软件通过输入点的位置(经纬度坐标或投影坐标)来计算空间统计指标，空间相互作用由距离(直线或曼哈顿距离)、时间、速度或行程费用来测量。它包括 5 个模块：数据设置(data setup)、空间描述(spatial description)、空间模型(spatial modeling)、犯罪旅行需求(crime travel demand)和选项设置(options)。其中，数据设置用于设置事件发生的地点，并可指定主要文件、次要文件和参照文件等，支持的文件格式包括 ArcView 的 shape file (.shp)、数据库文件 dBase(.dbf)、MapInfo(.dat)和 ASCII 等，以及 Excel、Lotus1-2-3、Microsoft Access、Paradox 等符合 ODBC 标准的文件。此外，CrimeStat 还可指定投影类型与距离单位等参数。选项设置模块用于设置参数，空间描述、空间模型和犯罪旅行需求这 3 个模块主要执行空间分析功能。

7.3.3.5 SaTScan

SaTScan 是一款免费软件，使用空间、时间或时空扫描统计方法分析时空数据的聚集模式，并进行统计显著性检验。该软件由哈佛大学公共医学院 Martin Kulldorff 博士开发，采用 Java 语言编写，安装之前应确认计算机中已安装 Java 软件。它的主要功能如下：①进行疾病地理监视，探寻其在空间、时间分布方面的聚类特征，检验其是否有统计显著性；②检验某疾病是否在时间、空间上服从随机分布；③计算某种疾病聚类警报的统计显著性；④重复进行定期疾病监测以便实现疾病暴发的早期探测。该软件也适用于解决其他领域中的相似问题。

SaTScan 的离散、连续扫描统计，共有 7 个模型可以选择：①离散泊松模型(Poisson)；②伯努利模型(Bernoulli)；③时空序列模型(Space-time Permutation)；④多项式模型(Multinomial)；⑤有序模型(Ordinal)；⑥指数模型(Exponential)；⑦正态模型(Normal)。根据研究目的，SaTScan 软件数据分析可分为前瞻性分析和回顾性分析。前瞻性分析只设置时间和时空分析，结果具有一定的预测性；回顾性分析是对已经发生的疾病数据进行研究，包含时间、空间和时空分析方法。按照探测热点的方法来分，SaTScan 软件数据分析可以分为探寻具有高发病率、低发病率或者异于正常发病率的区域的分析。SaTScan 软件根据空间、时间或者时空扫描统计量原理，通过计算聚类搜索区域内外时间发生率似然比来寻找疾病发生热点。

7.3.3.6 GS+

GS+是一款全面、先进的地质统计分析软件，地质统计是其核心功能，它将所有地质统计学要素的分析功能集成到一个软件包中，包括变差函数分析(variogram analysis)、克里金(Kriging)分析和三维制图。它因操作简单、高效、灵活、友好而广受赞誉，无论对地质学家还是初学者而言，都易于上手。在 1988 年成为首款在 PC 机上运行的地质统计软件，此后迅速被用户广泛使用。

GS+最大的特点是可以根据输入数据，自动拟合实验变差函数(包括高斯模型，椭圆和指数模型)；GS+的另一个优点是可以导入/导出 Surfer、ArcGIS、Grid 等常用的网格文件。GS+的数据可直接被许多其他程序使用。GS+有自己的数据表，也可接受 Excel、Access 等其他类型的数据文件，并可生成自己的地图。GS+主要用来依据部分数据实现全面的统计地图，即只需要使用较简单的取样数据，通过 GS+就可以完成较为详尽的地质统计结果。在绘制分布图时，即可自动补充非实测数据。GS+菜单栏由 8 项组成，3 项是标准 Windows 菜单：File(打开和关闭文件)、Windows(选择或重新排列窗口)以及 Help(帮助)。其空间分析功能包括 Edit(文件与图形编辑)、Data(数据表表格处理)、Autocorrelation(空间自相关分析)、Interpolate (空间内插与模拟)和 Map(多维制图)。

除上述软件外，空间分析软件还有 SAM、PASSaGE、ClutsterSeer、WinBUGS、GeoBUGS、

STARS、Python、Matlab、SSSI 等。其中，部分软件也可进行时间序列分析，如 Python、Matlab 等，因篇幅所限，在此不一一陈述，感兴趣的读者可自行查阅学习。

本章小结

森林资源非空间结构分析可以从林地利用状况、资源结构、生产率及资源消长等方面设定相应的指标。森林资源空间结构分析可以从树种的空间隔离程度、林木个体大小分化程度、林木个体在水平地面上的分布形式三个方面进行。森林资源数据空间分析的方法主要包括邻域分析、叠加分析、网络分析、空间统计分类分析、空间插值分析。常用的森林资源空间数据分析软件主要包括：ArcGIS、GeoDa、R、CrimeStat、SaTScan、GS+。

思考题

1. 同龄林与异龄林的径级结构有何不同？其形成原理是什么？

2. 以林分内的某株胸径为 20 cm 的杉木为对象木，其周围最邻近的 4 株林木分别为：杉木，距离 1 m，胸径 16 cm；木荷，距离 1.5 m，胸径 12 cm；马尾松，距离 2 m，胸径 28 cm；杉木，距离 3m，胸径 22 cm。从混交度、Hegyi 指数、大小比数等方面对该株杉木所在结构单元的空间结构进行分析。

3. 森林资源空间数据分析的方法有哪些？

推荐阅读书目

1. 森林经理学(第 4 版). 亢新刚. 中国林业出版社，2011.
2. 森林空间结构分析. 汤孟平，陈永刚，徐文兵，等. 中国科学技术出版社，2013.
3. 森林空间结构量化分析方法. 惠刚盈，冯佳多. 中国科学技术出版社，2003.

参考文献

惠刚盈，1999. 角尺度——一个描述林木个体分布格局的结构参数[J]. 林业科学，35 (1)：37-42.

惠刚盈，2001. 胡艳波. 混交林树种空间隔离程度表达方式的研究[J]. 林业科学研究，14(1)：23-27.

汤孟平，2003. 森林空间结构分析与优化经营模型研究[D]. 北京：北京林业大学.

Ripley B D, 1977. Modelling spatial patterns (with discussion)[J]. Journal of the Royal Statistical Society, 39 (2)：172-212.

Clark P J, Evans F C, 1964. Distance to nearest neighbor as a measure of spatial relationships in population [J]. Ecology, 35(4)：445-453.

第8章　森林规划

森林经营需要按照森林经营计划(规划或方案)实施。我国的森林规划体系由区域森林经营规划—经营主体森林经营方案—年度作业计划构成。森林经营主体不同，其经营方案或总体规划的要点也各不相同。随着居民生活水平的提高、森林康养游憩产业的发展，森林特色小镇、康养游憩基地建设在全国蓬勃兴起。本章首先介绍了县级森林经营规划的规划依据、主要规划内容；其次，介绍了国有林场森林经营方案的性质及地位、编制单位、编制程序；再次，分析了自然保护区总体规划、森林公园总体规划、湿地公园总体规划的规划要点；最后，介绍了森林特色小镇规划、森林康养基地规划的要点。为激发学生的创造性思维，吸引学生的注意力，本章每节都配备了真实的规划案例。

8.1　森林经营规划

森林经营规划分为国家、省、县三级。其中，作为一层承上启下的行政区划单位，县级森林经营长期规划中占有十分重要地位。本节以县级森林经营规划为例，介绍森林经营规划的深度和广度。

8.1.1　规划总则

(1)指导思想

县级森林经营规划编制，要以多功能森林经营理论与技术为指导，以满足县域社会经济发展、提供优质生态产品和优美生态环境为目标，贯彻落实《全国森林经营规划(2016—2050年)》经营理念和省级森林经营规划技术措施、目标任务，紧密结合县域自然条件、社会经济状况及森林资源特点，科学进行森林经营分区，并将森林作业法和经营措施落实到具体小班，为指导县域森林经营方案的编制，实施多功能、全周期森林经营，加快构建健康稳定优质高效森林生态系统提供规划保障。

(2)规划目标

县级森林经营规划的主要目标是：①落实省级森林经营规划确定的任务；②统筹规划和合理布局县域森林经营活动；③协调对森林生态系统的各层次、多样性需求，促进森林可持续经营；④为森林经营方案编制提供依据。

(3)规划任务

县级森林经营规划的主要任务包括：①开展县域森林经营评价；②规划经营目标与主要经营指标；③进行森林经营分类，落实作业法和经营措施；④开展森林经营区划，明确各经营区方向和策略；⑤确定森林经营规模，估算森林经营投资；⑥进行效益评价，提出规划实施保障措施。

(4)规划范围与期限

规划范围为县域内所有林地及县级以上人民政府规划用于林业发展的其他土地。县域内明确需单独编制规划的单位的林地除外。规划期限和实施阶段划分，应该与省级森林经营规划衔接。

8.1.2　编制依据与程序

(1)编制依据

县级森林经营规划编制的依据为：

①《森林法》《森林法实施条例》《中共中央国务院关于加快推进生态文明建设的意见》等国家和地方颁布的有关森林经营及资源保护的法律、法规、规章和规范性文件。

②《全国森林经营规划(2016—2050 年)》以及省级森林经营规划。

③本区域国民经济和社会发展规划、主体功能区规划、林业发展区划、林地保护利用规划、生态保护相关规划等。

④林业及相关行业的发展规划、技术标准及产业政策，以及自然保护区、森林公园、风景名胜区等专项规划。

⑤森林资源调查、林业专项(专业)调查、公益林区划界定等成果。

(2) 编制程序

县级规划编制依照以下程序：①规划前期准备；②森林经营现状分析评价；③森林经营分类和经营措施落实；④森林经营分区；⑤规划成果编制；⑥森林经营规划档案建立；⑦规划成果论证与报批。

8.1.3　规划文本主要内容

规划的广度指的是森林经营规划包含的内容，按照县级森林经营规划编制技术规范，县级森林经营规划包括以下 11 部分：前言；规划区基本情况分析；森林资源现状与经营评价；森林经营条件分析；指导原则和规划目标；森林类型划分与森林经营分类；森林作业法设计；森林经营分区；建设规模和投资估算；效益评价；实施保障措施。规划文本的主要内容有：

(1) 森林资源现状与经营评价部分

应当从森林资源数量、质量、结构等方面客观分析森林资源现状。从森林资源数量、质量和结构的变化趋势、生态建设情况、林业产业、森林经营的政策环境、经营方式、技术体系和人才队伍等方面分析森林经营的成效与存在的主要问题。

(2)森林经营条件分析部分

应当从社会、经济、生态需求等方面分析森林经营的必要性，从自然条件、基础设施、森林经营的相关政策、森林经营技术和理念、森林提质增效的潜力等方面，科学分析森林经营的有利条件和制约因素。

(3)规划目标

包括森林覆盖率、森林蓄积量，每公顷乔木林蓄积量，混交林面积比例、珍贵树种和大径级用材林面积比例、非木质林产品产量，森林植被总碳储量、森林每年提供的主要生态服务价值、森林经营规划制度的建立、森林经营标准体系、森林经营技术体系、人才队伍建设、林道等基础设施建设、生态景观和生态文化、生物多样性等方面的目标。各县可根据实际情况增加其他目标指标。

以小班经营措施规划为依据，将省级下达的建设任务，按照乡(镇、场)分别近期、中期、远期进行落实，完成近期、中期投资估算。

(4)建设规模和投资估算部分

近期造林和更新造林、森林抚育、退化林修复规模应与最新的林业发展规划衔接，森林采伐规模依据最新一期的森林采伐限额确定。中期、远期建设规模，依据小班经营措施规划，综合考虑未来经费投入、森林质量提升工程以及实现经营目标的要求等因素进行确定。县级的造林和更新造林、森林抚育、退化林修复等各项建设规模，原则上不得小于省级下达的建设任务。森林采伐的任务依据森林采伐限额确定。

(5)效益评价

包括对森林总量和质量的效益评价。包括对增加林产品供给，保障经济民生的效益评价；对增强生态功能，构筑生态防护屏障的贡献；对提升生态公共服务，建设生态文明的贡献。

(6)实施保障措施

应围绕规划目标，结合县域实际，从组织保障、科技支撑、人才培养、制度建设、资金监管、基础建设和宣传引导等方面制定符合国家法律法规和政策要求的规划实施保障措施。

8.1.4 规划图表

(1)规划成果统计表

包括森林资源现状统计表、林地质量等级面积统计表、规划造林和更新造林面积统计表、规划森林抚育和退化林修复面积统计表、规划森林采伐(皆伐、渐伐)面积统计表、近期投资估算汇总表。

(2)规划图件

包括森林资源现状分布图、林地质量等级图、森林经营区分布图、森林经营分类结果图。

8.1.5 森林经营规划数据库

包括森林类型、森林经营分类、森林作业法、森林经营分区、小班经营措施规划(目标林相与经营措施)。小班属性数据结构见表8-1。

表8-1 小班属性数据结构表

编号	字段名	中文名	数据类型	长度	小数位
1	XIAN	县(市、旗、林业局)	字符串	6	
2	XIANG	乡(镇、场)	字符串	3	

（续）

编号	字段名	中文名	数据类型	长度	小数位
3	CUN	村（林班）	字符串	3	
4	XIAO_ BAN	小班号	字符串	4	
5	DI_ MAO	地貌	字符串	1	
6	PO_ XIANG	坡向	字符串	1	
7	PO_ WEI	坡位	字符串	1	
8	PO_ DU	坡度	整型	2	
9	TU_ RANG_ LX	土壤类型（名称）	字符串	20	
10	TU_ CENG_ HD	土层厚度	双精度	3	
11	MIAN_ JI	面积	双精度	18	1
12	LD_ QS	土地权属	字符串	2	
13	DI_ LEI	地类	字符串	4	
14	LIN_ ZHONG	林种	字符串	3	
15	QI_ YUAN	起源	字符串	2	
16	SEN_ LIN_ LB	森林类别	字符串	3	
17	SHI_ QUAN_ DJ	事权等级	字符串	2	
18	GJGYL_ BHDJ	国家级公益林保护等级	字符串	1	
19	NIAN_ LING	年龄	整型	2	
20	LING_ ZU	龄组	字符串	1	
21	YU_ BI_ DU	郁闭度/覆盖度	浮点型	6	2
22	YOU_ SHI_ SZ	优势树种	字符串	6	
23	SZ_ ZU_ CHENG	树种组成	字符串	6	
24	LIN_ CENG_ JG	林层结构	字符串	1	
25	PING_ JUN_ XJ	平均胸径	浮点型	6	1
26	PING_ SHU_ GAO	平均树高	浮点型	6	1
27	HUO_ LMGQXJ	公顷蓄积量（活立木）	双精度	12	2
28	MEI_ GQ_ ZS	每公顷株数	整型	4	
29	DISPE	灾害类型	字符串	2	
30	DISASTER_ CLASS	灾害等级	字符串	1	
31	ZL_ DJ	林地质量等级	字符串	1	
32	BH_ DJ	林地保护等级	字符串	1	
33	SJ_ FEN_ LEI	森林经营分类	字符串	3	
34	SL_ HUA_ FEN	森林类型划分	字符串	2	
35	SJ_ FEN_ QU	森林经营分区	字符串	1	
36	SL_ ZYF	森林作业法	字符串	1	
37	MB_ SZ_ ZC	目标_ 树种组成	字符串	10	

（续）

编号	字段名	中文名	数据类型	长度	小数位
38	MB_ LC_ JG	目标_ 林层结构	字符串	2	
39	MB_ GQ_ ZS	目标_ 公顷株数	双精度	4	
40	MB_ PJ_ XJ	目标_ 平均胸径	双精度	6	1
41	MB_ GQ_ XJ	目标_ 公顷蓄积量	双精度	12	2
42	JQ_ JY_ CS	近期_ 经营措施	字符串	10	
43	ZQ_ JY_ CS_ 1	中期_ 经营措施_ 1	字符串	10	
44	ZQ_ JY_ CS_ 2	中期_ 经营措施_ 2	字符串	10	
45	YQ_ JY_ CS_ 1	远期_ 经营措施_ 1	字符串	10	
46	YQ_ JY_ CS_ 2	远期_ 经营措施_ 2	字符串	10	
47	YQ_ JY_ CS_ 3	远期_ 经营措施_ 3	字符串	10	

8.1.6 森林经营规划案例分析——江苏淮安市金湖县森林经营规划

8.1.6.1 金湖县基本概况

金湖县位于江苏省中部偏西地区，118°53′～119°22′E、32°47′～33°13′N。东与宝应县、高邮市隔湖相望，南与安徽省天长县接壤，西与洪泽县、盱眙县毗邻，北与洪泽县、楚州区相邻。金湖县地势西高东低，北部、东部、南部是湖荡相间的湖积平原，西南部为缓坡丘陵。金湖县气候属亚热带季风气候，四季分明。年平均气温为 14.6 ℃，全年降水量 997.3 mm。金湖县境内主要用材树种有杨树（意杨系列）、柳树、水杉、池杉。此外，还有少量的泡桐、榆树、椿树、栎树等。主要经济树种是桃、梨、葡萄等。金湖县植物受人为影响较大，原生森林植被破坏严重，现有植被大多带有人为因素的影响，是处于演替过程中的次生性植被。

8.1.6.2 森林经营规划目标

按照《江苏省金湖县林地地保护利用规划（2010—2020 年）》森林面积每年增加 120 hm^2 的速度推算，与 2020 年比，2035 年森林覆盖率将会增加 1.29%，2050 年将会增加 2.58%。由于规划区森林蓄积量、每公顷乔木林年均生长量规划基数值较高，与规划基期相比，按照 2035 年比 2020 年增加 1 倍、2050 年比 2035 年增加 0.5 倍的速度，制定规划区森林蓄积量、每公顷乔木林蓄积量、每公顷乔木林年均生长量目标值。森林植被每公顷碳量，按照江苏省第七次森林资源清查，森林植被碳密度 39.933 t/hm^2 的标准加以计算，2035 年、2050 年的规划值分别按照 2035 年比 2020 年增加 1 倍、2050 年比 2035 年增加 0.5 倍的速度加以计算。2035 年、2050 年森林植被总碳量、每年提供生态服务价值量 2 个指标的目标值，也按照森林蓄积量的增加速度加以制定。由于规划区混交林面积比例、珍贵用材林比例规划基数较低，按照 2035 年与 2020 年比增加 3 倍、2050 年在 2035 年基础上再增加 3 倍的速度，制定规划区混交林面积比例、珍贵用材林比例目标值。具体规划目标见表 8-2。

表 8-2　淮安市金湖县森林经营规划目标

规划指标	规划期		
	基准年	2035 年	2050 年
森林覆盖率/%	14.46	15.75	17.04
森林蓄积量/($\times 10^4$ m^3)	302.02	604.04	906.06
每公顷乔木林蓄积量/m^3	91.86	192.31	288.46
每公顷乔木林年均生长量/m^3	14.18	28.36	42.54
混交林面积比例/%	1.5	6.00	24.00
珍贵用材林比例/%	0.16	0.64	2.56
森林植被总碳量/($\times 10^4$ t)	65.30	130.60	195.90
每年提供生态服务价值/亿元	47.30	94.60	141.90

8.1.6.3　森林类型划分与森林经营分类

按照森林起源、树种组成、近自然程度和经营特征，规划区内森林均为人工林，无天然林。人工林划分为人工混交林、人工针叶纯林、人工阔叶纯林、人工果木林、人工药用林、人工其他经济林、人工竹林 8 小类。人工林面积 16 905.82 hm^2，占比 100%。森林类型划分结果见表 8-3。

表 8-3　森林类型划分结果表

森林类型	优势树种	面积/hm^2	占比/%
人工混交林	阔叶混交、针阔混交	253.51	1.500
人工针叶纯林	水杉、柏木	120.20	0.711
人工阔叶纯林	杨树、柳树、其他软硬阔	16 506.02	97.635
人工果木林	桃树、薄壳山核桃、其他果树	15.85	0.094
人工药用林	杜仲	0.44	0.003
人工其他经济林	蚕桑、其他经济树种	4.57	0.027
人工竹林	毛竹、杂竹	5.22	0.031

对不同森林类型进行综合分析，根据森林所处的生态区位、自然条件、主导功能和分类经营的要求，将规划区的森林经营分为生态服务为主导功能的兼用林、林产品生产为主导功能的兼用林、集约经营的商品林 3 大类，阔叶纯林防护兼用材林、阔叶纯林风景兼用材林等 15 小类。各种森林经营类型的名称、面积、占比见表 8-4。

表 8-4　森林经营分类结果统计表

森林经营分类		面积/hm^2	占比/%
生态服务为主导功能的兼用林	阔叶纯林防护兼用材林	89.60	0.53
	阔叶纯林风景兼用材林	109.32	0.65
	阔叶混交防护兼用材林	1.08	0.01
	针叶纯林防护兼用材林	4.69	0.03
	针叶纯林风景兼用材林	5.78	0.0

（续）

森林经营分类		面积/hm²	占比/%
林产品生产为主导功能的兼用林	阔叶纯林用材兼防护林	12 528. 83	74. 12
	阔叶混交用材兼防护林	123. 13	0. 73
	针阔混交用材兼防护林	2. 87	0. 02
	针叶纯林用材兼防护林	57. 29	0. 34
	竹林用材兼防护林	5. 22	0. 03
集约经营的商品林	集约经营经济林	25. 36	0. 15
	阔叶纯林速生丰产林	3745. 66	22. 16
	阔叶混交速生丰产林	126. 42	0. 75
	针叶纯林速生丰产林	52. 44	0. 31
	珍贵用材林	26. 83	0. 16

8. 1. 6. 4　森林作业法体系设计

《全国森林经营规划(2016—2050 年)》将乔木林作业法划分为一般皆伐作业法、镶嵌式皆伐作业法、带状渐伐作业法、伞状渐伐作业法、群团状择伐作业法、单株木择伐作业法和保护经营作业法 7 种。参照全国森林作业法，借鉴安徽、河北等省份森林经营规划中的森林作业法，针对金湖县的区域特点、森林植被(树种)类型、主导功能、目的树种或树种组合特征等，细化各种作业法的关键技术，设计适用于规划区主要森林类型、地理区域和功能定位的森林作业法体系。整个规划区共细分为一般皆伐作业法、镶嵌式皆伐作业法、伞状渐伐作业法、单株木择伐作业法、经济林经营作业法 5 大类 12 种森林作业法(表 8-5)。

表 8-5　各种森林作业法面积统计表

编号	森林经营类型	森林作业法	面积/hm²	占比/%
1	阔叶纯林速生丰产林	阔叶纯林大径材皆伐作业法	3745. 66	22. 16
2	针叶纯林速生丰产林	针叶纯林大径材皆伐作业法	52. 44	0. 31
3	珍贵用材林	珍贵用材林大径材皆伐作业法	26. 83	0. 16
4	阔叶混交用材兼防护林	阔叶混交林镶嵌式皆伐作业法	123. 13	0. 73
5	阔叶混交速生丰产林	阔叶混交林镶嵌式皆伐作业法	126. 42	0. 75
6	针阔混交用材兼防护林	针阔混交林镶嵌式皆伐作业法	2. 87	0. 02
7	阔叶纯林风景兼用材林	阔叶风景林伞状渐伐作业法	109. 32	0. 65
8	阔叶纯林防护兼用材林	阔叶纯林单株木择伐作业法	89. 60	0. 53
9	阔叶纯林用材兼防护林	阔叶纯林单株木择伐作业法	12 528. 83	74. 12
10	阔叶混交防护兼用材林	阔叶混交林单株木择伐作业法	1. 08	0. 01
11	针叶纯林防护兼用材林	针叶纯林单株木择伐作业法	4. 69	0. 03
12	针叶纯林用材兼防护林	针叶纯林单株木择伐作业法	57. 29	0. 34
13	针叶纯林风景兼用材林	针叶风景林单株木择伐作业法	5. 78	0. 03
14	竹林用材兼防护林	竹林单株择伐作业法	5. 22	0. 03
15	集约经营经济林	特色经济林高产经营作业法	25. 36	0. 15

8.1.6.5　森林经营分区

在省级林业区划控制下，根据规划区地形、地势特点，依据规划区森林主导功能，考虑当地的功能需求和森林资源现状，以及与金湖县林业区划等相关规划的衔接，在分析立地条件和未来发展方向基础上，采取异区异指标的主导因素法进行经营区划分。根据上述区划方法，将金湖县林地划分为 4 个经营分区，即西部水源涵养兼用材林经营区、淮河入江水道生态防护林经营区、东部农田防护兼用材林经营区、东部滩涂滩地速生丰产林经营区(表 8-6)。各经营分区按照生态区位、森林类型和经营状况，因地制宜确定经营方向，制定经营策略，明确经营目标，实施科学经营。

表 8-6　金湖县森林经营分区基本情况一览表

2020 年现状值	西部水源涵养兼用材林经营区	淮河入江水道生态防护林经营区	东部农田防护兼用材林经营区	东部滩涂滩地速生丰产林经营区
森林覆盖率/%	18.48	6.59	17.84	10.58
林地面积/hm^2	4790.09	577.94	8464.99	3579.01
森林面积/hm^2	4551.06	518.72	8141.64	3479.01
森林蓄积量/m^3	94.54	1.48	160.28	45.72
乔木林蓄积量/(m^3/hm^2)	206.31	27.47	192.49	129.41
乔木林年均生长量/(m^3/hm^2)	17.68	13.25	12.48	13.24
混交林面积比例/%	0.276	0	2.949	0.017
珍贵用材林比例/%	0.173	0	0	0.560
森林植被总碳量/($\times 10^4$ t)	18.27	2.07	31.52	13.44
每年提供生态服务价值/亿元	12.90	1.47	23.07	9.86

8.2　国有林场森林经营方案

8.2.1　森林经营方案的性质、地位

森林经营方案是森林经营主体为了科学、合理、有序地经营森林，充分发挥森林的生态、经济和社会效益，根据森林资源状况和社会、经济、自然条件，编制的森林培育、保护和利用的中期规划，以及对生产顺序和经营利用措施的规划设计。

森林经营方案是森林经营主体和林业主管部门经营管理森林的重要依据。编制和实施森林经营方案是一项法定性工作，森林经营主体要依据经营方案制订年度计划，组织经营活动，安排林业生产；林业主管部门要依据经营方案实施管理，监督检查森林经营活动。

森林经营方案规划期为一个森林经理期，一般为 10 年。以工业原料林为主要经营对象的可以为 5 年。

8.2.2　编案单位与编制程序

8.2.2.1　编案单位

从事森林经营、管理，范围明确，产权明晰的单位或组织为森林经营方案编制单位。

依据其性质和规模分为以下3种编案单位：

一类编案单位：国有林区林业局、国有林场、国有森林经营公司、国有林采育场、自然保护区、森林公园等国有林经营单位。一类编案单位，应依据有关规定组织编制森林经营方案。

二类编案单位：达到一定规模的集体林组织、非公有制经营主体。二类编案单位，可在当地林业主管部门指导下组织编制简明森林经营方案。

三类编案单位：其他集体林组织或非公有制经营主体，以县为编案单位。三类编案单位，由县级林业主管部门组织编制规划性质森林经营方案。

8.2.2.2 森林经营方案编制的主要程序

①编案准备　包括组织准备，基础资料收集及编案相关专业调查，确定技术经济指标，编写工作方案和技术方案。

②系统评价　对上一经理期森林经营方案执行情况进行总结，对本经理期的经营环境、森林资源现状、经营需求趋势和经营管理要求等方面进行系统分析，明确经营目标、编案深度与广度及重点内容。

③经营决策　提出若干备选方案，对每个备选方案进行投入产出分析、生态与社会影响评估，选出最佳方案。

④公众参与　广泛征求管理部门、经营单位和其他利益相关者的意见。

⑤规划设计　在最佳方案控制下，进行各项森林经营规划设计，编写方案文本。

⑥评审修改　按照森林经营方案管理的相关要求进行成果送审，并根据评审意见进行修改、定稿。

8.2.3 国有林场性质与任务

国有林场属于培育和保护森林资源的林业生产性的事业单位，在20世纪90年代以前称为国营林场。国有林场的林地、林木等全部生产资料和产品都是国家财产。国有林场是中华人民共和国成立初期为加快森林资源培育，保护和改善生态，在重点生态脆弱地区和大面积集中连片的国有荒山荒地上，采取国家投资的方式建立起来的专门从事营造林和森林管护的林业事业单位。

2020年，全国国有林场数量为4297个，分布在31个省(自治区、直辖市)的1600多个县(市、旗、区)，共有森林面积$5600\times10^4\ hm^2$，森林蓄积量$38.1\times10^8\ m^3$，分别占全国森林面积和森林总蓄积量的25.67%和22.34%，是国家最重要的生态基础设施和人民生态福祉的重要保障。

国有林场的主要任务是保护培育森林资源、维护国家生态安全，这是国有林场的主要任务。由于国有林场和农村交叉，一般是跨乡、跨县，也有的大型林场跨市经营。因此，国有林场同时还承担林区教育、卫生、治安和社会管理的任务，有的国有林场代管乡村。

受制于机制、体制的约束，20世纪90年代后期，全国国有林场普遍出现经济危困，职工生活困难，基础设施建设严重滞后，发展后劲不足等问题，国有林场的改革迫在眉睫。2015年2月8日，中共中央、国务院印发了《国有林场改革方案》。2019年1月，全国国有林场改革任务基本完成，95%的国有林场被定为公益性事业单位，事业编制由40万减少到

21.7万，国有林场由改革前的4855个减少到4358个。林区基础设施不断强化，职工养老保险、医疗保险参保率大幅度提升，森林旅游和林下经济等特色产业得到迅速发展。

8.2.4　国有林场森林经营方案分析——湖北省崇阳县国有桂花林场

8.2.4.1　桂花林场基本概况

桂花林场创建于1965年，位于湘鄂赣交汇处崇阳县境内，地处幕阜山北坡低山丘陵与江汉平原的过渡地带。场部设在崇阳县桂花泉镇，距京广铁路、京珠高速公路、106国道、107国道及崇阳县城均为20 km左右，崇(阳)赵(李桥)公路贯穿林场全境，交通十分便利。林场东西长74 km，南北宽22 km，与2县6个乡镇47个村104个村民小组接壤。林场属亚热带季风气候，四季分明，气候温和，雨量充沛，水热条件优越，年平均气温16.7℃，年降水量1460~1570 mm，林区内土壤深厚、肥沃，植被繁多，是鄂东南地区一颗璀璨的绿色明珠。

林场经营总面积1×10^4 hm^2，活立木蓄积量50×10^4 m^3左右，以杉木、马尾松为主要树种，楠竹1333 hm^2，立竹300万支左右，森林覆盖率达81%，资源总价值2.5亿人民币。

桂花林场下辖百花、南山、洪下、江泉4个经营区，场部内设综合办公室、计财科、生产技术科、多种经营科、森林公安派出所、工会6个科室，同时还组建有竹木经销公司、绿化工程公司、旅游开发公司3个经济实体，有招商引资企业2家。全场现有正式干部职工590人，其中管理干部及科技人员120人，离退休人员132人。

8.2.4.2　森林经营方案简介

1987年，林业部调查规划设计院根据林业部《关于建立示范林场的通知》要求，成立湖北省国有重阳县桂花规划设计领导小组，组织了近70人的调查设计队伍，历时5个月，编制了《国有桂花林场森林经营方案》。该经营方案由说明书和附件两部分构成。

方案说明书分为16章，分别是：基本概况；森林资源；经营方针、经营原则和经营目标；林场的产品及生产规模；林场区划；森林经营管理设计；伐区生产设计；木材运输设计；木材加工与综合利用；多种经营；附属工程；厂址及居民点规划；文教卫生和林业科学实验；组织机构及人员编制；投资概算；综合效益评价与展望。

除了方案说明书外，森林经营方案还包括2个附件。附件一包括：森林资源调查报告；森林植被调查报告；林业土壤调查报告；林分测树制表调查报告。附件二主要包括：森林经营设计计划任务书；森林植物名录；林分密度控制图研究报告；林木施肥实验成果报告。

森林经营方案的重点集中在“森林经营设计”“伐区生产设计”“木材运输设计”“木材加工与综合利用”4章。在“森林经营类型设计”一章，方案首先根据桂花林场的立地类型、林分优势树种、地位指数等，结合当时的经营状况和技术水平，将桂花林场划分为经营利用、抚育间伐、林分改造、防护封育、更新造林、特用经济林、竹林利用7个经营类型，接着对杉木、马尾松用材林划分林分生长级，在此基础上，分别对7个经营类型进行设计，最后进行种苗规划设计。“伐区生产设计”一章，则包括伐区开发顺序确定；采伐方式；作业方式；伐区生产工艺流程；生产劳动组织；设备选型及需要量6节内容。“木材运输”一章，包括运输方案设计；木材陆运；木材水运；到材点、贮木场规划设计。“木材加工与综合利用”一章，包括林场资源利用状况；生产规模与产品种类；原材料供给及生产保证；木材加工生产工艺流程等 7 节内容。

8.2.4.3 方案修订情况

1986 年，林业部将桂花林场确定为全国人工造林示范林场进行重点建设，林场坚持走“以林为主、以工养林、综合开发、大力发展多种经营”的经营方针。如期实现了原林业部确定的十年发展规划，经营面积不断扩大（扩大到 1×10^4 hm^2），森林资源不断增长，经济效益不断提高，综合实力不断增强。1996 年 1 月，经原咸宁地区行署批准，林场由正科级全民事业单位升格为副处级全民事业单位，林场达到了鼎盛辉煌时期。

在经历 1996—2003 年低谷之后，林场领导班子在坚持“以林为主，合理开发，综合经营，全面发展”的办场方针基础上，对原方案进行了修订，大力推进“三大转变”（由以木材生产为主向以生态建设和产业发展为主的根本性转变，大力发展多种经营；由以国有国营为主向国有民营、民有民营为主转变，大力发展家庭林场；由以收入靠国家、靠林场为主向以收入靠个人、靠自营为主转变）；积极深化“三大改革”（经营机制、机构、人事、用工制度改革；保障体系改革；分配制度改革）；努力实施“三项调整”（经营思路调整、产业结构调整、林种树种结构调整）。大力发展苗木花卉、速生丰产用材林、高效经济林、林下种植养殖业和庭园经济；突出发展木材加工业、森林旅游业和绿色森林食品产业，提高木材和林产品的附加值、不断提高经济效益，全面加快林场改革与发展步伐，努力开展二次创业，整体推进林场事业跨越式发展。

8.3 自然保护区总体规划

8.3.1 自然保护区概述

自然保护区是指对有代表性的自然生态系统、珍稀濒危野生物种的天然集中分布区、有特殊意义的自然遗迹等保护对象所在的陆地、水体或者海域，依法划出一定面积予以特殊保护和管理的区域。

自然保护区不是任何地方都可以建的，必须要选择一些典型的有代表性的科学或实践意义的地段，并使保护区的建立和布局形成科学的体系。一般说来，下列区域可作为建立保护区的条件：

①不同自然地带和大的自然地理区域内，天然生态系统类型保存较好的地区，首先应考虑选为自然保护区。

②有些地区原始生态类型已遭到破坏，但其次生生态类型通过保护仍能恢复原来状态的区域，也应选为保护区。

③国家一、二类保护动物或具特殊保护价值的其他珍稀濒危动物的主要栖息繁殖地区。

④国家一、二类保护植物或有特殊保护价值的其他珍稀濒危植物的原生地或集中成片分布的地区。

⑤有特殊保护意义的天然和文化景观、洞穴、自然风景、革命圣地、岛屿、湿地、水域等。

⑥在维护生态平衡方面具有特殊意义需要加以保护的区域。

⑦在利用与保护方面具有成功经验的典型地区。

当前，国际上尚没有自然保护区类型划分依据的统一标准。我国于 1994 年颁布实施的《自然保护区类型与级别划分原则》(GB/T 14529—1993)的国家标准，将自然保护区分为 3 种类别 9 种类型。即自然生态系统类别的森林、草原与草甸、荒漠、内陆湿地和水域、海洋和海岸等 5 个生态系统类型；野生生物类别的野生动物、野生植物 2 个类型；自然遗迹类别的地质遗迹、古生物遗迹 2 个类型。这种以自然因素为主导，采用主要保护对象作为划分自然保护区类型依据的方法，经过 10 余年的实践，证明它适应我国地域广阔、地理环境复杂、生物多样性丰富的国情，充分体现其科学性、合理性和可操作性。

根据生态环境部统计，截至 2018 年年底，全国已建立各种类型和不同级别的自然保护区 2750 个，总面积为 147.17×10^4 km^2。其中，自然保护区陆域面积为 142.70×10^4 km^2，占陆域国土面积的 14.86%。2750 个自然保护区中，国家级自然保护区有 463 个，总面积约 97.45×10^4 km^2。其中：内蒙古锡林郭勒、吉林长白山、江苏盐城、浙江南麂列岛、福建武夷山、湖北神农架等 34 个自然保护区被联合国教科文组织列入“国际人与生物圈保护区网”；吉林向海、黑龙江扎龙、上海崇明东滩、江苏大丰麋鹿等 21 个自然保护区被列入《国际重要湿地名录》；四川九寨沟、黄龙，湖南张家界等一些自然保护区被纳入世界自然遗产。

自然保护区在保护自然资源和生态环境以及珍稀濒危物种方面发挥了重要作用。已建立的自然保护区涵盖森林、草原与草甸、荒漠、内陆湿地与水域、海岸与海洋各种自然生态系统，使我国有代表性的自然资源和典型的生态环境得到较好的保护。

8.3.2　自然保护区总体规划要点

自然保护区是国家经济建设的一部分，是管理自然的基本单位。自然保护区除了承担自然资源、生态环境以及珍稀濒危物种保护的主要任务外，同时还具有科研、教育、生产和旅游职能。自然保护区的总体规划要贯彻“全面保护自然环境，积极开展科学研究，大力发展生物资源，为国家和人民造福”和“加强资源保护、积极驯养繁殖、合理开发利用”的方针。

根据《中华人民共和国自然保护区条例》的有关规定，参照《国家级自然保护区总体规划大纲》，自然保护区总体规划基本上包括以下 9 部分：①前言；②基本概况；③自然保护区保护目标及影响保护目标的主要制约因素；④规划期目标；⑤总体规划；⑥重点项目建设规划；⑦实施总体规划的保障措施；⑧效益评价；⑨附录。其中规划目标、总体规划、重点项目建设规划是规划的重点。

确定规划目标要紧紧围绕自然保护区保护功能和主要保护对象的保护管理需要，坚持从严控制各类开发建设活动，坚持基础设施建设简约、实用并与当地景观相协调，坚持社区参与管理和促进社区可持续发展。规划目标内容包括：①自然生态/主要保护对象状态目标；②人类活动干扰控制目标；③工作条件/管护设施完善目标；④科研/社区工作目标。

总体规划主要内容包括：①管护基础设施建设规划；②工作条件/巡护工作规划；③人力资源/内部管理规划；④社区工作/宣教工作规划；⑤ 科研/监测工作规划；⑥生态修复规划(非必需时不得规划)；⑦资源合理开发利用规划(如生态旅游等)；⑧保护区周

边污染治理/生态保护建议。

重点项目建设为实施主要规划内容和实现规划期目标提供支持，重点项目建设规划中基础设施如房产、道路等，应以在原有基础上完善为主，尽量简约、节能、多功能；条件装备应实用高效；软件建设应给予足够重视。重点项目应分别列出项目名称、建设内容、工作/工程量、投资估算及来源、执行年度等，并列表汇总。

规划设计时要考虑并处理好下列5个方面：

①道路密度以满足保护与防火的需要为宜　修路不应破坏自然综合体的完整性。在人口多、交通发达的地区，在设计保护区内的道路与进入保护区的通道时，必须考虑既便于管理又有利于保护这两者的关系。

②要考虑和处理好保护与干预的关系　目前对于保护与干预有两种不同的意见。一种意见认为保护区禁止人类的经济利用，要保持自然保护区的天然状态，避免任何形式的干预，这称为封禁式的保护。另一种意见认为需要对保护区进行合理的人工干预，使保护对象处于良好的或所希望的某种状态，这称为积极的保护。实际上这两种处理都是必要的，要依实际情况而定。

③要考虑保护与旅游的关系　在有条件的保护区可以在指定范围内开展一些适当的旅游活动。在规划设计时确定合适的旅游点与旅游路线。要加强对旅游活动的监督及宣传，尤其要结合保护区的资源特点宣传有关的科学知识。

④要处理好保护与居民活动的矛盾　自然保护区内最好没有当地居民的人为活动，但有些保护区内有村落，难以迁出，只能采取有效的措施解决好群众的生产与生活的实际问题。如划出一定的面积作为缓冲区，可让群众搞副业。也有必要吸收一部分群众从事自然保护区的管理和保护工作，让群众自觉爱护保护区内的资源与维护生态环境。

⑤要考虑科研工作的开展　任何一个自然保护区都是良好的科学研究基地。由于自然保护区的长期性、自然性和典型性等特点，使得自然保护区不仅能提供环境与生物及其组成各种系统的珍贵的本底资料，同时特别有利于开展长期的定位研究。

8.3.3　自然保护区总体规划案例分析——江苏大丰麋鹿国家级自然保护区

江苏大丰麋鹿国家级自然保护区，位于江苏省中部黄海之滨，拥有湿地面积 $7.8\times10^4\ hm^2$，其地貌由林地、芦荡、草滩、沼泽地、盐裸地组成，属于典型的黄海滩涂型湿地。这里生物种类繁多，是具有全球重要意义的生物多样性保护区，共有鸟类315种、兽类12种、两栖爬行类27种、鱼类150种、昆虫599种、植物499种，其中国家一、二类保护的就有31种，列入《中日候鸟保护协定》保护的鸟有93种。

大丰麋鹿保护区成立于1986年，经过保护区科研人员的不懈努力，麋鹿在大丰的发展速度比世界平均水平高出约19个百分点，其产仔率、成活保存率和年递增率均居世界之首，已经拥有世界上最大的麋鹿种群，建立了世界上最大的麋鹿基因库，成为世界上最大的麋鹿自然保护区。

大丰麋鹿保护区除了承担麋鹿保护的主要任务外，同时还具有科研、教育、生产和旅游职能。因此，在2001年由江苏省林业勘察设计院编制的总体规划中，保护区总体规划目标有4个：①世界上最大的麋鹿野生放养基地；②国际领先的麋鹿科学研究基地；③国内一流的麋鹿与湿地科普教育基地；④以湿地、麋鹿、森林为主体的沿海特色生态旅游基地。

围绕总体规划目标，在总体规划“保护区概况”一章中，增加了风景旅游资源、旅游开发条件分析内容。在总体规划中，除了重点突出保护规划内容外，增加了科普教育设施规划、科研规划、旅游规划等专项规划内容。在保护规划中，重点强调了麋鹿保护(野生放养、围网建设、安全保障)、生态环境保护(建立环境监测站、环保措施)、栖息地建设(水系建设、生态防护林工程、牧草地改良)3 部分内容。在科普教育设施建设规划，则突出了麋鹿观赏园工程、麋鹿展览馆工程、生态植物园工程。在科研规划中，围绕着麋鹿的遗传变异与基因工程、近亲繁殖退化及更新复壮、野生放养麋鹿行为习性及生理节律、麋鹿病虫害发生规律及防治措施、气候变化对麋鹿种群影响、淘汰麋鹿综合利用等研究课题展开。

8.4　森林公园总体规划

8.4.1　森林公园概述

森林公园是以良好的森林生态环境为基础，以森林景观为主体，融合其他自然景观和人文景观，利用森林的多种功能，以开展森林旅游为宗旨的综合性服务场所。

我国森林公园事业始于 1982 年张家界国家森林公园的建立，但直到 20 世纪 90 年代初，全国的森林公园数量仍然是屈指可数。1992 年，在原林业部“凡在森林优美、生物资源丰富、自然景观和人文景观比较集中，具有观赏、文化、科研价值和一定规模，经保护管理，合理经营和适度开发后，可供人游览、观光、休憩、疗养或进行科研、教育的国营林场，都要建立森林公园”的号召和组织下，在全国形成了一次建立森林公园的高潮。

截至 2019 年年底，全国森林公园总数达 3594 处。其中，国家级森林公园 897 处。2019 年，中国森林公园接待游客量达 10.19 亿人次，旅游收入突破万亿元，达到 10 005.45 亿元，森林旅游已经成为我国林业第三产业的龙头。

森林公园的建设应以保护森林生态环境为前提，遵循开发与保护相结合的原则，突出自然野趣和保健等多种功能，因地制宜，发挥自身优势，形成独特风格和地方特色。为此，在森林公园的总体规划时首先应确定森林公园的功能类型，确定了功能类型，也就是确定了森林公园的发展方向，明确了某一森林公园的性质。我国的森林公园可以划分为以下 7 种功能类型：

(1)游览观光型

这一类森林公园自然景观、森林景观和人文景观均有特色。例如，江苏常熟虞山、连云港云台山和贵州锦屏等森林公园。景观规划要尽量恢复原有的景观景点，合理安排旅游线路，净化美化环境，配套相应的服务设施。

(2)文体娱乐型

这一类森林公园景观比较平淡，但交通方便，客源丰富，并具备建设活动场地的条件。例如，无锡惠山规划了多功能山地游乐运动场，有高尔夫球练习场、跑马场、射击场、山地滑道、山地自行车道、野营、野炊、垂钓，还有茶文化馆、观赏植物园和野生动物园等。

(3)保健康复型

这一类森林公园山美、水美、环境美，适宜度假、避暑、疗养。例如，江苏溧阳沙河水库、宜兴横山水库、苏州吴中东山和西山，适宜规划度假村、疗养院、干休所。

(4)生态屏障型

这一类森林公园多数为环城或城郊森林公园，经营目标是为城市居民提供一个优美的生态环境，起到净化空气、改良气候、保持水土、减轻自然灾害和人为污染等作用。例如，南京紫金山国家森林公园、徐州环城森林公园以及其他市县拟建的环城或城郊森林公园。在建设生态屏障型森林公园时，应该把山地的成片林与平原的点线带网、片林连接，把用材林、防护林、经济林、竹林联结起来，组成一个完整的森林生态系统。

(5)自然教育型

这一类森林公园包含或连接自然保护区，要以受保护的动物、植物为核心，建成科研、教学、生产和科普宣传园地。例如，在江苏大丰麋鹿保护区周围建森林公园，就可以在人们观赏国宝“四不象”的同时，进行科普宣传和爱国主义教育。与此类似的还有地处江苏沿海珍禽保护区(丹顶鹤等珍禽越冬栖息地)的江苏射阳林场经营范围建立的森林公园，以及洪泽湖湿地自然保护区范围内的江苏泗洪城头林场建立的森林公园。自然教育型森林公园的建立有利于野生动物保护，也可以为森林旅游增添新奇色彩。

(6)特殊风物型

这一类森林公园具有特殊的历史遗迹或风物景观。例如，江苏江阴要塞森林公园自春秋战国以来就是“江防要塞”，在1949年人民解放军百万雄师过大江时，国民党炮台官兵在我地下党的策动下，英勇起义而载入史册。又如，江苏新沂马陵山森林公园原为新四军重要据点，有陈毅等老一辈无产阶级革命家的革命遗迹。

(7)综合型

这一类森林公园大部分处于近郊的风景旅游区，兼有上述两类以上功能。总体规划应突出主题，要有主有从，两类旅游设施若风格不同，不宜靠得太近，以防排斥。综合型森林公园安排得好，可以成为大型的多功能、全方位、高效益的森林旅游胜地。

8.4.2 森林公园规划的指导原则

森林公园规划设计是公园建设的蓝图，其成败关键，水平高低，取决于总体思想是否全面、正确。森林公园总体规划的原则主要有以下3条：

(1)坚持古朴野趣、自然协调的宗旨

森林旅游业的兴起，是因为可以满足人们回归自然、体验性旅游的强烈愿望。过去受社会经济、交通等条件限制，人们不可能有足够的经济实力和时间进行远距离的户外旅游。为弥补这一不足，就产生了中国古典园林艺术和现代城市公园，在人口集中地人为地模仿建造各种城市公园，来满足人们渴望获得自然美等部分精神享受要求。现代社会经济的发展，为人们提供了外出度假旅游的条件和基础。如果在森林公园规划与建设中，再重现城市园林风格，无疑是一种模仿自身的模仿，违背了旅游者心理。西方发达国家森林公园建设，为迎合游客对纯自然环境的追求，基本上不进行任何人为建筑建设，甚至连大门、道路都是非常简单自然，少有修饰，让人们真正享受原始状的纯自然质朴和野趣。这些经验和做法，可为我们建设森林公园提供借鉴。

对于森林公园个别受人为破坏或森林风景相对缺乏的地方，可以借用园林造景的部分手法，人工促进森林风景资源的恢复与质量的提高，但仍要坚持原始、自然、质朴的宗旨。

(2)突出森林公园旅游主题与特色

森林公园旅游主题确定是否妥当，特色是否鲜明是衡量总体规划工作是否成功的主要标准，也关系到公园对游客的吸引力和经营效益。对于森林公园来说，开展森林旅游活动是必然的主题，但怎样扬长避短地确定主题，形成公园自身特色则需要认真细致的分析与提炼。

森林公园旅游主题的确定，必须视公园具体情况来定。从我国现有森林公园情况分析，可以划分为城郊型和远郊型森林公园两种类型。城郊类型紧靠市区，具地理位置和场地优势，客源多为所在城市重游率高的市民。这类森林公园可在森林旅游项目中就自身优势确定主要旅游项目外，还可考虑部分城市公园功能的游戏项目；远郊型森林公园是以作专项森林旅游的客源为主，旅游主题应在森林旅游项目中选择优势和长处来确定，并进行重点、全面、完善的规划建设。

森林公园特色应在充分调查了解森林公园范围内旅游资源与环境的基础上进行挖掘和塑造。例如，在江西鄱阳湖口森林公园总体规划中，其森林景观称不上优异，主要是人工林和人工促进天然更新的阔叶林。但公园位置紧邻县城，整个森林分布于鄱阳湖口，湖光山色连成一体。规划中抓住这一特点，把森林游憩活动和水上娱乐活动结合于一体，使整个公园平添特色。在广西融水元宝山森林公园总体规划中，针对公园地处苗族集居区，民族风情古朴、丰富多彩的特点，把民族采风寓于森林旅游活动之中，除设计专项民族村旅游活动外，把民族风情融汇到各项森林旅游活动之中(如导游、住宿、娱乐等)，形成一种具有强大吸引力特色旅游模式。

(3)坚持全面规划、分片开发、滚动发展的原则

森林公园建设是一项投资大、时间长的工程，由于大多数单位经济实力较弱，不可能一次提供全部资金。作为公园建设蓝图的总体规划，就应充分考虑总体性和可行性两方面要求。首先应围绕规划指导思想进行全面规划、合理布局，包括现阶段建设项目与长远的发展计划，使公园建设始终具有总体性。其次应从经营战略上考虑，遵循边建设边开园经营的原则，进行分片开发(条件好的先上)、分期实施(按需要情况)，先易后难、先基础后设施，达到滚动发展、逐步完善的目的。这样才能使公园建设与经营纳入良性循环的轨道，获得较好的投资效益。

8.4.3 森林公园总体规划要点

依据中华人民共和国林业行业标准《森林公园总体设计规范》(LY/T 5132—1995)，森林公园总体规划文件，由设计说明书、设计图纸和附件三部分构成。总体设计说明书主要由以下部分构成：①基本情况；②森林旅游资源与开发建设条件评价；③总体设计依据和原则；④总体布局；⑤环境容量与游客规模；⑥景点与游览线路设计；⑦植物景观设计；⑧保护工程设计；⑨旅游服务设施设计；⑩基础设施工程设计；⑪组织管理；⑫投资概算

与开发建设顺序；⑬效益评价。设计图纸包括：①森林公园现状图；②森林公园总体布局图；③景区景点设计图；④单项工程设计图。附件则主要包括：森林公园可行性研究报告、有关会议纪要、森林旅游资源调查报告。

8.4.4 森林公园总体规划案例分析——西山国家森林公园

8.4.4.1 森林公园概况

西山是太湖最大的一个岛屿，位于太湖中南部，东西长 15 km，南北宽 11 km，面积为 79.82 km^2。西山加上周围 33 个小岛，陆地总面积 82.32 km^2，水域面积为 153.16 km^2。森林公园东面与江苏吴中东山隔水相望，南面和西面都是茫茫的水面，北面由太湖大桥跨叶山岛、长沙岛与胥口的徐家港连接，直通苏州。西山森林公园距苏州 45 km，距上海 143 km，距南京 257 km。风景区地处北亚热带季风湿润气候区，年平均气温 15.9℃，1 月最低平均气温 3.3℃，7 月最高平均气温 28.4℃，年降水量 1129.9 mm。年平均空气相对湿度 79%，森林公园景区内四季分明、温暖湿润、雨量充沛、日光充足、无霜期长，有利于森林旅游业的发展。

8.4.4.2 风景名胜资源特点

与江苏省其他森林公园相比，西山国家森林公园具有以下 5 个特点：

(1) 自然景观优美

太湖三万六千顷烟波浩渺，湖中第一大岛西山及其周围 33 个小岛，构成一组巨型的山水盆景。西山主峰縹胧飘渺，为太湖 72 峰之巅。风景区岭岗绵延、峰峦叠嶂，山间坞谷幽邃、林果满坡，湖湾、村田、稻菽散布期间，呈现出一派风光旖旎的江南水乡风光。

(2) 林果景色迷人

西山物华天宝，人杰地灵。山上青松，高耸挺拔，四季苍翠；坞里毛竹，曲径通幽；山坡果林，四时花香。西山有香樟、银杏、白皮松、金钱松、圆柏、桂花等古树名木，杨梅、枇杷、白果、板栗、橘子、石榴等多种特产，历史悠久，名扬海内外。

(3) 人文景观丰富

相传夏禹在此商议治水，吴王夫差携西施消夏赏月，秦末“商山四皓”来此隐居，南宋移民建宅造园，白居易、王昌龄、皮日休、范仲淹、唐伯虎等历代文人雅士在此讴歌题咏，吟颂西山的自然风光、人文景观，留下了千古绝唱。

(4) 环境质量优良

西山有浩瀚的水体能够调节气候，满山遍野的林木果树，能够净化香化空气。景区的生态环境保持着良好的状态，景区及其周边地区无污染性工业，有优质的水源供应。

(5) 区位优势明显

风景区所在的西山镇，交通、水电、通信、食宿、商业网点等基础设施条件良好。太湖大桥的修通，西山与木渎镇、苏州紧密地串联起来，使森林公园地处长三角地区的黄金旅游热线上，表现出明显的区位优势。

8.4.4.3 总体规划简介

1996 年 11 月，太湖西山森林公园被批准为省级森林公园，1997 年 12 月，被批准为国家森林公园。1996 年 8 月，应苏州市和吴县市(现吴中区)多种经营管理局、西山镇政府的邀请，江苏省林业勘察设计院委派技术骨干组成项目组，在现地踏勘、收集资料、内业分析、听取当地政府和专家意见基础上，编制了《吴县太湖西山森林公园总体规划(1997—2010)》(简称规划)。在保护和发展现有森林资源和良好生态环境的基础上，《规划》强调发挥西山的山水、花果、人文等诸多景观优势，规划目标是将风景区建设成功能齐全、特色分明、全国一流的森林公园。

《规划》分成两大部分：风景资源及其评价、森林公园总体规划。在风景资源及其评价部分，首先介绍了森林公园的地理位置及其地质地貌、气候、水文、土壤、植被等自然条件，然后分别对自然景观、人文景观、旅游开发条件进行了分析，最后对森林公园的风景资源进行了定性、定量评价。在森林公园总体规划部分，首先明确了规划范围和规划期限，明确了规划依据、规划原则和规划指导思想，在此基础上进行了分区规划、植被规划、旅游规划、交通规划、水电规划、机构规划、森林保护规划，最后进行了概算分析及分期实施规划和效益估算，并给出了实施建议。附录主要包括：森林公园现状图、森林公园分区规划图、森林公园植物规划图、森林公园交通水电规划图。在分区规划部分，突出了功能齐全的特色，将森林公园分为名胜古迹区、水上娱乐区、山地运动观光区、野生动物保护区、植物观赏区，疗养别墅区、寝园区等9个分区。在植物规划中，强调贯彻以下原则：妥善保护好古树名木，周围不应大兴土木，尽量维持其自然状态；保留现有果园，充实各类花卉，充分发挥西山花果特色；增加乔木比重，以反映出不同的层次，多变的色彩，富有魅力的森林气息；整体配置追求大块粗放效果，增强景观视觉效果，景点内外可略加精细装饰；在植物配置上尽量体现各景区景点的特点和要求。在森林保护规划中，针对森林公园地处经济发达地区，人口流量大，森林火灾、病虫害防治形势严峻、乡镇企业发展容易造成环境污染的特点，重点做了森林防火规划和森林病虫害防治、环境保护规划。

8.5 湿地公园总体规划

湿地是指不同其天然或人工、常久或暂时之沼泽地、湿原、泥炭地或水域地带，带有静止或流动、咸水或淡水、半咸水或咸水水体者，包括低潮时水深不超过6 m的水域。因此，湿地不仅是我们传统认识上的沼泽、泥炭地、滩涂等，还包括河流、湖泊、水库、稻田以及退潮时水深不超过6 m的海水区。

中国是世界上湿地生物多样性最丰富的国家之一，中华人民共和国成立以来，我国湿地面临着面积缩小、调蓄功能减弱、资源单一利用、生物多样性降低、水污染等一系列生态环境问题。湿地景观规划是解决湿地生态环境问题的一条重要途径。

8.5.1 湿地概述

中国是世界上湿地生物多样性最丰富的国家之一，共拥有湿地面积约 6594×10^4 hm^2(其中还不包括江河、池塘等)，约占世界湿地面积的10%，居亚洲第一位，位居世界第四位。其中天然湿地约为 2594×10^4 hm^2，包括沼泽湿地约1197 hm^2，天然湖泊湿地约910 hm^2，潮间带滩涂湿地约 217×10^4 hm^2，浅海水域湿地 270×10^4 hm^2，人工湿地约4000 hm^2，包括水库水面约 200 hm^2，稻田约 3800 hm^2。中国湿地可分为 8 个主要区域，即东北湿地，长江中下游湿地，杭州湾北滨海湿地，杭州湾以南沿海湿地，云贵高原湿地，蒙新干旱、半干旱湿地和青藏高原高寒湿地。目前，青海湖的鸟岛、湖南省洞庭湖和香港米浦等 7 处湿地已被列入“国际重要湿地名录”。中国湿地特点为类型多、绝对数量大、分布广、区域差异显著、生物多样性丰富。

8.5.1.1 湿地景观结构

绝大部分湿地由 5 部分组成：①具有各种透水性的基质，如土壤、砂、砾石；②适于在饱和水和厌氧基质中生长的植物，如芦苇；③水体(在基质表面上或下流动的水)；④无脊椎或脊椎动物；⑤好氧或厌氧微生物种群。湿地景观的结构指景观的组成单元的特征及其空间格局。这里以湖泊湿地洞庭湖区为例，介绍湿地的景观结构。洞庭湖区湖泊湿地景观，主要由明水、沼泽、洲滩、防浪林、堤垸、农耕区、村落、环湖丘岗等景观要素组成，该湿地具有碟形盆地圈带状立体景观结构的特征，在上述碟形盆地圈带状景观结构控制下，洞庭湖区形成 3 种类型的湿地：

①内环为浅水水体湿地　即水深不超过 2 m 的浅水域，包括湖泊、河流、塘堰和渠沟等，面积为 38.11×10^4 hm^2。

②中环为过水洲滩地　以洪水期被淹没、枯水季节出露的河湖洲滩为主，面积为 11.57×10^4 hm^2，占湿地总面积 13.50%，包括湖洲、河滩两个亚类。湖洲的面积为 10.86×10^4 hm^2，河滩仅为少量，主要分布在荆江南岸。

③外环为渍水低位田　由于地下水位过高，引起植物根系层过湿，旱作物不能正常生长，却适于湿生植物发育繁衍。此类湿地总面积为 36.10×10^4 hm^2，以渍害低位田(种植水稻)为主，包括少量沼泽地及草甸地。

8.5.1.2 湿地的功能

湿地与森林、农田、草地等生态环境一样，广泛分布于世界各地，是地球上生物多样性丰富、生产力很高的生态系统。

湿地是人类最重要的环境资本之一，也是自然界富有生物多样性和较高生产力的生态系统。它不但具有丰富的资源，还有巨大的环境调节功能和生态效益。各类湿地在提供水资源、调节气候、涵养水源、均化洪水、促淤造陆、降解污染物，保护生物多样性和为人类提供生产、生活资源方面发挥了重要作用。除此之外，湿地还具有观光旅游、教育科研等社会价值。

8.5.1.3 湿地面临的主要威胁

(1) 湿地面积缩小，调蓄功能减弱

以湖泊湿地为例，与其他土地类型相比，湖边湿地内的土壤富含营养物质(氮、磷、钾)，这些营养物质对农业高产非常重要。据一项研究表明，新开垦的湖边湿地土壤高产达 3 a 之久而无需施加任何有机或化学肥料。因此，我国许多湖区大量的湿地变成可开垦的土地。从 1954 年到 1996 年，江西鄱阳湖整个湖面面积减少了 1300 km^2，相应的水容量减少了 $850\times10^8 m^3$。湿地的损失减少了湖泊的集水面积，减弱了湖泊的储藏和保持水的功能，使河道扭曲，泥沙在河床淤积，影响了防洪能力。在鄱阳湖，由于湿地的损失造成洪水泛滥，自 20 世纪 90 年代以来，每两年要发生一次洪灾，造成巨大的经济损失。另外，泥沙的淤积破坏了鱼类的洄游通道，使有些鱼类不能洄游到上游孵卵，导致渔业资源的退化。

(2)资源单一利用过度与闲置并存

由于湿地资源具有多种功能，管理权限分属水利、航运、血防、渔政、农林、湖洲等多个部门，不同行政管理部门具有不同的管理目标，如水产部门要发展养殖、农业部门要围垦种植、水利部门要空湖纳洪、水运部门要通航运输、湖洲管理部门要发展芦苇等，不一而足。地方之间、部门之间、上游与下游之间常出现矛盾，乃至民事纠纷，造成对开发价值大的天然资源往往采取“杀鸡取卵、涸泽而渔”的过度利用方式，如过度捕捞，忽视了其生态建设，而对开发价值较低或破坏后生产力水平下降的湿地任其荒芜。

(3)水污染

随着工、农业生产的发展和人口增长，我国许多河流、湖泊湿地遭到严重的水污染。以江西鄱阳湖为例，鄱阳湖的湿地生态系统比较脆弱，它依赖的水体来源于其他河流，特别是江西境内的五大河流。虽然有研究表明，除少数地方的轻度污染外，湖区总的水环境质量尚属良好。然而，随着五河流域经济发展和人口的增长，大量的工业废水和生活废水被排进五大河流进入鄱阳湖内，其污染份额占湖区水污染的 85%。另外，湖区农业生产所产生的化学污染也对湖水水质产生影响。从 1986 年到 1990 年的监测数据表明，湖水中磷的含量范围在 0.038~0.131mg/L 之间，这一含量范围足以造成富营养化。由于湖水中大量来源于五大河流水土流失产生的悬浮物降低了水的透明度，从而抑制了水生植物的光合作用和藻类的繁殖。湿地如果一旦产生了富营养化，将严重破坏湿地的生态平衡。

8.5.2　湿地公园概念及功能

湿地公园(Wetland Park)是指以水为主体的公园，是以湿地良好生态环境和多样化湿地景观资源为基础，以湿地的科普宣教、湿地功能利用、弘扬湿地文化等为主题，并建有一定规模的旅游休闲设施，可供人们旅游观光、休闲娱乐的生态型主题公园。截至 2017 年年底，全国共建立湿地公园 1699 处，其中国家湿地公园 898 处。

湿地公园具有湿地保护与利用、科普教育、湿地研究、生态观光、休闲娱乐等多种功能，是国家湿地保护体系的重要组成部分，与湿地自然保护区、保护小区、湿地野生动植物保护栖息地以及湿地多用途管理区等共同构成了湿地保护管理体系。发展建设湿地公园是落实国家湿地分级分类保护管理策略的一项具体措施，也是当前形势下维护和扩大湿地保护面积直接而行之有效的途径之一。

8.5.3　湿地公园规划要点

根据 2010 年原国家林业局湿地保护管理中心颁布的《国家湿地公园总体规划导则》，湿地公园总体规划的要点主要包括：①总体布局：湿地公园的范围、性质与定位，规划原则与依据，规划目标，功能分区；②保护规划：湿地公园水系水质保护，水岸保护，栖息地保护，湿地文化保护；③恢复规划：湿地公园水体修复，栖息地恢复；④科普宣教规划：湿地公园科普宣教设施，解说标志系统；⑤合理利用规划：湿地公园环境容量及游客容量预测，旅游项目规划，游览线路规划，旅游设施规划；⑥防御灾害规划：湿地公园有害生物防治规划，地质灾害防治规划，洪涝防治规划，防火规划，应急救援安全规划；⑦区域协调与社区规划：湿地公园土地利用协调，社区经济调控，水资源协调规划；⑧保护管理基础能力建设规划：湿地公园保护管理局建设，保护管理站、点建设，信息管理建设；⑨基础工程规划：湿地公园道路交通，电力工程规划，给排水工程，供热工程，燃气工程规划。

8.5.4 国家湿地公园总体规划案例研究——江苏长新济洲国家湿地公园

8.5.4.1 地理位置

江苏长江新济洲国家湿地公园位于南京市江宁区，地处江苏省长江段最上游，主要包括长江低水位时的新济洲、新生洲、再生洲、子母洲和子汇洲范围。规划总面积 2666.8 hm^2。地理坐标为：118°29′15″~118°33′54″E、31°47′5″~31°53′24″N。其中，最大的洲滩为新济洲。该洲位于江宁区铜井镇西长江中，东距江岸 1.0~2.0 km。该洲南北长，东西宽，总面积 911.4 hm^2，形成于宋代。清代嘉庆年间，因该洲成为救生局管辖范围，故名救济洲。后因西部洲头不断侵蚀，上蚀下涨，不断下移至今位置，更名为新济洲。

8.5.4.2 规划单位与程序

2010 年，为了科学建设江苏长江新济洲国家湿地公园，南京市江宁区人民政府委托原国家林业局中南林业调查规划设计院进行总体规划。原国家林业局中南林业调查规划设计院组织了专业技术人员进行了《江苏长江新济洲国家湿地公园总体规划》的编制，具体经过以下 6 个阶段：①技术准备与资料收集阶段；②方案设计阶段；③规划设计阶段；④评审稿编制阶段；⑤正式上报成果编制阶段；⑥正式成果编制阶段。

8.5.4.3 规划成果

(1)规划目标

整体形象突出、基础设施完备、湿地景观独特、文化底蕴深厚、科普教育与生态观光兼备，具有浓郁文化内涵和地方特色的湿地生态旅游重要目的地；我国第一家独具特色的洲滩型国家湿地公园；长江中下游洲滩湿地保护与恢复的国家示范点；湿地资源“保护—利用—提高”的国家示范点；江苏省湿地科普宣教基地；生态文明建设的示范点。

(2)规划分区

湿地公园分为以下 5 个功能分区：湿地保护保育区，面积 1755.4 hm^2，比例 65.85%；湿地恢复重建区，面积 261.3 hm^2，比例 9.8%；科普宣教展示区，面积 65.5 hm^2，比例 2.5%；合理利用示范区，面积 574.8 hm^2，比例 21.5%；综合管理服务区，面积 9.8 hm^2，比例 0.4%。

(3)科普宣教规划

规划在新济洲西南侧建设湿地植物展示园，对长江中下游典型的挺水植物、沼泽草甸、沉水植物、漂浮植物、荻苇植物、湿生植物及湿地珍稀植物，如荷花、睡莲、芦苇、蒲苇、慈姑、香蒲等进行分区栽培，并在外围配置水杉、柳树、香樟、桂花、红枫、女贞等常绿落叶乔灌木，营造以“绿”为中心、四季有花、以湿地植物为主体的湿地植物展示园。

(4) 生态旅游规划

规划在公园开展以下 4 类生态旅游活动：①游览观光型：是指利用自然景观资源而进行的游览、观光为主的游憩活动；②参与体验型：是指利用和享受娱乐资源或生态系统资源为主要形式的游憩活动；③养生保健型：是指进行以养生、保健和康体休闲为主的游憩活动；④考察学习型：是指利用湿地科学研究、学习而进行的游憩活动。

8.6　森林特色小镇规划

8.6.1　森林特色小镇的概念

森林特色小镇是指在森林资源丰富、生态环境良好的国有林场、乡镇，通过科学规划设计、合理布局，建设接待设施齐全、基础设施完备、服务功能完善，以提供森林观光游览、休闲度假、运动养生等生态产品与生态服务为主要特色的，融合产业、文化、旅游、社区功能的创新发展平台。

森林小镇有以下 3 个特色，即绿色作为底色，产业绘制基色，文化作为原色。小镇应体现生态、生活、生命、生产这“四生”概念。建设森林小镇既能保护森林，又能提供宜居、宜养、宜游之处，在加强生态文明、美丽乡村、经济林建设、林下经济可持续发展等方面发挥积极作用。

开展森林特色小镇建设，有利于提高国有林场和集体林区乡镇吸引和配置林业特色产业要素的能力，推动资源整合、产业融合，促进产业集聚、创新和转型升级；有利于深化国有林场和集体林区改革，助推林场林区转型发展，改善国有林场和国有林区生产生活条件，增加职工收入，增强发展后劲；有利于促进林业供给侧结构性改革，提高生态产品和服务供给能力和质量，不断满足广大人民群众日益增长的生态福祉需求；有利于保护生态和改善民生，促进国有林场和国有林区经济发展、林农增收，助推脱贫攻坚，着力践行习近平总书记提出的“绿水青山就是金山银山”等新发展理念。

8.6.2　森林小镇规划思路与建设条件

森林小镇规划的基本思路是：坚持规划先行，提升战略定位；构建生态屏障，建设绿色基础设施；推动共建共担共享，形成社会化参与机制；夯实基础支撑，增强发展能力；创新体制机制，给予“特殊”政策。

森林小镇的建设，必须具备以下基本条件：

(1) 具有一定规模

一般应选择在森林分布集中，森林覆盖率一般应在 60%以上，森林景观优美、周边生态环境良好，具备较好文化底蕴、无重大污染源，规模较大的国有林场或集体林区的乡镇。

(2) 建设积极性高

国有林场和集体林区乡镇领导建设积极性较高，当地政府重视森林特色小镇建设工作，在小镇项目建设投入、招商引资、土地优惠以及基础设施建设等方面政策扶持力度大。

(3) 主导产业定位准确

主要依托森林资源和生态优势，重点发展森林观光游览、休闲度假、运动养生，以及森林食品、森林药材等林产品培育、采集和初加工的绿色产业。

(4)基础设施较完备

国有林场和国有林区林业局水、电、路、通信等基础设施较完善，建设地点原则上要选择在距机场或高铁站 50~100 km 范围内。

8.6.3 森林小镇规划的主要内容

(1)接待条件建设

通过对国有林场和集体林区乡镇的工区、场房、民居等的改造，建设成地方特色鲜明，又与小镇森林特色生态景观风貌紧密融合的特色民居、森林小屋等，努力提升食宿接待能力和服务水平。

(2)基础设施建设

建设水、电、路、通信、生态环境监测等基础设施和森林步道等相应的观光游览、休闲养生服务设施，为开展游憩、度假、疗养、保健、养老等休闲养生服务提供保障，不断提升小镇公共服务能力、水平和质量。

(3)产业新业态培育

充分发掘利用当地的自然景观、森林环境、休闲养生等资源，积极引入森林康养、休闲养生产业发展先进理念和模式，大力探索培育发展森林观光游览、休闲养生新业态，拓展国有林场和集体林区乡镇的发展空间，促进生态经济对小镇经济的提质升级，提升小镇独特竞争力。

8.6.4 森林小镇规划案例——苏湾镇

8.6.4.1 规划区基本概况

苏湾镇位于安徽省合肥市东部，巢湖市北面。2017 年，苏湾镇现有人口 65 100 人，镇域面积 143.5 km^2，下辖 3 个社区、6 个行政村(表 8-7)。

表 8-7 苏湾镇村(社区)一览表

村(社区)委员	自然村数/个	常住人口/人	党员人数/人	辖区面积/km^2
苏湾社区	23	6283	130	16.29
鲁桥社区	44	10 170	258	26.6
坊集社区	39	8758	231	20.6
寨山村委会	21	5520	150	16
梁帝村委会	25	5710	155	11
东黄村委会	39	5236	134	14.03
联合村委会	26	4698	137	11.7
大坝村委会	19	4616	107	9.7
包坊村委会	31	8914	171	17.58
合　　计	267	59 905	1473	143.5

苏湾镇地貌形态为侵蚀剥蚀地形和侵蚀堆积地形，境内呈东南高、西北低的地势走向。镇域内环境优美，土地肥沃，整体以丘陵和山地为主，其中东南以山地为主，部分地区高程达 75 m 以上，西北多耕地，地形起伏较小，高程差约 20.0~25.0 m。

苏湾镇气候属北亚热带湿润性季风气候。特征为季风明显，四季分明，冬寒夏热，春秋温和，雨量适中，无霜期长，日照多，光、水、热等气候资源丰富。年平均气温 16℃，年降水量 1000~1300 mm，常年主导风向为西北风。

近年来苏湾镇引进 5 亿元光伏发电和 3500 万元高品位农家乐生态旅游 2 个重大项目。2017 年全年苏湾镇完成财政收入 813 万元。苏湾镇东依滁河，南拥群山，生态环境良好、人文资源丰厚、民歌文化底蕴独特，司集民歌、涂山文化、佛教文化是规划区的主要旅游资源。

全镇水域面积 463.35 hm^2，占镇域面积的 3.2%。根据巢湖市 2012 年森林资源规划设计调查成果(数据基数为 2011 年)，苏湾镇森林覆盖率为 32.5%(含四旁折合面积，同时扣除水域面积后计算所得)，2012—2016 年人工工程造林总面积为 375.73 hm^2，其中 2012 年 47.93 hm^2，2013 年 479.93 hm^2，2014 年 81.33 hm^2，2015 年 99.33 hm^2，2016 年 107.6 hm^2，森林覆盖率 35.2%。全镇沟、河、路、渠绿化率达到 95%以上，农田林网控制率达 85%以上。

8.6.4.2　现状分析

(1)休闲绿地功能不完善

建成区休闲绿地数量虽已达标，但部分休闲绿地的功能性不完善，尚不能满足人们对城市公园多功能的需求。

(2)农林政策不平衡

由于森林经营管理水平粗放等因素，致使林业产出低于相同立地条件上农业的产出，与农业的产出形成一定的反差。加上现在农业补贴政策远远大于林业补贴，农林政策不平衡导致农民缺乏林业经营的积极性，农民更愿意去经营农业生产，得到更多的国家农业补贴，导致近几年新造林地面积增加较少，不利于森林小镇建设。

(3)现状绿化档次有待提升

道路两旁、河流两侧以及村庄林地覆盖率较高，但多数树种单一，绿化档次不高，乔、灌、草搭配而成的景观带较少，不仅影响了城镇的美观，更不利于森林病虫害的防治，危害生态系统的稳定性。

(4)绿化意识薄弱

部分居民绿化意识淡薄，对绿化建设的重要性认识不到位，常有破坏、阻遏绿化建设的行为出现，制约绿化发展。

对照省级森林城镇建设指标，苏湾镇各项指标见表 8-8。

从表 8-8 可知，苏湾镇镇域森林覆盖率、城镇建成区绿化覆盖率等指标均达到指标，仅有一项生态科普知识教育基地或场所尚未建设达标，因此苏湾镇具有建设省级森林城镇的较好条件。

表 8-8　苏湾镇森林城镇建设现状与标准对照表

指标体系	指标名称	省级标准	单位	现状	是否达标
森林建设	镇域森林覆盖率	≥35	%	35.2	是
	城镇建成区绿化覆盖率	≥35	%	35.1	是
	乔木种植面积占绿地面积	≥60	%	65	是
	城镇绿化乡土树种使用率	≥70	%	80	是
	人均公共绿地面积	≥6	m²	8.7	是
	休闲绿化场所	≥1	处	2	是
森林屏障	城镇规划建设范围内河流林木绿化率	≥95	%	95	是
	城镇规划建设范围内道路林木绿化率	≥95	%	97	是
	农田林网控制率	≥85	%	85	是
森林文化	全民义务植树尽责率	≥85	%	90	是
	生态科普知识教育基地或场所	≥1	处	无	否
	集镇居民对创建森林城镇的支持率和满意度	≥80	%	85	是

8.6.4.3　规划理念

以建设森林城镇为主题，以“文化为本、双轮驱动，生态为魂、凸显特色”为苏湾森林城镇建设理念，围绕“闲憩体验生态镇、青山碧水游苏湾”的形象定位，通过“整合、融入、创新、完善”等策略，着力打造类型多元、层次丰富、特色明显的森林城镇，推动苏湾城镇生态建设，创造良好人居环境，弘扬古老绿色文明，提升森林城镇品位。

(1) 文化为本

依托丰富文化资源，重点深入挖掘苏湾最具代表性的 3 大文化——民俗文化(巢湖民歌)、历史文化(涂山文化)、宗教文化(佛教文化)，开发文化旅游活动，将文化旅游活动按照旅游的规律进行结合、打造，从而在促进文化繁荣的同时，增强旅游吸引力，推动旅游业发展，加强森林城镇建设。

(2) 双轮驱动

将苏湾“民俗文化+山水生态”两大主题解析为“生态观光、文化体验、休闲度假”3 类旅游产品，并在空间、项目、线路组织等方面有机整合，实现其功能上的互补和融入，丰富旅游产品内涵，提升森林城镇品位。

(3) 生态为魂

各类旅游项目和旅游设施要将生态旅游体验融合到其中，丰富生态旅游活动的内涵，同时要体现个性化旅游需求。

(4) 凸显特色

依托苏湾的特色旅游资源和品牌，重点突出小黄山为代表的生态优势，农业基础形成的产业优势，民歌和涂山文化所积淀出的文化优势，发挥其核心带动作用，形成特色鲜明、有机互补的旅游产品。

8.6.4.4　规划目标

(1)规划总体目标

按照安徽省森林城镇建设标准，以“让森林走进城镇，让城镇拥抱森林”为主题，点、线、面统筹建设，结合“三线三边”，全面提升全镇绿化水平；加强机关、学校、街道、医院、景区、工厂等重点公共场所的绿化美化，提高城镇绿化率和绿地率；引导农村居民以田旁、宅旁、庭院绿化为重点，大力建设围村林、庭院林、游憩林和果园等，将苏湾镇打造成特色鲜明的省级森林城镇。

(2)近期建设目标

培育生态文化的载体，建设生态科普教育以及义务植树与纪念林等基地各 1 处；深入推进全民义务植树运动，义务植树尽责率达到 90%，植树成活率要达到 90%，每年投放公益广告 3 批(次)、新建(扩建)环境标示与文字解说系统 2 批(次)；开展绿地认养、义务植树、古树名木认领等与森林有关的公益活动 3 次；积极发展森林生态文化旅游，以历史文化、民俗文化为核心的生态文化开发与产业相融的生态文化旅游；积极推进“森林城镇”“森林村庄”的创建活动。

(3)远期建设目标

2020—2022 年，继续推进森林城镇建设，对近期实施工程查漏补缺、升级提质，同时提升城市森林生态体系、森林生态保护体系和森林生态文化体系建设水平，总体实现镇村绿化一体化。继续巩固森林城镇建设所取得的各项成果，提升森林城镇建设水平，基本形成完备的森林生态体系、发达的林业产业体系和繁荣的森林文化体系，实现资源增长、生态优良、产业发达、林农增收、文化丰富的发展目标。

8.6.4.5　重点建设工程与空间布局

重点建设以下 4 个工程：①森林增长造林工程：2018—2019 年造林 34.6 hm^2，森林覆盖率提高到 35.5%；②森林城镇绿地建设：改造提升道路总面积 1.27 hm^2；③骨干森林廊道建设工程：完成骨干生态廊道建设总面积 13.33 hm^2，全部得到改造提升；④森林生态文化建设工程：新建生态科普教育基地 1 处，新建义务植树基地 1 处。

根据苏湾镇总体规划，苏湾镇省级森林城镇建设镇域层面总体布局为“一心一轴、四核多点”结构。

(1)一心一轴

一心，指苏湾镇中心镇区；一轴，以镇域范围内的 S331 道路为依托，构建绿色生态廊道建设。

(2)四核

四核，以包坊、苏居、寨山、联合 4 个森林村庄为核心，建设以乔木林为主的各类附属绿地及防护绿地等，形成森林城镇的核心。

(3)多点

指规划分布在镇域中的新型农村社区、中心村和自然村以及农业示范园等产业体系，加强山水生态绿化建设。

8.7 森林康养基地规划

8.7.1 森林康养兴起的历史背景

随着人们生活水平的提高和生活节奏的加快，对健康的追求和疾病预防愈发重视，迫切需要以自然休养的方式去放松身心和释放压力。“森林康养”起源于德国，流行于美国、日本与韩国等发达国家，目前在学术界对于森林康养并没有一个清晰的、科学的定义。就产生历史和现实意义来看，森林康养是以丰富多彩的森林景观、优质富氧的森林环境、健康美味的森林食品、深厚浓郁的森林养生文化等主要资源，配备相应的服务设施，开展以修身养性、延缓衰老为目的的森林游憩、度假、养老保健、养生等服务活动。让人在视觉、听觉、嗅觉、味觉、触觉等多个方面得到放松，达到养颜、养眼、养心、养性、养德的目的。

森林康养是以森林生态环境为基础，以促进大众健康为目的，利用森林生态资源、景观资源、食药资源和文化资源，并与医学、养生学有机融合，开展保健养生、康复疗养、健康养老的服务活动。发展森林康养产业，是科学、合理利用林草资源，满足人民美好生活需要的战略选择；也是乡村振兴发展、发挥森林多种功能、践行“绿水青山就是金山银山”理念的有效途径。

我国森林资源丰富，森林康养作为一种森林资源开发的新业态，其服务内容涉及休闲、度假、娱乐、养生、运动、旅游以及健康养老等多个方面，是一种多元组合、产业共融、业态共生的商业综合体，是我国发展大健康产业的新模式，具有广阔的发展空间和市场前景，是未来森林服务业的重要发展方向之一。国家林业发展‘十三五’规划已将森林康养列为林业产业发展的重点内容。目前，国家对森林康养产业的发展给予大力支持，于2015 年底启动了全国森林康养基地试点建设单位遴选，已先后三批确定了 233 家全国森林康养基地试点建设单位、3 个全国森林康养基地试点建设县和 1 个全国森林康养基地试点建设区，其中四川、湖南 2 个省是我国森林康养产业发展较早的地区，这些地区已建立起成熟的旅游观光业和健康服务业的产业链。

8.7.2 森林康养基地选择条件

森林康养基地是指在优质的森林环境中，有相应的设施设备和专业服务人员，能提供森林康养产品与服务，经林业行政主管部门评定的能开展森林康养活动的场所。

根据国家林草局 2018 年发布的《森林康养基地总体规划导则》(LY/T 2935—2018)，森林康养基地的选择必须同时满足以下基本条件：①基地周边森林连片面积不少于 1000 hm^2，其中成熟林超过 30%；②基地森林覆盖率大于 30%；③基地内森林平均郁闭度 0.4 以上；④基地面积为不少于 50 hm^2 的集中区域，权属清晰，无争议；⑤具备良好的交通条件；⑥周边无明显污染源，距工业区、矿山、城镇等人为活动密集区域至少 3 km 以上或有良好阻隔；⑦设立在自然保护区内的森林康养基地，其位置、功能分区和森林康养活动内容要符合上位规划的要求，并遵守相关的国家法律法规。

8.7.3 康养基地规划要点

康养基地规划主要包括以下内容：功能分区与布局；森林康养产品规划；森林康养设施规划；森林康养能力规划；环境监测设施规划；保护规划；防灾及应急管理规划；区域协调规划；环境影响评价。

在功能分区上，森林康养基地一般分为森林康养区、体验教育区、综合服务区。森林康养区又可分为养生康复、健身运动 2 个子区。森林康养区侧重于通过休闲、养生、养老、医疗等途径，结合检查、诊断、康复等手段，建立以预防疾病和促进大众健康为目的的区域。健身运动则利用森林康养基地的高山、峡谷、森林等自然环境及景观资源，建立以森林康养道路、生态露营、健身拓展基地为代表的区域，满足自然健身、体验的需求。浙江温州猴王谷森林康养基地则围绕文化康养、静态康养、动态康养、中医药康养 4 个维度来进行功能分区。

森林康养基地的产品设置应该充分利用森林康养基地的资源优势，挖掘休闲、养生、疗养、认知、体验等类型的森林康养产品。根据不同的森林康养产品类型，明确康养服务人群，设置森林温泉、森林健步、森林浴、森林课堂、养生食疗等具体产品。

森林康养设施规划的内容包括综合服务设施、体验教育设施、医疗应急设施、配套基础设施。综合服务设施包括养生接待中心、服务点、住宿接待设施和餐饮娱乐设施等。综合服务设施的建设应使用环境友好型建筑材料，鼓励使用装配式建筑。体验教育设施应该突出森林康养地资源特点，根据不同形式的科普宣教方式规划生态小径、知识展板、康养标识、解说系统，并配备相应的科普宣教设施设备。

森林康养能力建设包括森林康养服务团队、森林康养培训体系、社会服务体系、运营服务体系、运营推广规划 4 方面内容。服务团队应明确专业森林康养服务人员的类型和数量、专业标准和行为规范。社会服务体系建设重点是通过社会机构合作和志愿者服务等手段，补充和提升森林康养的服务和接待能力，丰富森林康养的内容和形式，引导构建社会服务体系。

保护规划的内容包括以下 5 部分内容：森林康养基地生态环境保护；森林康养基地景观资源保护；野生动植物及其栖息地保护；水资源保护；文物古迹及自然遗迹文化保护。

8.7.4 森林康养基地规划案例研究——贵州景阳森林康养基地

8.7.4.1 基地简介

贵州景阳森林康养基地位于贵阳市修文县扎佐镇，贵州景阳省级森林公园南部，距贵阳市中心城区 34 km，分为大麻窝和龙润两个板块，总面积 1606 hm^2。景阳森林公园位于贵州省七大旅游区的中心，背靠贵阳，客源市场广阔。基地森林茂密，林相美观，野生动物、珍稀植物较多，森林覆盖率高达 80%以上，森林景观类型有华山松、马尾松、刺槐针阔混交景观林等。基地内夏季绿意盎然，春秋百花盛开，冬季冰天雪地，四季景色美仑美奂。

8.7.4.2 功能分区特色构思

(1) 龙润板块——医享社区 · 六道生活

以打造医 · 养 · 康 · 享结合的社区为主题。板块的建设发展围绕中央森林康养体验基地，呈环绕风车放射状分布，充分利用该区森林康养和旅游资源建设："养之道"——康复度假公寓区；"医之道"——医疗保健康复区；"乐之道"——快活林商娱休闲区；"浴之道"——森林温泉休闲酒店区；"享之道"——医享社区公寓区；"健之道"——森林康养体验休闲区。

(2)大麻窝板块——康养公园·八养森林驿站

大麻窝板块以打造康养公园·森林驿站为主题。板块结构"一心两翼"：中部是基地未来的康养保健接待服务中枢；东翼地势较低，且离主要交通干线较近，规划布局为游憩运动区块，以森林休闲拓展运动为主要服务功能；西翼地势较高，且地处交通连线末端，恬静宁谧，规划打造为基地未来的主要森林康养区块。整个板块布局因势就形，呈自由散落式布局，森林康养资源与康养设施交融与共。

8.7.4.3 康养产品设计与活动策划

构建"康养+医疗+旅游+教育"机会谱系和产品体系，规划康养产品分为4大类：①康复疗养类，包括森林疗养院、月子中心、美容养颜中心、康养社区、森林人家等；②保健养生类：包括养生谷、森林浴场、草药浴场、森林温泉、绿色餐厅、坐观场所、冥想空间、树屋、修文猕猴桃、扎佐蹄髈等；③运动健身类，包括山野世界、户外极限、山地拓展、森林瑜伽、滑草场、农耕园等；④自然教育类，包括森林道场、森林博物馆、低碳示范林、植物迷宫、森林文化创意坊等。

基地策划的活动主要有：策划举办中国(贵阳)森林康养(旅游)节(论坛)；建设康养名医大家基地工作营；举办"森林康养·医享达人"系列主题推广活动；冬季"森林+温泉+火锅"推广季宣传活动。

本章小结

森林经营规划分为国家、省、县三级。其中，作为一层承上启下的行政区划单位，县级森林经营长期规划中占有十分重要地位。县级森林经营规划主要包括指导原则和规划目标、森林类型划分与森林经营分类、森林作业法设计、森林经营分区、建设规模和投资估算、效益评价等内容。森林经营方案是森林经营主体和林业主管部门经营管理森林、制订年度计划的重要依据。编制和实施森林经营方案是一项法定性工作，包括编案准备、系统评价、经营决策、公众参与、规划设计、评审修改等环节。自然保护区总体规划要贯彻"全面保护自然环境，积极开展科学研究，大力发展生物资源，为国家和人民造福"的方针，规划目标、总体规划、重点项目建设规划是自然保护区总体规划的重点。森林公园总体规划应该坚持"古朴野趣、自然协调"宗旨，突出森林公园旅游主题与特色，坚持"全面规划、分片开发、滚动发展"的原则。湿地公园总体规划的内容主要包括总体布局、保护规划、恢复规划、科普宣教规划、合理利用规划、防御灾害规划、区域协调与社区规划、保护管理基础设施能力建设规划等内容。森林小镇有以下3个特色，即绿色作为底色，产业绘制基色，文化作为原色。森林特色小镇规划应体现生态、生活、生命、生产这"四生"概念。森林康养基地规划主要包括以下内容：功能分区与布局；森林康养产品规划；森林康养设施规划；森林康养能力规划；环境监测设施规划；保护规划；防灾及应急管理规划；区域协调规划；环境影响评价。

思考题

1. 根据森林公园、自然保护区总体规划技术规程，结合具体案例，分析各自规划的要点。

2. 我国湿地类型有哪几种？湿地有哪几种功能？面临哪些生态问题？湿地公园总体规划主要包括哪些要点？

3. 森林康养基地的选择必须满足哪些基本条件？森林康养基地规划主要包括哪些内容？

推荐阅读书目

1. 森林康养概论．雷巍娥．中国林业出版社，2020.
2. 森林小镇蓝皮书：中国森林小镇发展报告(2018)．庞波，倪建伟．社会科学文献出版社，2018.
3. 湿地公园生态适宜性分析与景观规划设计．汪辉．东南大学出版社，2018.
4. 中国森林公园与森林旅游研究进展——森林公园与生态文明建设．兰思仁，董建文．中国林业出版社，2017.
5. 自然保护区监测、评估和优化布局技术研究．环境保护部南京科学研究所．中国环境科学出版社，2013.

参考文献

刘滨谊，张琰铁，2003. 景观规划设计中的城市湖泊保护[J]. 中国园林(5)：63-64.

王军，傅伯杰，陈利顶，1999. 景观生态规划的原理和方法[J]. 资源科学，21(2)：71-76.

王克林，1998. 洞庭湖湿地景观结构与生态工程模式研究[J]. 生态经济（5)：1-4.

邬建国，2000. 景观生态学——概念与理论[J]. 生态学杂志，19(1)：42-52.

肖笃宁，石铁矛，阎宏伟，1998. 景观规划的特点与一般原则[J]. 世界地理研究，7(1)：90-97.

俞孔坚，李迪华，段铁武，1998. 生物多样性保护的景观规划途径[J]. 生物多样性，6(3)：205-212.

第 9 章　森林经营设计

在一个经营单位内，林分众多，有必要根据森林在国民经济发展中的作用、目的以及经营利用措施的要求，将小班(林分或林地)分别组织成一些单位，形成一套完整的经营体系(森林作业法)，以便因地制宜，分别对待。森林经营周期、森林经营规模是森林经营设计中两个重要内容。森林类型不同，森林经营措施—森林作业法也各不相同。本章首先介绍了森林经营单位的组织方法、森林经营周期及森林经营规模(采伐量)计算方法；其次，按照森林起源、树种组成、近自然程度和经营特征，进行了森林类型划分，分析了 7 种主要乔木林作业法的特点；最后，分造林、森林抚育、森林收获、森林更新 4 个环节，介绍了主要森林经营措施，分析了经济林、速生丰产林、风景林、竹林、水土保持林、自然保护区林等主要森林类型的经营技术特点。

9.1　森林经营单位组织

9.1.1　组织经营单位的意义

森林区划只是对林区的面积做了地域上的划分，但还不能满足组织森林经营的需求。因为在同一林业局或林场范围内，由于森林类型和自然条件的不同，其各个组成部分的经济意义和森林资源的组成、结构往往多种多样。因而，它们的经营方针、目的和经营制度也各不相同。因此，有必要根据森林在国民经济发展中的作用、目的以及经营利用措施的要求，将小班(林分或林地)分别组织成一些单位，形成一套完整的经营体系，以便因地制宜，分别对待。这样有利于经营，简化经营措施设计的工作量。

这里的森林经营单位，一般指林种区和经营类型，在森林经营水平较高的地区，还可以用经营小班。

9.1.2　林种区的划分

林种区就是在林业局或林场的范围内，在地域上一般相互连接，经营方向相同，林种相同，以林班线为境界的地域范围。

林种区的界线一般以林班线作为境界线，这样便于经营管理。林种区的界线可以与行政管理或营林区的界线一致。一个林场，可能是一个林种区或几个林种区。林种区划定后，有关森林资源的统计，大多数森林经营及利用措施、规划设计，均以林种区为单位汇总。其他如经营管理机构、护林防火、开发运输和工程建设等则是从整个林业局或林场的范围加以考虑。

在划分林种区时，应考虑以下几个因素：①林种的差别：林种不同，森林的经营目标不同，在国民经济中的作用也不同。我国《森林法》规定的 5 大林种，是划分林种区的主要依据；②森林经营强度的不同或运输条件的差别：对于同一林种，由于经营目的或森林经营强度的不同，也可划分为不同的林种区。例如，防护林根据不同的防护目的可划分为水土保持林林种区、水源涵养林林种区。

林种区的划分不宜过细，通常每个林种区的面积至少不低于全林场总面积的 5%。林种区的命名是以具体的林种冠名，如用材林种区、护路林种区。

9.1.3　森林经营类型的组织

9.1.3.1　经营类型的概念

在同一林种区内，虽然经营利用方向一致，但各个小班的经营目的和自然条件住往有很大的差别，因而不能用同样的经营方式进行经营活动。因此，在划分了林种区后，还需要根据小班特点，将它们分别归类组织起来，采取相同的经营目的和经营利用措施，这种组织起来的单位，称为经营类型。

所谓的森林经营类型，就是将林种区内经营目的相同，立地条件相近，可以采用相同的经营利用措施体系(作业法体系)的许多不同年龄的小班组织起来形成的一个经营整体(作业级)。在森林经营类型内按龄级设计经营利用措施并按小班进行实施，以达到既定的经营目的。这种以森林经营类型为基础的经营方式就是森林经营中 3 种主要经营方式之一的龄级法。根据我国林业生产发展的水平，绝大多数的林业局(场)都采用这种经营方式。

9.1.3.2　组织森林经营类型的意义

森林经营类型起源于最早的(14~18 世纪)森林经理方法，即区划轮伐法。此法把森林的主要部分区划成等于轮伐期年数的伐区，每年采伐一个伐区，就是后来的森林经营类型。以后各种收获调整法如平分法、法正蓄积量法、龄级法等无不以森林经营类型为确定轮伐期和年伐量的单位。我国曾于 20 世纪 50 年代将“森林经营类型”的英文名称译为作业级，20 世纪 60 年代改译为现名，从 20 世纪 50 年代起已在森林规划设计工作中普遍采用。

森林经营类型的组织，便于组织林业生产，具体落实林种区的经营方向。在规划设计工作时，可以按照经营类型建立一套较完整的经营技术体系，有利于实现森林永续利用。通过组织经营类型规划设计，可以简化规划设计工作，因为每一个经营类型均有一套完整的经营制度，设计后就可以在较长时间内根据该经营制度来开展经营活动。

每一经营类型都有相应于其经营目的森林作业法。所谓森林作业法，是在一定的自然和社会经济条件下，能够有效地达到经营目标的森林经营体系。在用材林中，森林经营类型是确定主伐方式和采伐量、选择主伐地点和配置伐区等一系列经营措施的单位。森林经营类型组织的合理与否直接影响到森林的主伐年龄、采伐方式、营林措施、森林的采伐量、木材产量、材种规格等一系列森林经营中的重大问题，同时也影响营林生产的投入、森工生产的投资和木材生产的收入等一系列经济问题。

9.1.3.3　组织经营类型的依据

根据森林经营类型的概念，在同一森林经营类型中的所有小班均可采用同一的经营措施体系(作业法体系)。因此，在组织森林经营类型时，对经营措施体系发生较大影响的因素，都是组织经营类型的主要依据。这些依据主要有树种起源、经营目的、经营水平、立地条件、采伐方式等。

(1)目的树种或树种组

不同的树种的生物学特性不同，对造林、育林等经营措施的要求也不相同，在设计作业法时树种是首先考虑的因素。因此，在森林经营类型的组织中，树种是最重要的依据。但是在现实林分中，树种不可能都是单一的，一般以目的树种或优势树种归类，有时也可以以优势树种组归类。

(2)森林的起源

树种相同的林分如果起源不同，则林木的生长规律和过程均不相同，其对经营措施的要求也应不同。森林的起源一般分为人工和天然两种，它们以下又可再分为实生、萌芽，有的还分为插条、飞机播种等，这些不同起源的森林通常都分别组织成不同的森林经营类型。

(3)森林的立地条件

森林的立地条件是林木生长的基础，根据适地适树的原则，林地立地条件决定了其上生长的最适树种，也决定了其培育某种材种规格的可能性。例如，差的立地条件一般不可能培育出大径材，而只能培育小径材种。不同的树种和目的材种对森林经营措施的要求不同，轮伐期也不同。因此，不同的立地条件成为组织森林经营类型的一个重要依据。

(4)培育目标

森林的培育目标体现了国民经济对森林的要求。从大的方面讲，不同的林种必须组成不同的经营类型。在用材林中，森林培育的目标主要体现在目的材种上。不同的目的材种对树种、立地条件、森林的作业法、森林的主伐年龄等要求均不相同。一般来讲，大径材所要求的立地条件好，轮伐期长，造林的密度低，间伐的次数多。而小径材则不同，其对立地无特殊要求，且造林密度高，间伐次数少，轮伐期短。因此，不同的目的材种必须组织不同的经营措施类型。

(5)森林的经营水平

随着科学技术的发展，人为的经营措施对森林生长的影响越来越大。森林经营水平主要体现在对森林所采取的人为措施。森林经营的水平越高，采用的森林经营措施越多越合理，营林的投入越高，林木生长越好，产量越高，同一材种规格的林木的培育周期也较短。因此，不同经营水平的林分必须组织成不同的森林经营类型。

(6)森林的采伐方式

森林的采伐方式是设计森林作业法必须要考虑的首要因素。不同的采伐方式分别适用于不同的森林类型，不同的森林类型对经营措施的要求不同，林分的生长过程、生长率、培育的周期也不相同。因此，不同的采伐方式分别组织成不同森林作业法。根据《森林采伐更新规程》规定，森林的采伐(主伐)方式，主要分为皆伐、渐伐、择伐。采用这些不同主伐方式的小班必须组织成不同森林经营类型。

9.1.3.4 组织森林经营类型的方法

组织森林经营类型是一项复杂细致的工作，它不仅要考虑现实森林的自然状况，经营水平及目的，而且要考虑经营单位总的经营方针、经营目标以及经营单位的森林资源结构、经济状况等多种因素。其工作的步骤一般是：首先在森林资源的外业调查中初定各小班的森林经营类型；其次，根据森林资源调查、基本情况调查和专业调查的结果进行分析、论证，确定各种类型的规模大小；最后，依据论证结果对小班初定情况进行调整。

经营类型的命名，一般根据主要树种命名。有时可以在主要树种之前，再加上森林起源、立地质量高低、产品类型及防护性能等名称。当主要树种由几个树种组成，也可按树种组命名。

9.1.4　小班经营法

9.1.4.1　小班经营法的概念

小班经营法源于恒续林理论，它是按小班的具体特点来设计经营措施的，并按异龄林检查法的要求，以径级集约择伐代替龄级轮伐，以小班连年生长量确定采伐量，谋求符合永续利用的林分蓄积量按径级分布的法正结构。

小班经营法定义是：在林种区内直接以小班为单位，或合并类似小班为单位来组织经营。假如按几个小班来组织森林经营活动，在地域上必须是相连的，经营目的和措施也是一致的。小班经营法强调经营小班集中连片，有一定的面积规模，同时强调经营小班界线长久、固定。

小班经营法具有以下 4 个特点：①区划成固定的经营小班；②作业法、经营措施的设计和执行单位是经营小班；③定期地进行生长量的检查，按连年生长量确定采伐量；④作业法是以集约择伐作业为主。

小班经营法要求森林经理调查等级要高，经营地块要界定标识，统计、设计要具体、细致，具有一定的技术难度，需要有一定经济、经营条件的地区方可实施，因此适用于经营水平较高的林区，或者经营强度比较高的林场或林场中的局部林区。

9.1.4.2　经营小班区划的条件

应用小班经营法组织森林经营时，需在外业森林资源清查时，按林分特点、自然条件及经营要求，将在地域上相连的若干个调查小班合并为经营小班，并在现地分出小班线和埋设小班标桩。经营小班也可在区划出调查小班的基础上，在室内进行合并形成经营小班，然后，在开展经营活动时，再在现地落实小班线、埋设小班标桩。

经营小班的面积不宜过大，国外一般为 3～10 hm^2，区划小班的条件如下：①经营目的、经营利用方式相同，作业条件一致；②土壤和肥力等级基本一致；③同一立地类型或林型、坡向、坡度、坡位基本相似；④小班的最小面积为 0.5 hm^2。

9.1.4.3　小班经营法与龄级法的比较

1962 年，苏联布良斯克林学院测树和森林经理教研组的科研报告对小班经营法和以龄级为基础的经营类型 2 种方法做了比较，其对比结果见表 9-1。

9.1.5　森林经营单位组织中存在的问题和对策

森林经营单位的组织是森林规划设计工作中的一项极其重要的基础工作，各级森林经营单位组织的合理与否，直接影响到森林资源的统计，森林资源的调整(包括森林采伐限

表 9-1　小班经营法与龄级法的比较

顺序	项　目	小班经营法	龄级法
1	森林经营措施设计单位	经营小班	经营措施(作业级)
2	计算采伐量的方法	按小班连年生长量	按龄级平均生长量
3	采伐方式	集约择伐	伐区式皆伐
4	采伐的木材产品种类	以大径材为主	大、中、小径材
5	经营措施成本	两者相等	两者相等
6	每立方米成本	稍高	稍低
7	管理经费	稍高	稍低
8	土地利用程度	完全	不完全
9	每公顷森林经理成本	12(卢布)	6(卢布)

额的确定)，以及森林的采伐、更新、培育、管护等一系列的森林经营利用措施的设计和执行。因此，很有必要对我国的森林经营单位设置中存在的问题进行更深入地研究。

(1)林种区(经营区)虚置

根据林种区的概念，林种区(经营区)是一个较大的相同林种的范围。但在我国的生产实践中，特别是南方林区的生产实践中，就是在林班 100 hm^2 左右的范围内经常存在几种不同经营方向，即不同林种的小班。也就是说，在一个林种区内大多数情况下存在着多个林种，这样单一林种的林种区几乎无法组织，而组织成包含有多个林种的林种区，其作用有限，起不了行政区划的补充作用，还不如直接用行政区划(集体林)或企业的内部区划，如乡村或工区来代替。因此，在实际工作中，绝大多数地区的森林经营方案编制，都采用行政区划或企业内部的区划单位来进行森林资源和森林经营利用措施的统计、汇总，而不设置林种区。

(2)森林经营类型面积失当

当将组织的森林经营类型作为森林调整的基本单位(永续利用单位)时经常显得太小。在许多地方，特别是在南方集体林区，在一个林业生产单位的经营范围内，有的甚至在一个县的范围内都经常难以组成完整的年龄序列和一定生产规模。由于形成不了规模和较为完整的年龄序列的经营类型，确定采伐量不便，森林调整困难，使得森林经营类型难以作为森林永续利用的单位。

若组织的森林经营类型作为经营设计的标准作业设计单位，则显得太大。如集约杉木中指数级中径材经营类型，它的树种配置可以是纯林，也可以是混交林。混交林的伴生树种也可以是多种多样的，混交的比例也各不相同。仅作为一个经营类型来进行标准化的典型设计，显然难以反映各种混交的经营措施，不能满足设计的要求。而将其分为数个经营类型，则这些经营类型规模太小，难以作为永续利用的单位。

(3)小班经营法难以适应规模生产和永续利用的要求

对于实行同龄林小班经营法的单位来说，虽然各经营小班的经营利用措施已按各小班的特点进行设计，并按小班实施，但对于生产单位来说，仍需要一级经营单位来进行森林资源、森林经营利用措施的统计以及森林采伐的计量和森林调整，也就是仍然需要有一个永续利用的单位。

对于异龄林来说，虽然理论上每个经营小班都可以是一个永续利用的单位。但单个小班的生产规模太小，实际上无法每年进行采伐，在生产中仍旧要将树种结构、择伐周期相近的经营小班组织在一起，作为一个永续利用的单位，来满足规模生产的要求。

鉴于林种区(经营区)在我国大多数地方已名存实亡，而且它的组织对森林经营起的作用不大。因此，福建农林大学的陈平留教授认为在森林规划设计工作中应当取消林种区(经营区)一级的森林经营单位，而在森林规划设计对象内将采伐方式、主伐年龄(或择伐周期)相类似的森林经营类型或经营小班组织为森林永续利用组。在永续利用组下分别按龄级法和小班经营法分别组织森林经营类型和经营小班。

9.2　森林经营周期

9.2.1　森林成熟概述

9.2.1.1　森林成熟概述

森林成熟(forest maturity)是森林经营利用中一个重要的技术经济指标，是确定林分、林木经营周期的基础。

人类最早利用森林是从采果、取木、烧烤食物等活动开始的，但仅是简单的利用，还谈不上经营。自从人类开始有目的地经营利用森林，就改变了纯自然状态下的森林，也使人与森林更加紧密地融合在一起。森林成熟是与人的经营目标相联系的。同一树种的一片森林，要培育成人造板材时，需要大径级规格的木材，培育时间长，成熟时间晚；如果培育成薪材，只需小径级材，成熟的时间就早。从收获(包括木材收获与非木材的收获)角度讲，一片森林的培育目的是要木材，就要用木材或经济收益的大小衡量其是否成熟；如果该森林的培养目的是防护林或风景林，则森林成熟与否的标准则要用防护效益或观赏效益评价。因此，森林成熟标志着所经营的森林为了某种用途，并发育到某一阶段，此刻收获利用效果最好，即最符合经营者的目的。因此，将森林在生长发育过程中，最符合经营目标时的状态，称为森林成熟，森林达到成熟时的年龄称为森林成熟龄。

9.2.1.2　森林成熟的特点

森林成熟与农作物成熟虽有相似之处，与最佳收获利用时间相联系，但它也有与农作物成熟不同的特点。

首先是不明显性。农作物成熟时，一般外部形态、色泽特征发生明显变化，如颜色变黄或变红、果实饱满、植株枯萎等，都可以作为成熟收获的依据。森林成熟则不明显。生命周期长的森林，外部形态或色泽可以在几年甚至几十年内都不发生明显变化，很难判断何时成熟。

再者由于森林生命周期长，其使用价值或货币价值在短期内变化不大，也难判别成熟与否之间的差异。不同点的另一个方面是效益的多样性。绝大多数农作物的成熟是以作物的数量为主要依据的。森林的种类不同，即使是同一树种，成熟也不一样；林种相同，树种相同，而材种不同时，成熟的时间也不一样。在林种中，用材林、防护林、能源林、经济林、特种用途林等有各自不同的森林成熟。

需要指出的是，森林是一个抽象的概念，是各种林分、林木与环境的集合。森林成熟中所涉及的“森林”概念，不是泛指的森林，而是针对个别林木、林分或在森林经营中属于同类林分所构成的森林经营单位而言的。

9.2.1.3 森林成熟的种类

培育森林获得物质产品是经营森林的目的之一。与此类目的有关的森林成熟主要有数量成熟、工艺成熟和经济林成熟等。它们主要用于用材林、能源林、竹林和经济林中。

许多森林，特别是公益林，培育目的并不是物质产品。非物质产品的森林成熟主要有防护成熟、自然成熟、更新成熟等。

在森林的生长发育过程中，区别于经典的以林地所产木材的数量、质量及生理状态的衡量指标，林地的货币收入达到最大时的状态称为经济成熟，此时的年龄称为经济成熟龄。在介绍物质成熟中的数量成熟、工艺成熟，非物质成熟的自然成熟基础上，本节介绍森林经济成熟的几种主要指标的计算方法。

9.2.2 主要森林成熟龄计算

9.2.1.1 数量成熟

收获较多的木材是用材林经营者的主要目的，也是经营其他类型森林常常要考虑的问题，因此可以将数量成熟定义为：

$$\max Z_i = \frac{V_i}{i} \quad (i=1,\ 2,\ \cdots,\ n) \tag{9-1}$$

式中 V_i——树木或林分第 i 年的材积或蓄积量；

i——年龄；

Z_i——第 i 年的材积平均生长量。

林分或树木的材积平均生长量达到最大值时的状态，称为林分或树木的数量成熟，达到此状态时的年龄称为数量成熟龄。数量成熟，也称为材积收获最多成熟、绝对成熟等。主要用于用材林、能源林中。与数量成熟相似的成熟有热量成熟和重量成熟。

在林木正常生长发育情况下，其材积生长有着一定的规律性：材积平均生长量呈二次曲线形式。初始阶段较小，随年龄增加而增大，某年时达到最大值(数量成熟)，然后逐渐下降。图 9-1 中，平均生长量最大发生在 A_2 年，则 A_2 年为数量成熟龄。如果以 A_2 年为周

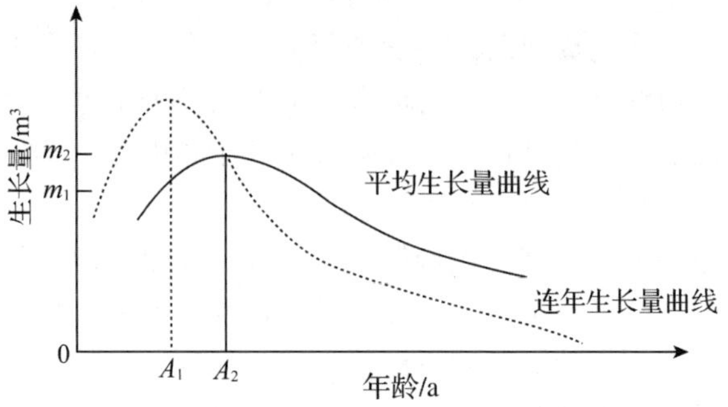

图 9-1 平均生长量与连年生长量曲线

期采伐收获，则林地上平均每年收获的木材最多。

图 9-1 中还绘出了材积连年生长量曲线，它与平均生长量之间存在以下关系：在 A_2 之前，连年生长量都大于平均生长量；在 A_2 时，连年生长量恰好等于平均生长量；在 A_2 之后连年生长量都小于平均生长量，并随年龄的增大，二者间的差距越大。由于连年生长量表示的是某个年份的材积生长量，因而不能作为数量成熟的依据。连年生长量最高发生在 A_1 年，如果以 A_1 年为周期采伐收获，则平均每年获得 m_1 的木材，如果以 A_2 为周期，每年可获得 m_2 的木材，显然 $m_2>m_1$（图 9-1）。确定数量成熟的方法很多，以下介绍 2 种最常用的方法。

（1）生长过程表法

此种方法最简便，找出合适的生长过程表，查出材积平均生长量最大时的时间即可。以云南松为例，表 9-2 中列出了疏密度为 1.0 的云南松天然林生长过程。从表 9-2 中可以看出，平均生长量与连年生长量遵循了图 9-1 中的规律。在表 9-2 中云南松天然林的数量成熟为 30 年。如果以 30 年为成熟龄采伐利用，并及时更新，每年每公顷将获得 9.2 m^3 木材；如果以其他年龄为周期采伐收获，所获得的木材都将少于以数量成熟龄为周期的木材收获量。

需要注意的是，生长过程表中的平均生长量是林分疏密度为 1.0 时的生长量，也就是标准林分的生长量，它与现实林分的生长量有一定差异，实际应用时要进行换算。现实林的立地条件多数较标准林分差，疏密度达不到 1.0，材积平均生长量也少一些，数量成熟龄也短一些。

表 9-2　云南松 I 地位级生长过程（疏密度＝1.0）

林分年龄 /a	每公顷蓄积量 /m^3	平均生长量 /m^3	连年生长量 /m^3	连年生长率 /%
10	68			
20	176	8.8	10.8	8.85
30	276	9.2	10.0	4.42
40	357	8.9	8.1	2.56
50	419	8.4	6.2	1.60
60	471	7.9	5.2	1.17
70	518	7.4	4.7	0.95
80	556	6.9	3.8	0.71
90	588	6.5	3.2	0.56

（2）标准地法

现实中有些树种没有生长过程表，或已有的生长过程表与现实林分的材积生长过程差异较大时，可用标准地法计算数量成熟龄。

具体步骤如下：

①选择标准地。在某一树种的各龄级林分中选择标准地，林分起源、立地条件等因子

各标准地应相同，至少应基本相同，各标准地密度要完全一致十分困难，选择时最好是具有平均密度的林分。

②设立标准。应该在各龄级林分中设立标准地，标准地数量多，数据资料的代表性就强，但工作量也大。

③将选定的各标准地林分伐倒区分求积，并查定平均年龄，计算出材积总量和材积平均生长量。

④将计算出的各龄级标准地的年龄、材积平均生长量列表，查出最大值的年份，即为数量成熟龄。

标准地法的原理与生长过程表法相似，差异只是疏密度不同，标准地法的密度是平均密度，而生长过程表法中的密度是最大的，$P=1.0$。标准地法求出的数量成熟比生长过程表法所求出的数量成熟更有现实性，使用时误差小。如果用标准地法时，所选择的标准地的疏密度均接近于1.0，基本上就等于编制生长过程表了。

9.2.2.2 工艺成熟

市场对木材种类的需求是多种多样的，主要有原木、锯材、纸浆材等。每个木材种类称为材种，它们都有规格和质量要求，即一定的长度、粗度和质地。因此，将林分生长发育过程中(通过皆伐)目的材种的材积平均生长量达到最大时的状态称为工艺成熟，此刻的年龄称为工艺成熟龄。显然，一个林分生长到一定阶段时，林木可以用作不同的材种，目的材种不同则有不同的工艺成熟龄。工艺成熟主要用于用材林中。

数量成熟、工艺成熟二者之间既有相似之处，也有明显的差异。

共同之处是二者都是衡量成熟的数量指标，工艺成熟可看成数量成熟的一个特例，即有一定材种规格要求的“数量成熟”。差异主要有两个方面。第一，工艺成熟不仅是数量指标，而且还是质量指标。没有材种规格要求，更谈不上工艺成熟。市场中具体的客户对所购木材产品大多数都有材种要求，因此工艺成熟所生产的木材产品与市场需求能更紧密地结合，以需定产。第二，无论林分或林木，数量成熟通常都会出现，而工艺成熟龄则不然。例如，如果在立地条件差的林地上要培育出大径级的材种就可能达不到，则该材种的工艺成熟就永远不会出现。

工艺成熟的确定方法有许多种，主要的有生长过程表结合材种出材量表法、标准地法、马尔丁法等。每种方法都有各自的特点和适用条件。

(1) 生长过程表结合材种出材量表法

此方法是最常用的方法之一。由于我国已编制了许多主要用材树种的生长过程表和材种出材量表，因此应用时比较简便。

此种方法计算过程的主要步骤：

①找到合适的生长过程表，从中查出各年龄(或龄级)林分的平均高、平均直径，每公顷蓄积量，列入工艺成熟龄计算表。

②根据各年龄的平均高、平均直径，从材种出材量表中相对应的栏目中查出材种的出材率，列入表9-3。

表 9-3　工艺成熟龄计算表

林龄/a	树高/m	胸径/cm	每公顷蓄积/m^3	商品材											
				车辆材			薪材			…			…		
				出材率/%	材积/m^3	Z/m^3	出材率/%	材积/m^3	Z/m^3	出材率/%	材积/m^3	Z/m^3	出材率/%	材积/m^3	Z/m^3
10	3.5	2.9													
20	8.1	6.5	96												
30	11.4	9.9	174												
40	14.8	12.9	238	6	14	0.4	70	167	4.2						
50	17.7	15.9	294	13	38	0.8	75	221	4.4						
60	20.4	18.9	345	19	79	1.3	77	265	4.4						
70	22.6	21.7	388	28	109	1.6	78	303	4.3						
80	24.4	24.3	421	33	139	1.7	78	328	4.1						
90	25.7	26.9	445	38	169	1.9	79	352	3.9						
100	26.7	29.0	463	43	199	2.0	79	366	3.7						

③用各年龄林分蓄积量乘以材种出材率，得到材种出材量。

④用材种出材量除以相应的年龄，得到该材种的各年的平均生长量。

⑤对材种各年龄的平均生长量排序，找出最大值，所对应的年龄即为某材种的工艺成熟龄。

(2)马尔丁(Martin)法

此法也称为马丁法。用马尔丁法计算某个材种的工艺成熟龄方便灵活，计算公式如下：

$$u = a + (nd)/2 = a + n \cdot r \tag{9-2}$$

式中　u——某材种工艺成熟龄；

a——树高达到材种长度时所需年数；

n——材种小头半径方向上 1 cm 内的平均年数；

d——材种小头直径；

r——材种小头半径。

【例 9-1】求算某地区人工杉木林檩材的工艺成熟龄。该材种的规格要求是：平均长度 4.4 m(3.6~5.0 m)，小头直径平均 14 cm(8~18 cm)。经过现地调查，选取平均木 41 株，经过树干解析、造材后，得到所需的有关数据(表 9-4)。

将表 9-4 中的数据代入式(9-2)中，求解各参数：

$$a = (\sum N_0 - \sum N_L)/N = (1471 - 1146)/41 = 7.9(\text{年})$$

$$n = (\sum N_R/N)/r = 1.7$$

$$r = d/2 = 7(\text{cm})$$

所以，$u=a+n \cdot r=7.9+1.7\times7=19.8$(年)≈20 年，计算出杉木檩材的工艺成熟龄为

20年。

应用马尔丁法时，应注意表9-4中 N_L 与 N_R 的差异。N_L 是材种长度断面上的年轮数，它表示材种长度以上部分生长的年数。用 N_0 减去 N_L 则是林木高生长达到材种长度时所需的年数。N_R 是材种小头半径内的年轮数，它强调的只是林木直径生长到小头直径时所用时间。

表9-4　经树干解析、造材后的人工杉木数据　　单位：a

解析木号	N_0	N_L	N_R	解析木号	N_0	N_L	N_R
1	30	22	9	22	38	31	12
2	32	25	10	23	39	31	14
3	30	23	11	24	35	27	11
4	38	30	12	25	37	29	12
5	31	24	10	26	32	25	10
6	32	25	10	27	36	28	11
7	32	28	11	28	39	31	13
8	35	27	12	29	40	32	15
9	34	27	11	30	32	25	11
10	35	28	11	31	39	30	12
11	35	27	12	32	30	27	10
12	34	27	11	33	38	29	12
13	32	25	10	34	35	27	11
14	40	32	14	35	35	28	11
15	40	32	15	36	36	26	10
16	39	31	14	37	32	24	9
17	38	31	13	38	40	30	16
18	40	33	15	39	39	28	15
19	36	29	12	40	40	28	16
20	36	29	13	41	37	28	12
21	37	30	13	合计	1471	1146	492

注：N_0 为零号盘的年轮数；N_L 为达到材种长度(4.4 m)时小头断面上半径的年轮数；N_R 为材种小头(14 cm)半径内的年轮数。

马尔丁法在现实应用中的主要特点是工作量小、技术难度小，因而方便、灵活，特别适用于在立地条件较一致的小地域范围内求某个材种的工艺成熟龄。马尔丁法的不足之处是：①树干的主体作为某一特定的材种，而树干的其余部分可做何用却未阐明；②未能像前述方法那样，同时求出多个材种的工艺成熟龄，比较林分生产哪个材种经济效益最好。

(3)标准地法

如果没有合适的生长过程表，或者现实林与标准林分的差异较大时，可用此法求算工艺成熟龄。

用标准地法求工艺成熟龄的主要步骤：

①在某树种（或优势树种）各龄级林分中设置标准地，立地条件应一致或相似，疏密度中等。

②测定各标准地的平均年龄、树高、胸径、每公顷蓄积量等因子。

③对各标准地林木造材，求出各材种的出材率、出材量和材积平均生长量。

④在各龄级标准地中找出材种材积平均生长量最大值，该值对应的年龄（或龄级）即工艺成熟龄。

上述的 2 种方法多用于同龄林中，如果求异龄混交林的工艺成熟龄则不适用。苏联学者曾对异龄复层混交林的工艺成熟龄进行研究，所用方法是分别林层、世代、树种等因子进行测算，然后合计成林分的工艺成熟。

9.2.2.3 自然成熟

林分或单株林木在正常生长发育情况下，都要经历从小到大、衰老、然后逐渐枯萎死亡的过程。当林分或树木生长到开始枯萎阶段时的状态称为自然成熟，也称为生理成熟。

林分与单株树木的自然成熟有所不同。单株树木的自然成熟比较明显，一般指死亡的时间。林分的自然成熟比较复杂，它并不是指林分中的所有林木都死亡的时间。在林分达到自然成熟时，是指林分中林木的主体部分开始枯萎死亡，但也还有部分林木未死亡，甚至还有一些林木生机盎然。

单株树木的自然成熟比较容易确定，通常可以从树木的形态上得到确认。到达自然成熟的树木，通常有高生长停滞、树冠扁平、梢头干枯、树心腐烂等现象；如果生长在较阴湿的环境中，树干上常有大量的地衣、苔藓等低等植物附生。

确定林分的自然成熟比单株树木的要复杂许多。林分在生长发育过程中，有 2 种情况同时存在。一种情况是林分中的部分林木因竞争、分化、自然稀疏等原因而死亡，使林分蓄积量减少；另一种情况，活着的林木继续生长又增加了林分的蓄积量。当林分处于幼龄、中龄阶段，活立木生长增加的蓄积量总是大于死亡林木减少的蓄积量，因而林分的总蓄积量不断增加。当到达一定年龄时，每年活立木增加的蓄积量与死亡林木减少的蓄积量相等，随后林分蓄积量开始出现负生长，即死亡林木的蓄积量大于活立木增加的蓄积量，此时就达到了自然成熟。到达自然成熟时，林分的蓄积量是最高的。表 9-5 中列举了苏联职尔格尔州松林的生长过程情况。

表 9-5　中等地位级松林蓄积生长量

林龄/a	总断面积/m^2	蓄积量/m^3	平均生长量/m^3	连年生长量/m^3
120	29.9	288	2.4	1.1
140	30.3	320	2.2	0.7
160	29.7	304	1.9	0.2
180	28.5	295	1.6	-0.4
200	26.5	279	1.3	-0.9
220	23.5	251	1.1	-1.3
240	19.8	217	0.9	-1.7

从表9-5中可以看出，林分蓄积量出现负生长在180年(准确地说是在160~180年)，此时达到了自然成熟。

自然成熟在森林经营中有着重要的作用，尤其是对用材林而言，达到或超过自然成熟都会降低林地生产率，使平均年收获量减少。我国的《森林采伐更新管理办法及说明》中规定，自然成熟是“森林经营中确定主伐年龄的最高限”。除用材林外，自然成熟对防护林、特种用途林的经营也起着重要作用。

9.2.2.4. 经济成熟

(1)经济成熟的概念

以往的森林成熟着重于森林的物质产品效能、生长过程。在市场经济条件下，衡量经营效果的标准已经趋向于统一，即用货币收入量来评价，这就产生了经济成熟的概念。在森林生长发育过程中，货币收入达到最多时的状态称为经济成熟，此时的年龄称为经济成熟龄。

相对于森林物质产品成熟龄而言，经济成熟的应用范围比较广泛，可用于能源林、用材林、经济林等林种中。目前许多专家研究，试图将森林的防护效益、观赏价值、物种多样性效益等评价用货币量来表示。因此，从某种意义上看，经济成熟也可应用于防护林和特种用途林的经营中。

计算经济成熟的方法很多，大致分为2大类：总收入最多和纯收入最多的成熟龄，其中在纯收入最多的方法中又可分为2类：未计算利息和计算利息的成熟龄计算方法。只计算收入不计算成本和利息不计入成本的方法有：森林总收益最多的成熟龄、森林纯收益最高成熟龄、收益率最大成熟龄等，这些方法目前在世界各国的森林经营中已很少采用。主要原因是不含费用、利息的资金运营分析不能真实地反映生产经营效果的优劣。因为在商品经济中，费用(成本)从经营活动发生起，直到投资期末都要支付利息；所有收入从它们获得起也都将获取利息。下面介绍几种有代表性的经济成熟龄计算公式。

(2)净现值

净现值(present net worth，*PNW*)，它是现在被世界各国广泛采用的一种评价投资效果的方法。它的特点是考虑了货币的时间价值，将森林经营期间各时间段的货币按贴现率换算为前价，再计算经营的盈利与损亏。计算公式如下：

$$PNW = \sum_{t=0}^{n} [(R_t - C_t)/(1+P)^t] \quad (t=0, 1, 2, \cdots, n) \tag{9-3}$$

式中 PNW——净现值；

R_t——t年时的货币收入；

C_t——t年时的货币支出；

t——年份；

P——利率，也是贴现率；

n——期间(a)。

在式(9-3)中，(R_t-C_t)为第t年的纯收入；$(R_t-C_t)/(1+P)^t$是将第t年的纯收入贴现为$t=0$年的纯收入。用PNW评价经营效果的方式为：

①$PNW>0$时，说明继续经营还能盈利；

②$PNW<0$ 时，继续经营则亏损(经营初期除外)；

③$PNW=0$ 时，是盈利与亏损临界，一般将它作为经济成熟的标准，但它常常不是单位面积林地年均经济收益最多的；

④当有年份 $t_0(0<t_0\leq n)$，使 PNW/t_0 达到最大值，即年均净现值最大时，则判定达到经济成熟，t_0 为净现值成熟龄，这才是经营者最希望得到的收获。

【例 9-2】经营人工落叶松林，造林费 100 元/亩，抚育管理费平均每年 5 元，40 年生时主伐。40 年间的主、间伐收入合计 3000 元。*PNW* 计算结果见表 9-6。

表 9-6　人工落叶松 40 年期间现值计算

项　目	年　份	货币量/元	不同贴现率的现值/元		
			3%	5%	8%
造林费	1	100	−97.1	−95.2	−92.6
抚育管理费	1~40	5	−115.5	−75.5	−59.8
采　伐	40	3000	919.7	426.1	138.1
合　计			707.1	255.4	−14.3

从表 9-6 中可以看出，由于贴现率 *P* 的不同，经营效果差异很大：

①$P=5\%$，主伐后纯收益 255.4 元；

②$P=3\%$，主伐后纯收益 707.1 元；

③$P=8\%$，主伐后亏损 14.3 元。

从这个例子中可以看出，由于森林经营周期长，更新造林费在总费用中比重大，贴现率则成为影响经营效果的重要因子。

刘建国、于政中等对吉林汪清林业局的长白落叶松人工林经济成熟进行了研究，结果见表 9-7。表中 *PNW* 最高值出现的时间是：$P=3.5\%$时，$t=35$ a；$P=6.0\%$时，$t=30$ a；$P=7.92\%$时，$t=25$ a。显然，*P* 高时，*PNW* 出现的早。

如果以 *PNW* 最高为成熟标准只能说 *PNW* 的总收益最高，但还不是最优的经营效果。根据前面定义的经济成熟标准：$\max(PNW/t_0)$。计算结果见表 9-8。

表 9-7　长白落叶人工林的净现值　　单位：元/hm²

林龄/a	主间伐收入合计	营林成本	森林纯收益	年平均纯收益	净现值(*PNW*)		
					3.50%	6.00%	7.92%
15	11 691	6076	5615	374.3	3352	2343	1979
20	16 917	7675	9242	462.1	4648	2882	2012
25	29 150	9074	19 876	795.0	8410	4631	2957*
30	39 829	10 873	29 019	967.3	10 339	5053*	2949
35	50 374	12 473	37 902	1082.5	11 369*	4931	2631
40	58 887	14 071	44 816	1120.4	11 319	4357	2125

注：* 表示不同贴现率下的最大净现值。

表 9-8 长白落叶松年均净现值 单位：元/hm^2

林龄/a	3.5%		6.0%		7.92%	
	PNW	*PNW/t*	*PNW*	*PNW/t*	*PNW*	*PNW/t*
15	3352	223	2343	156	1979	132
20	4648	232	2882	144	2012	101
25	8410	336	4631	185*	2957*	118*
30	10 339	344*	5053*	168	2949	98
35	11 369*	324	4931	141	2631	75
40	11319	282	4357	109	2125	53

注：* 表示不同贴现率下的最大净现值。

从表 9-8 中的计算结果看，经济成熟龄应该是：$P=3.5\%$时，$t_0=30$ a；$P=6.0\%$时，$t_0=25$ a；$P=7.92\%$时，$t_0=25$ a。

(3) 内部收益率

内部收益率(internal rate of return，IRR)也称贴现率，是指净现值为零时的利率，即费用现值与收入现值相等时的利率。*IRR* 也是评价森林经济成熟的重要方法之一。其计算公式如下：

$$\sum_{t=0}^{n}[R_t/(1+P)^t = \sum_{t=0}^{n}[C_t/(1+P)^t] \tag{9-4}$$

式中 R_t——t 年收入；
C_t——t 年费用；
t——年度；
n——期间；
P——利率(*IRR*)。

用 *IRR* 确定经济成熟，是所经营的林分的各年度收入与费用代入式(9-4)中，求出各年度 *IRR*，找出最大值发生的年度，即为经济成熟龄。

利用表 9-7 资料进行计算，结果见表 9-9。*IRR* 最大值出现在 25 年。

表 9-9 长白落叶松人工林内部收益率

林龄/a	15	20	25	30	35	40
IRR/%	6.42	6.48	7.41*	6.98	6.42	5.77

注：* 表示最大内部收益率。

IRR 的求解是一个设值迭代的过程。求算时先预估一个利率 P_1，计算结果若为正值，再取一个 P_2，$P_2 > P_1$，再进行计算；如果仍为正值，再找一个 P_3，$P_3 > P_2$…，直到出现负值。然后用插值计算，直到计算结果刚好为零时，此时的利率即为 *IRR*。用手工求 *IRR* 较为繁琐；用功能强的计算器或计算机求解十分方便，只需编写一个插值的循环语句，很容易求出 *IRR* 收敛于零的结果。

IRR 能直接反映投资回报率，有利于对不同投资方向的效果进行比较。它所表现的思想是经济学中的一个重要概念，即损益平衡点，其判断经营效果的标准是：

①如果林分的 *IRR* 最大值大于社会平均利率，说明经营能够盈利，应该继续经营。

②如果 IRR 的最大值小于社会平均利率，说明经营已经亏损。

③如果 IRR 的最大值刚好等于社会平均利率，说明经营不亏不盈。

在森林经营中常遇到这样的问题：在众多的林分中收获秩序如何确定？现有林分如果继续经营时，哪些林分收益仍可增加，哪些林分将发生亏损？增值指数(VG)能顺利地解决这些问题。

VG 是指每立方米蓄积量在经营 n 年后，扣除贴现的纯收入增量。计算公式如下：

$$VG = \frac{A'_m - A_m}{M^3} = \frac{A_{m+n}/(1+P)^n - A_m}{M^3} \tag{9-5}$$

式中　A_m—— 第 m 年的纯收入；

A_{m+n}—— 第 $m+n$ 年的纯收入；

A'_m—— 将 A_{m+n} 贴现到第 m 年的纯收入；

P—— 贴现率；

n—— 经营期间；

M^3——单位面积上的蓄积量。

用 VG 确定林分的林木是否成熟的方法是：①$VG>0$，未成熟，可继续经营；②$VG<0$，过熟，继续经营则亏损；③$VG=0$，成熟。

【例 9-3】某林分 1970 年与 1980 年的情况见表 9-10。

表 9-10　某林分 1970 年与 1980 年采伐收入比较

年份	蓄积量/m³	立木价/元	成本/元	纯收入/元
1970	15.3	2300	850	1450
1980	20.0	3000	1000	2000

从纯收入看，1980 年比 1970 年多 550 元，是否说明 1980 年采伐比 1970 年采伐好呢？经计算：

① 当 $P=3\%$，$n=10$ 时，有：

$VG = [2000/(1+0.03)^{10} - 1450]/15.3 = 2.5$(元/m³)

② 当 $P=5\%$，$n=10$ 时，有：

$VG = [2000/(1+0.05)^{10} - 1450]/15.3 = -14.5$(元/m³)

由此得出结论：当 $P=3\%$，未达成熟，继续经营到 1980 年还能盈利；如 $P=5\%$，则要亏损，应在 1980 年之前采伐收获。

在有多个林分成熟的情况下，可根据 VG 的大小安排采伐收获秩序。例如，某林场现有 10 个林分要在以后的几年中采伐，经测算各林分的 VG 和采伐顺序见表 9-11。

表 9-11　某林场林分的增值指数和采伐顺序

林分号	1	2	3	4	5	6	7	8	9	10
VG	8.6	−3.0	7.2	−5.0	2.3	−1.0	0.5	4.0	−0.2	1.0
采伐顺序	10	2	9	1	7	3	5	8	4	6

(4)指率式

指率式(indicating percent)有多种，本节所述是指率的"一般式"。指率的本质就是连年收益率，即1年间价值生长量与资本相比的百分数。计算公式如下：

$$W = \left(\frac{A_{m+1} - A_m}{A_m + B + V}\right) \times 100\% \tag{9-6}$$

式中 A_m——m 年时的林木价；

A_{m+1}——$m+1$ 年时的林木价；

B——地价；

V——管理费。

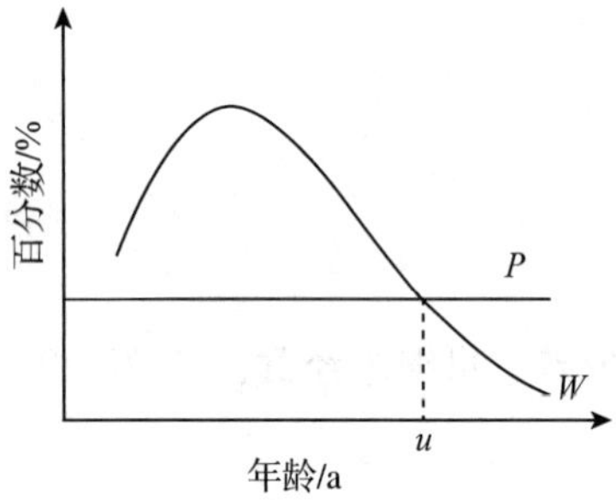

图 9-2 指率变化

W 的变化规律与材积连年生长量的相似(图 9-2)，呈抛物线状，开始小，然后迅速增长，达到最大值后随之下降；当到达一定年龄 u 时，$W=P$(利率)，u 年后，W 永远小于 P。

用 W 判别森林是否成熟，是用 W 与利率 P 进行比较，当 $W>P$，未达成熟；$W<P$，已过熟；$W=P$，到达成熟。

因为 $W>P$ 时，价值生长超过利息率，继续经营盈利；当 $W<P$ 时，继续经营则会亏损；当 $W=P$ 时是盈利与亏损的临界状态，也是采伐收获决策的阶段。

9.2.3 森林经营周期

在森林经营中，经营周期是一次收获到另一次收获之间的间隔期。它在森林经营中起着重要作用，关系到生产计划、经营措施等一系列生产活动的安排。本节所涉及的经营周期主要是轮伐期和择伐周期(回归年)。它们主要用于用材林、能源林、经济林等林种中。轮伐期用于同龄林，择伐周期用于异龄林经营中。

9.2.3.1 轮伐期

轮伐期是以森林永续利用为基础的。在法正林理论思想下，把培育方向相同的林分组成经营类型(作业级)，用轮伐期作为经营类型的时间秩序，即经营周期。因此，在我国以往的有关论述中将轮伐期定义为：为了实现永续利用，伐尽整个经营单位全部成熟林分之后，到可以再次采伐成熟林分所用的期间。实际上轮伐期是指林分的培育、采伐、更新全过程所用的时间，即成熟龄加上更新期。计算方法见式(9-7)。

$$u = a \pm v \tag{9-7}$$

式中 u——轮伐期；

a——森林成熟龄或主伐年龄；

v——更新期。

在式(9-7)中，如果更新期 v 为零时，轮伐期等于成熟龄。在经营水平较高时，人工同龄林 v 一般都为零。更新期 v 只在天然同龄林经营中有明显的作用。因为天然更新通常需要几年的时间才能完成。在法正林模型中，整个经营类型有 u 个林分，轮伐期也为 u 年，每年采伐1个 u 年生的最老林分，u 年刚好采完作业级所有林分一遍。每个林分都是

到 u 年时才采伐，即达到成熟龄时采伐。实质上轮伐期就是林木从更新开始到成熟为止所需要的时间。

轮伐期由成熟龄和更新期组成。森林成熟龄有多种，按照以下原则确定各个林种的森林成熟龄：①用材林、能源林应以经济成熟为主；②防护林以防护成熟和自然成熟为主，其次考虑木材利用问题；③经济林的种类繁多，目的产品各异，用统一的物质量衡量较为困难，只能用经济林成熟作为依据。根据《国家森林资源连续清查技术规定》(2014)，我国主要优势树种(组)的森林成熟及龄组划分标准见第 6 章表 6-2。

9.2.3.2　择伐周期(回归年)

异龄林的收获适用于典型的异龄林分，即从幼龄到老龄各种年龄的林木和从小到大各种径级的林木都有的林分，主伐方式只能用择伐。异龄林，尤其是异龄针阔混交林，与同龄林相比有较高的生物量与生产力，并能充分发挥森林的多种效能，一旦失去则很难恢复。现在用人工方法还不能培育出大面积的有商业生产价值的异龄林。用天然更新方法在几十年内不可能恢复到皆伐前异龄林的状态，可能需要数百年恢复或无论多长时间也无法恢复，因此异龄林的主伐只能采用择伐方式，即每次只采伐部分成熟林木。在异龄林经营中，采伐部分达到成熟的林木，使其余保留林木继续生长，到林分恢复至伐前的状态时，所用的时间称为择伐周期，也叫回归年。

确定择伐周期的常用方法主要有以下 2 种。

(1)径级择伐的择伐周期

所谓径级择伐是将某一径级以上的林木全部采掉的择伐，此种采伐方式计算择伐周期的方法比较简单，计算公式如下：

$$A = a \cdot n \tag{9-8}$$

式中　A——择伐周期；

a——所采林木平均生长 1 个径级所需年数；

n——采伐的径级数。

【例 9-4】有一异龄林分进行择伐作业，计划凡直径大于 30 cm 的林木都采伐掉。林分中最大径级的林木为 40 cm。在此林分中，30~40 cm 的林木每生长 1 个径级(2 cm)平均用 4 年。因此回归年 $A = 4 \times 5 = 20$(年)。

(2)用生长率和采伐强度确定择伐周期的方法

只要确定了林分蓄积量生长率和采伐强度，便可测算出择伐周期。计算公式如下：

$$A = \frac{-\lg(1-s)}{\lg(1+p)} \tag{9-9}$$

式中　A——择伐周期；

s——择伐强度；

p——蓄积量生长率。

【例 9-5】有一个云杉、冷杉混交林分，蓄积量 200 m^3/hm^2，蓄积量生长率 $p = 3\%$，$s = 20\%$，求回归年。将数据代入式(9-9)有：

$$A = \frac{-\lg(1-0.2)}{\lg 1.03} = 7.55 \approx 8(年)$$

计算结果可参考表 9-12，根据择伐强度及生长率即可查出回归年。

表 9-12　生长率、采伐率、回归年速查表　　单位：a

生长率/%	采伐率/%						
	10	20	30	40	50	60	70
1	12	23	40	52	70	92	121
2	6	12	19	26	40	46	61
3	5	8	13	18	24	31	41
4	4	7	10	14	18	24	31
5	3	5	8	11	15	19	25
6	3	5	7	9	12	16	21
7	3	4	6	8	11	14	18
8	2	4	5	7	10	12	16
9	2	3	5	7	9	11	14

在现实中使用式(9-9)求择伐周期时应注意，p 的正确与否是关键，p 应该取择伐后 A 年间的平均值。现实中择伐后的 p 常不知道，一般用伐前几年的平均值代替，这会产生一定的误差，要想解决这个问题，最好的方法是设固定样地长期监测。

9.3　森林经营规模——采伐量

9.3.1　森林采伐量概述

9.3.1.1　森林采伐量构成

一个森林经营单位内所定采伐量是否合理，关系到是否能实现森林资源的永续利用。森林经营建设主要由造林更新、森林抚育、森林采伐 3 部分构成。根据我国《森林法》规定，采伐林木的单位和个人，应当按照优先发展人工更新、人工促进天然更新、天然更新相结合的原则，在采伐后的当年或者次年内必须完成更新造林任务。因此，在我国基本上消灭宜林荒山背景下，森林主伐量的大小，很大程度上决定了森林造林更新规模的大小，而森林抚育间伐规模的计算，则是森林经营建设规划的一个主要内容。

由于采伐性质和采伐方式不同，森林采伐量的分类和计算方法也不相同。采伐性质一般可分为主伐、间伐和补充主伐。所以，一个森林规划设计对象的总年伐量是由森林主伐量、间伐量和补充主伐量 3 部分组成。

森林主伐是对成熟林分的采伐利用。森林主伐方式分为皆伐、渐伐和择伐 3 大类。不同森林结构的森林采取不同的主伐方式。根据不同森林结构的调整要求，主伐方式不同，所依据的采伐量计算公式也不相同。

间伐是在同龄林未成熟的林分中，定期伐去一部分生长不良的林木，为留存林木创造良好的生长环境条件，促进保留林木的生长发育。通过间伐也能获得一部分有商品价值和利用价值的中小规格材，增加林业的经济效益。特别是在人工林中，合理进行间伐，既是一种森林经营措施，又是获得木材的一种重要手段。

补充主伐是对疏林、散生木和采伐迹地上已失去更新下种作用的母树的采伐利用。在森林规划设计中，将疏林、散生木和母树等资源采伐利用，称为补充主伐。

9.3.1.2　计算年伐量的任务

森林规划设计在计算和确定森林采伐量时，有以下 5 项任务：

①在进行主伐量和间伐量计算时，计算单位是经营类型(作业级)。根据各经营类型森林结构的特点、采伐方式和森林调整要求，选择适宜公式进行计算。所计算的年伐量，通常用年伐面积(hm^2)和年伐蓄积量(m^3)两种指标表示。年伐面积和年伐蓄积量都是调整森林结构、编制采伐计划、组织生产作业的重要指标，因此都应加以计算。

②在各公式计算基础上进行分析论证，统筹考虑经营单位的龄级结构、林况和国民经济需材情况，论证和确定各经营类型在经理期内的年伐量。最后论证确定的标准年伐量按林场和林业局汇总，即为全林场或全局的标准年伐量。

③所计算的年伐量根据所规定的材种出材量表或经验数据，计算经济材出材量。

④根据森林资源分布特点和森工采运要求，合理安排伐区，确定采伐顺序。

⑤补充主伐的对象是疏林、散生木和母树，因其不属于有林地范围，组织经营时不纳入各经营类型。因此，补充主伐是按林场为统计单位，将可以进行采伐利用的疏林、散生木和母树加以统计，分别计算其采伐量。

9.3.1.3　计算年伐量的原则

根据森林永续利用原则和森林调整的要求，计算和论证采伐量要努力做到以下 4 点：

①所定的年采伐量应该有利于改善经营单位的年龄结构，同龄林按经营单位内的龄级结构，异龄林则按林分内的径级结构。

②在成、过熟林占优势的原始林，所定的采伐量既要及时利用现有成、过熟林资源，又能在较长时间保持采伐量的相对稳定，避免剧烈变动。

③主伐对象只能是达到成熟阶段，即达到主伐年龄的林分。

④充分利用可以采伐的疏林、散生木资源，积极扩大间伐利用量。

需要说明的是，由于森林资源是一种再生资源，随着林木不断生长和枯损，森林的结构和蓄积量不断在变化。如果再加上人为的经营活动和采伐更新，森林资源的动态变化更为复杂。因此，森林规划设计不能确定一个在轮伐期内永远保持不变的年伐量，而是需要根据森林资源和经济条件的变化，不断定期复查森林资源和重新计算采伐量，以达到森林调整和实现永续利用的目的。通常，这种森林规划设计工作每隔 10 年进行一次，称为经理期。

9.3.1.4　森林采伐限额

对森林实行限额采伐是我国《森林法》所规定。1985 年 6 月 8 日，原林业部根据《森林法》有关条文，公布了《制定年森林采伐限额暂行规定》。规定指出：年森林采伐限额是包括对所有林种森林和林木的主伐、抚育伐、卫生伐、林分改造等各种采伐消耗的总额。所以经国家批准下达的森林采伐限额，是各单位每年以各种采伐方式对森林资源采伐消耗的最大限量。它是国家对森林资源实行限额消耗的法定控制指标。森林采伐限额是指消耗活立木蓄积量，而不是伐倒木材积。

确定采伐限额必须按照采伐量低于生长量的原则。为了保持和发挥森林的生态效益和经济效益，森林采伐量低于森林生长量是当今许多国家公认的经营利用森林资源的一条原则。凡是林业比较发达的国家，都将这一原则列入本国林业法规中。

制定年森林采伐限额，是以经批准的森林经营方案所定合理年采伐量为依据。未编制森林经营方案的林区，要按照林业主管部门提出的对森林资源数据的要求，测算年采伐限额。

森林采伐限额每隔 5 年编制一次。各省(自治区、直辖市)的林业主管部门在编制各单位采伐限额后，经同级人民政府审定后上报国务院。最后经国务院审定批准的年采伐限额是国家对森林资源实行限额消耗的法定控制指标。

9.3.2 森林主伐量的计算

9.3.2.1 面积控制法

对现实林的森林调整和森林主伐量计算，从技术方法上可以分为面积控制法和材积控制法两类。

同龄林实现永续利用理想的森林结构，是要求轮伐期内各龄级的林分面积相等。同龄林的龄级结构状态也是由各龄级的面积分配来反映。所以对现实同龄林的森林调整，其主要任务是调整各龄级不合理的面积分配。采伐量按面积计算和控制，是同龄林实现森林调整的具体手段和方法。从林业生产实践看，按面积控制伐区也较按材积控制伐区简便。所以面积控制法是森林规划设计确定采伐量常用的方法。按面积控制年伐量，首先是计算和确定年伐面积，然后根据年伐面积再计算年伐蓄积量。

(1)面积轮伐法

用这种方法计算年伐量的目的是实现永续利用，并通过采伐利用达到调整龄级结构的目的。其计算公式如下：

$$S_W = \frac{F}{u} \tag{9-10}$$

$$E_W = S_W \cdot m_W \tag{9-11}$$

式中 S_W——年伐面积；

E_W——年伐蓄积量；

m_W——成过熟林单位面积蓄积量；

u——轮伐期；

F——某经营类型总面积。

根据面积轮伐公式计算的年伐量，是要使一个经营单位内所有林分在一个轮伐期内都要采伐一遍。该公式计算方法简单，在龄级结构不均匀情况下，按面积轮伐是调整龄级结构较为简单方法之一。它的特点是在轮伐期内采取一次调整的方法，经过一个轮伐期后，使各龄级的森林面积保持相等，为实现永续利用创造条件。这里需要指出，要实现森林永续利用，轮伐期内按面积均衡利用是一种合理的设想。在一个经营单位内有林地面积总是有限制的，所以要实现永续利用，年伐面积必然受到经营单位面积的限制。经过森林调整后，只有年伐面积的均衡性，才能使采伐蓄积量具有相对的稳定性。

面积轮伐公式较适用于成、过熟林占优势的原始天然林。对这类森林，应尽量考虑在一个轮伐期内实现按面积采伐的相对均衡。只要现有成、过熟林到轮伐期的末期仍未超过自然成熟龄，那么按面积轮伐公式的计算值就是合理的年伐量。如在轮伐期内现有成、过熟林将超过自然成熟龄，则在安排伐区时优先考虑采伐过熟林，以便在达到自然成熟龄前伐完过熟林。

(2) 成熟度公式

这个公式的出发点是在一个龄级期间采伐完现有的成、过熟林资源。计算公式如下：

$$S_W = \frac{S_4 + S_5}{a} \tag{9-12}$$

式中　S_W——年伐面积；

S_4——成熟林面积；

S_5——过熟林面积；

a——龄级期。

按成熟度公式计算的年伐量是说明在一个龄级期限内每年采伐成熟林的数量。这个公式考虑的范围较窄，它只考虑现有的成、过熟林资源的及时利用，没有顾及成熟林以下后备资源的多少。当龄级结构比较均匀的经营单位，在一个龄级期间采完成熟林后，将有相应面积(也可能略大或略小)的近熟林进入成熟林，到下一龄级期又有成熟林可采，这样可以保持年伐量的相对稳定。

在另一种情况下，当经营单位的龄级结构不均匀时，如按成熟度公式计算值进行采伐，就将产生轮伐期内年伐量有很大的波动。例如，当成、过熟林占优势时，应用成熟度公式计算的年伐量，将在 10 年或 20 年内采伐掉占比重很大的成、过熟林资源。这虽可及时利用成、过熟资源，但如果缺少后备资源，将造成下一龄级期间采伐量骤降。相反，如果经营单位内的近熟林比重较大，则在下一个龄级期的采伐量将大大增加。这种采伐量的急剧变化都不符合合理经营的要求。

(3) 林龄公式

按林龄公式计算年伐量是按面积调整龄级结构的一个重要公式。它在计算年伐量时，除了将成、过熟林纳入计算范围外，还考虑了近熟林，甚至中龄林的一部分。其目的是在 2~3 个龄级期间，使采伐量保持相对稳定。

林龄公式的计算期是 2~3 个龄级期，根据计算期的长短，还区分为第一林龄公式和第二林龄公式两种方法。

第一林龄公式是把成、过熟林和近熟林面积被两个龄级期除，用面积表示的年伐量公式为：

$$S_W = \frac{S_3 + S_4 + S_5}{2a} \tag{9-13}$$

式中　S_3——近熟林面积；

其他字母同式(9-12)。

这个公式的计算数值表示年伐量在两个龄级期间按面积保持均衡。它不是按整个轮伐期调整龄级结构的方法。

现有的近熟林经过 1 个龄级期后将全部进入成熟林，而现实的采伐对象只能是成熟林。在计算年伐蓄积量时应将由近熟林过渡到成熟林这段时间的生长量考虑进去。故第一林龄公式的年伐蓄积量按照式(9-13)计算。

当经营单位内成、过熟林和近熟林的面积相差悬殊的情况下，利用第一林龄公式计算采伐量不可避免会出现以下缺点：当成熟林少，而近熟林多，在经理期内成熟林资源不够采伐，就会将一部分近熟林过早地采伐掉。另一种情况，当成、过熟林所占比重相当大，但近熟林则较多，为了达到调整龄级结构的目的，按第一林龄公式计算的年伐量进行采伐，就要延长现有成、过熟林的采伐年限。但只要在达到自然成熟龄之前，采完现有成、过熟林，就可以认为是合理的。如果在两个龄级期的末年，现有过熟林届时将超过自然成熟龄，这就会造成森林资源腐朽引起的损失。

第二林龄公式是把中龄林、近熟林和成、过熟林总面积被 3 个龄级期除，用面积表示的年伐量如式(9-14)：

$$S_W = \frac{S_2 + S_3 + S_4 + S_5}{3a} \tag{9-14}$$

式中　S_2——中龄林面积

　　其他字母同式(9-13)。

如果中龄林包括两个以上龄级时，只取其靠近近熟林的一个龄级纳入计算范围。第二林龄公式的目的是在更长的时间内使采伐量保持稳定。如果以 20 年为 1 个龄级期，则将保持在 60 年内采伐量实现相对稳定，并把计算期延长至 3 个龄级期。

9.3.2.2　材积控制法

应用材积控制法计算年伐量是弥补面积控制法中年伐蓄积量不稳定的缺点。它的主要特点是期望在轮伐期间有等量的年伐材积，并用材积(蓄积量或生长量)来控制采伐量。采用材积控制法，影响年伐量计算的主要因子是现实林的蓄积量、生长量和期望理想结构的法正蓄积量。材积控制法的调整目的，是把现实林蓄积量调整为具有最高产量的法正蓄积量状态。近两个世纪来，各国林学家提出按蓄积量或生长量计算和调整采伐量公式不下数十种，以下介绍一些具有代表性的公式。

(1)*较差法*

这个公式最早出现于奥地利，最初称卡美拉尔塔克斯(Kameraitaxe)法，即奥地利评价法，后经海耶尔(Carl Heyer)修改，所以又称海耶尔公式。年伐蓄积量(E_W)由下式求得：

$$E_W = Z_W + \frac{V_W - V_n}{a} \tag{9-15}$$

式中　E_W——年伐蓄积量；

　　Z_W——现实林连年生长量；

　　V_W——现实林蓄积量；

　　V_n——法正蓄积量；

　　其他符号同式(9-14)。

这个公式的基本思路是经过一定的调整期 a，将经营单位现实林蓄积量调整为法正蓄积量，使 $V_w = V_n$。

为达到调整目的，年伐量是以现实林的生长量为基础来确定。因现实林蓄积量与法正蓄积量相比有一定差数。为使现实林蓄积量导向法正蓄积量，要使年伐量在现实林连年生长量基础上，再加上或减去 $\frac{V_W - V_n}{a}$ 的数值来进行调整。当 $V_W > V_n$ 时，$\frac{V_W - V_n}{a}$ 为正值，也即当现实林以成过熟林占优势，则现实林蓄积量就大于法正蓄积量。此时年伐量应大于现实林生长量，为此需将数值为 V_W-V_n 的这部分蓄积量于调整期 a 年间平均分配采伐，使现实林蓄积量导向法正蓄积量。

相反，如果在现实林中以中、幼龄林占优势，则 $V_W<V_n$，此时 $\frac{V_W - V_n}{a}$ 为负值。调整措施是使年伐量小于现实林生长量，目的是使现实林积累蓄积量，逐步将现实林导向法正蓄积量。

海耶尔公式虽然简单，但它说明了森林经营单位内采伐量和生长量、蓄积量之间的相互关系。海耶尔公式不仅适用于皆伐作业的同龄林，也能用于择伐作业的异龄林采伐量计算。

(2)马尔丁法

此法最初是由德国学者马尔丁(Martin)在1832年提出，故称马尔丁法。其理论根据也是来源于法正林理论。在经营单位内龄级结构调整到均匀分配的法正状态时，使收获量等于各林分的连年生长量，用生长量来控制收获量，以实现经营单位内的永续利用。由于在实际工作中，对大面积的森林难以测定其连年生长量，马尔丁提出用各龄级平均生长量之和代替各林分的连年生长量之和，以求其近似值。其公式如下：

$$\begin{aligned}\text{年伐蓄积量} &= Z_1 + Z_2 + \cdots + Z_n \\ &= \frac{m_1}{a_1} + \frac{m_2}{a_2} + \cdots + \frac{m_n}{a_n}\end{aligned} \tag{9-16}$$

式中 Z_1，Z_2，…，Z_n—— 各龄级平均生长量；

m_1，m_2，…，m_n——各龄级的蓄积量；

a_1，a_2，…，a_n——各龄级年龄中值。

按生长量控制收获量原理所计算的年伐蓄积量，实际应包括经营单位内间伐和主伐两种消耗量。在只考虑主伐时，采伐对象只是成、过熟龄林分，相当于平均生长量总和的年伐蓄积量只能从采伐成熟林以上的林分中取得，所以要根据成、过熟林平均每公顷蓄积量计算出按平均生长量控制的年伐面积，计算公式如下：

$$S_W = \frac{E_W}{m_u} \tag{9-17}$$

式中 S_W——年伐面积；

E_W——年伐蓄积量；

m_u——成、过熟林单位面积蓄积量。

按平均生长量来控制采伐量，只适用于按龄级分配均匀的经营单位。需要指出的是，上述根据龄级表所计算的数值并不是经营单位内各林分真正的平均生长量，因为这个平均生长量并不包括自然稀疏的枯损量和各种间伐量。它仅是计算现实林各龄级平均生长量而得的数值，因而它是一个比实际生长量偏小的数值。

值得注意的是，当经营单位龄级分配不均匀时，按平均生长量来控制采伐量就不能满足经营要求。例如，当经营单位中是以成、过熟林占优势，按经营利用要求应当及时采伐利用这些成过熟林资源。当成、过熟林占优势时，无论是平均生长量或连年生长量都处于下降趋势。因此，如按数值不大的平均生长量来确定年伐量，就会引起成、过熟林资源继续积压，从而造成自然枯损量和病腐率增加。显然，在这种情况下采伐量应大于平均生长量。反之，如果在经营单位中缺少成、过熟林而幼、中龄林占优势时，由于幼、中龄林生长旺盛而使平均生长量数值相当高，但因缺少成熟林，如按平均生长量确定年伐量，就会在短期内采伐完目前仅有的少量成熟林。很明显，在这种情况下年伐量应低于平均生长量。

(3)检查法

最早提出检查法(control method)的是法国林学家顾尔诺(Gurnaud)。检查法的基本思路是在异龄林通过择伐作业，使林木各径级之间按蓄积量保持一定比例关系，以获得目的树种最大生长量和优良树种。为达此目的，采用经营单位的材积定期平均生长量来控制和调节择伐量。

这种方法是要定期对全林进行每木调查，测定各径级株数和材积，根据前后两次调查结果和统计两次调查期间的择伐量，计算林分定期平均生长量，其计算公式如下：

$$Z = \frac{M_2 - M_1 + C}{a} \tag{9-18}$$

式中 Z——经营单位定期平均生长量；

M_2——本次调查的全林蓄积量；

M_1——上次调查的全林蓄积量；

C——调查间隔期内的择伐量；

a——调查间隔期。

所计算的定期平均生长量 Z 作为调节下一间隔期间每年择伐量的尺度。但根据各径级现有蓄积量比例和调整蓄积量结构的要求，确定下一间隔期间平均择伐量可大于、小于或等于定期平均生长量。通过多次复查和调整，使蓄积量、生长量和择伐量之间关系趋于最理想状态。

检查法的收获调整法属于按胸径测定连年生长量的生长量法。它的主要特点是定期进行每木调查，用所测定的生长量作为预定择伐量的依据。在实施过程中，还要根据实际林分情况调整择伐量：检查法在实施时也存在以下一些问题而影响其推广：①生长量调查要花费大量人力、财力和时间；②测定生长量技术比较复杂，不易获得较精确的生长量数据；③预定择伐量在实施时，要根据林分生长发育实际情况进行调节，因此要求执行者具有熟练的技术。

(4)数式平分法

该法最初由日本和田国次郎提出，故又称和田公式，1975 年前在日本国有林中曾广泛应用。其计算公式如下：

$$E_W = \frac{V_W}{u} + \frac{Z_W}{2} \tag{9-19}$$

式中 E_W——年伐蓄积量；

V_W——经营单位总蓄积量；

Z_W——各龄级平均生长量之和；

u——轮伐期。

该式计算年伐蓄积量时，既考虑到现有林蓄积量，也考虑到经营单位的平均生长量，也属蓄积量结合生长量公式。该公式适用于龄级结构相对均匀或成、过熟林比重较大的经营单位，不适用于幼、中龄林占优势的经营单位。当一个经营单位内成、过熟林占优势时，拥有较多的利用蓄积量，而其生长量已趋下降阶段。但在正常情况下，在成、过熟林到达自然成熟龄之前，仍会有一定数量的生长量。因此年伐量除了有 V_W/u 这项之外，还需要在公式中加上生长量 $Z_W/2$ 这项。在老龄林占优势时采用此公式，目的是在一个轮伐期内尽量延长利用蓄积量的采伐年限，以实现森林永续利用。

同龄林的龄级结构状态是由各龄级的面积分配来反映。所以，实现同龄林的森林调整主要是通过面积控制法。但面积控制法的最大缺点是容易造成经理期内各年度的采伐蓄积量可能有大幅度的变动。材积控制法的主要优点是能满足经营者在经理期间有稳定的年伐蓄积量，能按采伐蓄积量完成生产计划。但是只利用蓄积量控制年伐量，对同龄林的经营单位很难实现龄级结构的调整。所以，从同龄林的森林调整要求来看，材积控制法不如面积控制法效果明显。材积控制法更适用于异龄林的森林调整。异龄林按材积控制年采伐量，用以调节利用量、蓄积量、生长量之间的比例。

因此，对同龄林的经营单位，单独使用面积控制法或材积控制法，都不能对森林调整得到最优解。在生产实践中，常把两种方法结合起来使用，才能取得满意的结果。其基本思路是在面积控制法有关公式计算基础上，再结合材积控制法适宜公式的计算，用所计算的年伐蓄积量，在按年度落实伐区时，用以检查、调整和控制年伐面积和年伐蓄积量。这就是在实际应用中，在面积控制的同时再采用蓄积量和生长量加以限制，而材积控制法要用面积来限制和调节。如能很好把这两种方法结合起来运用，其调整效果要比单一方法好。

9.3.3　补充主伐的采伐量

补充主伐是指疏林、散生木和采伐迹地上已失去作用的母树的采伐利用。纳入主伐量计算的林木只是属于有林地的面积和蓄积量，并且不包括疏林、散生木、母树等资源。根据第九次全国森林资源清查(2014—2018 年)结果，我国疏林蓄积量为 1.00×10^8 m^3，散生木蓄积量为 8.78×10^8 m^3，分别占全国活立木总蓄积量 185.05×10^8 m^3 的 0.54%和 4.75%。为提高森林生产力，应该将这部分疏林进行合理采伐利用，并合理更新营造幼林。对这部分资源的采伐利用称为补充主伐。补充采伐是否可以结合其他经营措施来进行，则视森林经营水平和其他条件而定。补充主伐采伐量计算方法较为简单，现分述如下：

9.3.3.1　疏林

疏林地是指疏密度小于 0.2 的中龄林和成、过熟林。疏林地因疏密度低，不能充分利用地力，为提高森林生产力，对已达成熟的疏林需要及时采伐利用，伐后重新造林。

$$\text{疏林年伐量(面积或材积)} = \frac{\text{需要采伐的疏林(面积 / 材积)}}{\text{采伐期限}} \tag{9-20}$$

采伐期限的长短，不必与经理期相等，可根据具体经营条件，在若干年内采完。对于风景林、卫生疗养林、防护林和尚能起到天然下种能力的疏林不宜列入采伐对象。

9.3.3.2 散生木

散生于幼、中龄林中的过熟木，呈单株或群状分布，影响周围幼、中龄林的生长，故也称为“霸王树”或“老狼木”。因大部分散生木属过熟木，如等到周围幼、中龄林成熟时一起采伐，则会引起病腐和影响幼、中龄林生长。所以在有条件时，应该将这些散生木列入采伐计划。采伐散生木时，也会损伤周围未成熟林木，应权衡其得失，以确定采伐散生木的工作量。在经理期内列为补充主伐的散生木，应在外业调查时，调查每公顷株数，平均单株材积和蓄积量，并注明是否应予采伐。散生木的年伐量计算，是把指定采伐的各小班内散生木蓄积量之和被一定的采伐期限除，即得散生木年伐量。

9.3.3.3 母树

采伐迹地上留作天然更新的母树，在下列情况下应该予以采伐：①已完成天然下种作用；②所留母树没有起到预定的更新作用，并发生风倒或其他原因而接近枯死；③伐区上被其他树种更替，使保留母树不能发挥作用。

对采伐迹地上的母树，是否应该采伐，应在外业调查时确定，并调查其每公顷株数和蓄积量。其年伐量计算方法与散生木相同。

9.3.4 间伐量的确定

对皆伐作业的经营单位，在主伐前进行的抚育性质的采伐利用称为间伐利用。间伐利用有抚育采伐和卫生伐 2 种。

抚育采伐是一种森林经营措施。主要目的是通过间伐提高保留林木的生长量和材种质量。但间伐也是利用木材的一种重要手段，通过间伐可以增加林分中木材总利用量。主伐前通过合理间伐，其间伐量可以达到林分总产量的 50%～60%。在林分生长发育过程中，由于林木分化和自然稀疏，必然有一部分林木逐渐衰弱而成枯立木。间伐利用就是及时利用这一部分中小径材。只要合理控制间伐强度，就完全能增加单位面积上木材总利用量。一些林业先进的国家都非常重视间伐利用。例如，瑞典和芬兰的间伐量占总采伐量的 40%～50%，英国占 70%，这些国家一般都在主伐(皆伐作业)前，进行 1～3 次间伐，既能使森林保持适宜密度改善林木生长条件，同时又增加利用量和林业收入。

9.3.4.1 抚育伐采伐量

计算抚育伐的采伐量，要先确定以下 4 个因子：①需要进行各种抚育采伐的面积；②间伐开始期；③每次间伐强度；④采伐间隔期。

抚育采伐一般分透光伐、除伐、疏伐和生长伐 4 种。在同龄林中，通过疏伐和生长伐，可获得中小径材。为确定各种抚育伐的面积，将幼龄林、中龄林、近熟林中郁闭度大的小班，按经营单位分别统计不同抚育种类的面积。

关于间伐开始期的确定，从林学观点出发，间伐开始期宜早。例如，在我国东北林区，针叶树、硬阔叶树在林龄 11～20 年进行，软阔叶树在林龄 6～10 年进行。森林抚育的主要目的是调整林木组成，为保留木创造适宜的营养面积。间伐开始期的确定，要根据树种特性、林分生长情况、间伐木的利用价值综合考虑。

从林分生长情况来看，当幼林的材积连年生长量有明显下降时，即应开始间伐。从经济条件来看，间伐所得到的小径材能得到充分利用的林区，可早些开始间伐。如间伐后所得木材缺乏销路或经济收益不能抵偿开支，则可推迟进行。

抚育采伐间隔期(重复期)是指两次间伐相隔的年数。间隔期的长短，取决于间伐后林分郁闭度增长的快慢。在间伐后若干年，如林木树冠开始互相干扰、影响树木生长时，即应再进行间伐。影响间伐期长短的因素，主要由树种的耐阴喜光程度、间伐强度、不同年龄阶段的生长速度。疏伐间隔期一般为 5~7 年，生长伐间隔期为 10~15 年。

抚育伐的采伐强度，可按郁闭度、株数或蓄积量控制。在计算采伐量时，采伐强度一般是按蓄积量为计算因子，它是用采伐林木的材积占伐前林分蓄积量的百分比表示采伐强度的大小。采伐强度的大小，直接影响到林分总产量，对抚育采伐是否能提高林分总产量仍有争论。多数学者认为，即使采伐强度控制得很好，抚育采伐只不过是充分利用自然枯损那一部分林木，但它不能增加林分总产量。如采伐强度过大，抚育采伐的后果肯定是要降低林分总产量，因此，为了能保证林分在单位面积上能获得最高木材产量，每次间伐量不应大于采伐间隔期内的林分总生长量。例如，某经营单位每公顷平均生长量为 5 m^3，间隔期为 5 年，最大间伐量不应超过 25 m^3/hm^2。实际应用时，间伐量还应稍低于生长量，按生长量的 70%或 80%计算间伐量。此外，确定间伐量还要考虑多方面因素，如树种特点、立地条件、林况、上一次的间伐强度和经济因素等。不同林区各树种的合理间伐强度应通过科学研究加以确定。

按各种抚育采伐种类确定了上述 4 项因子之后，即可按以下公式计算：

$$\text{抚育年伐量面积} = \frac{\text{需要进行抚育采伐的面积}}{\text{抚育伐间隔期}} \tag{9-21}$$

$$\text{年伐蓄积量} = \text{年伐面积} \times \text{平均每公顷蓄积量} \times \text{间伐强度} \tag{9-22}$$

上述计算分别按所设计的抚育种类进行，汇总后即得某经营单位的抚育年伐量。

9.3.4.2　卫生伐采伐量

卫生伐的对象是指在一定年限内及时伐除那些因遭森林火灾或受病虫害严重危害的枯死木、损伤木和被害木。这些林木如不及时伐除，不但要损失相当一部分蓄积量，而且还将危及邻近生长正常的林分。在集约经营的林区，经常不断地进行卫生伐是不断改善林况的一项重要经营措施。在经营粗放的林区，对因发生大面积森林火灾或病虫害的森林，也需要及时采取措施，组织人力及时进行清理现场、采伐利用，不使其继续蔓延。关于卫生采伐的对象，凡是在主伐范围内已纳入按林况公式计算或已列入抚育采伐对象的，都不应再包括在卫生伐的计算范围内，以免重复计算。

需要进行卫生采伐的对象，应在森林资源调查时根据当地林分卫生情况和经营条件提出调查要求，然后根据要求，调整并统计其需要进行卫生伐的面积和应伐除林木的总蓄积量。根据具体林况和经营条件，规定采伐年限(一般为 1~5 年)。

卫生伐的年伐量用下式表示：

$$\text{年伐面积} = \frac{\text{需要进行卫生伐的总面积}}{\text{采伐年限}} \tag{9-23}$$

$$\text{年伐蓄积量} = \frac{\text{需要伐除的枯死木、受害木总蓄积量}}{\text{采伐年限}} \tag{9-24}$$

9.4 森林类型划分

为促进因林施策，科学经营，对不同森林类型采取有针对性的经营措施，按照森林起源、树种组成、近自然程度和经营特征，将森林划分为天然林、近天然人工林和人工林3类。天然林又划分为原始林、天然过伐林、天然次生林和退化次生林，人工林又划分为人工混交林、人工阔叶纯林和人工针叶纯林。

9.4.1 原始林

由天然原生树种形成，没有明显的人为活动，生态环境保存完好，树种组成和整体生态过程基本没有受到干扰。该类森林具有丰富的生物多样性、很高的保护价值和科学考察价值，应依法采取严格的保护措施。

9.4.2 天然过伐林

由天然原生树种形成，经不合理的过度采伐利用之后残留的林分，其树种构成和生态过程偏离了自然应有的状态，森林结构、功能和动态变化已经超出了森林自身的短期恢复能力。该类森林的林相为异龄复层，上层较稀疏，林下多具有明显的更新层或演替层，主要树种有明显的恢复趋势，自然特征明显，通过天然更新或辅以人工促进更新措施可逐步恢复到原生状态。

9.4.3 天然次生林

原始林经过高强度采伐、火烧等人为干扰或严重的自然灾害破坏后，大部分原生植被消失，主要依靠自然力由大量萌生林木和部分实生林木形成，其树种组成和结构复杂。该类森林通过人工辅助经营措施促进正向演替，提高林分质量和价值，恢复地带性顶极群落的潜力较大。

9.4.4 退化次生林

部分天然次生林受过度的人为或自然干扰，主林层持续退化，天然更新不足，导致原有的演替进程中断或进行逆向演替，林分质量和利用价值低。该类森林自然恢复过程复杂、漫长，需要采取积极的人工促进天然更新措施，以扭转逆向演替，逐步恢复森林功能。

9.4.5 近天然人工林

起源于人工造林又经过计划性保护和促进天然更新后形成，或者是人工林因长期放弃经营利用，导致大量天然更新林木进入主林层后形成，其结构兼有天然林和人工林成分。随着我国公益林建设和保护的推进，该类森林数量日益增加，亟待加强抚育经营以提高其质量和稳定性。

9.4.6 人工混交林

由2个以上树种组成，起源于人工造林，主要包括人工阔叶混交林、人工针阔混交林和人工针叶混交林。该类森林经过各种优化林分结构、促进发育过程的抚育措施，实施近自然经营，可逐步形成以天然更新林木为主、多功能、近自然度较高的人工混交异龄林。

9.4.7　人工阔叶纯林

由单一阔叶树种组成，起源于人工造林，包括由杨树、桉树等速生阔叶树种构成的人工纯林。大部分阔叶纯林具有较高的生态系统支持和环境维护功能。但速生阔叶树种人工纯林的抗逆性、稳定性较差，易受病虫危害，抗灾御灾能力弱，应通过抚育采伐、冠下补植等多措并举，调整树种结构，增强稳定性。

9.4.8　人工针叶纯林

由单一针叶树种组成，起源于人工造林，包括由杉木、马尾松、落叶松等针叶树种组成的人工纯林。我国存在大量速生针叶树种人工林，经长期多代连作，土壤退化、生产力下降、抗病虫害能力降低等问题突出，应实施近自然经营，诱导其转化为结构复杂、树种多样的异龄混交林。

9.5　森林作业法设计

9.5.1　森林作业法的定义

森林作业法是根据林分特征和经营目标，从森林建立、培育到收获利用所采用的一系列技术措施的综合，是针对特定森林类型把经营目标、技术过程和作业处理等 3 大类要素集成为一个整体的技术工具。按照目的树种构成、起源、采伐更新方式、产品类型和作业空间格局等划分不同的作业法，形成相应的作业技术体系。森林作业法一经确定必须长期稳定执行，不得随意更改。

9.5.2　森林作业法的分类

(1)按森林树种和起源分类

森林作业法按森林树种和起源可划分为：

①乔林作业法　主要针对由实生而高大的林木构成的森林执行，以培育结构合理并有尽可能高的生长量、蓄积量和产品价值(包括非物质化的服务功能性产品)的森林为目标的各类森林抚育的集成技术。

②矮林作业法　针对主要由多次采伐利用后的萌生林木构成的森林所实施的作业法，技术要点是尽可能多和快的生产能源用材或小型材。

③中林作业法　针对上层实生林木和下层萌生林木构成森林，同时生产大量小型材或能源用材，并且产出少量但高价值大径材的营林技术。

④竹林作业法　生产性竹林或竹乔混交林使用的作业法。

⑤其他特殊作业法　针对灌木林、退化森林和特殊地段的稀疏或散生木林地需要执行的作业法。

(2)按森林采伐更新方式分类

森林作业法按采伐更新方式可分为：

①同龄林皆伐作业法　可用于乔林(高林)和矮林。

②两层同龄林伞伐作业法　通常用于天然更新能力强的乔林，以促进和利用天然更新为主要特征，又称渐伐作业法。

③异龄林择伐作业法　是乔林、中林、矮林都可能使用的作业法。

森林作业法按产品类型可分为大、中、小径材作业法。

森林作业法按抚育采伐作业的空间格局(强度)指标可分为块状、团状、带状、群状；径级或单株等作业方式。

9.5.3　乔木林作业法设计

乔木林作业法设计包括3个技术要素：①森林发育进程发展类型或目标林相；②针对林分初始条件(现状)的作业措施设计；③森林经营全周期的概念性措施设计。

按照经营对象和作业强度由高到低的顺序，以主导的抚育采伐方式命名，乔木林作业法可划分为7种，适用于不同森林类型和培育目标。

9.5.3.1　一般皆伐作业法

属于传统皆伐作业法，适用于速生丰产用材林和短轮伐期用材林经营。通过植苗或播种方式造林，幼林阶段采取割灌、除草、浇水、施肥等措施提高造林成活率和促进林木早期生长。幼、中龄林阶段根据林分生长状况，采取透光伐、疏伐、生长伐和卫生伐等措施调整林分结构，促进林木快速生长。对达到轮伐期的林木短期内一次皆伐作业或者几乎全部伐光(可保留部分母树)。伐后采用人工造林更新或辅助天然更新恢复森林。对多功能经营，该作业法可采取以下改进措施：①延长轮伐期提高终伐径级；②增加抚育作业次数，例如，由原有的1~2次增加到3~4次；③减少主伐时的皆伐面积，通常要求一次皆伐连续作业面积控制在5 hm^2 以内。

9.5.3.2　镶嵌式皆伐作业法

适用于地势平坦，立地条件相对较好的区域，以林产品生产为主兼顾生态效益发挥的森林经营；也适用于低山丘陵区营造的速生树种纯林经营。该作业法在一个经营单元内以块状镶嵌的方式同时培育2个以上树种的同龄林。每个树种培育过程与一般皆伐作业大致相同。主伐利用时，每次皆伐作业面积不超过2 hm^2，皆伐后采用不同的树种造林或促进天然更新恢复森林。采伐皆伐面积小，对环境的负面影响较小，能保持森林景观稳定、维持特定的生态防护功能。

9.5.3.3　带状渐伐作业法

适用于多功能兼用林经营。该作业法以带状或群团状的方式采伐成熟的林木，利用林隙或林缘效应实现种子传播并提高光照来激发林木的天然更新能力，实现林分更新，是培育高品质木材的经营体系。采伐作业以一个林隙为核心以环状扩大方式，或者以带状方式从更新核心向两侧展开。每次采伐作业的带宽为1~1.5倍树高范围，通过持续采伐作业，形成渐进的带状分布同龄林。在立地条件适宜的前提下，也可促进耐阴树种、中生树种和喜光树种在同一个林分内更新，形成多树种带状和群团状混交的异龄林。对于林带两侧上层林木，根据林木生长状况，采取生长伐、卫生伐、修枝等措施调整林分结构，促进林木生长。

9.5.3.4　伞状渐伐作业法

适用于天然更新能力好的速生阔叶树种经营，培育相对同龄林，是利用天然更新能力强的树种培育高品质木材的恒续林经营体系。森林抚育以促进林木生长和天然更新为目标，由疏伐、下种伐、透光伐和除伐等 2~4 次抚育性择伐作业构成。疏伐是在中龄林阶段针对林分选择目标树后开始第 1 次择伐，通常每隔 1 株伐 1 株，伐除相对弱小或干形不好的林木，株数采伐强度控制在 20%左右。下种伐在疏伐后的 5~7 a 内进行，通常行间错开，每隔 2 株伐 1 株，株数采伐强度控制在 30%以内，使部分目标树承担母树角色，改善全冠生长条件，增加结实和下种量，同时注意保护次林层中的优良二代目标树。透光伐在下种伐后的 5~7 a 内进行，改善林下天然更新幼树生长的光照条件，确定高价值目标树，株数采伐强度不超过 40%。除伐是采伐第一代林木，转入第二代林木培育。该作业法林分中，更新幼树在上一代林木的环境下生长，利于上方遮阴促进幼树高生长，也避免了多枝多节和弯曲分叉等干材质量问题，提高了木材产品质量，同时保持森林的连续覆盖和木材持续利用。

9.5.3.5　群团状择伐作业法

适用于多功能兼用林经营，是培育恒续林的传统作业法。该作业法以收获林木的树种类型或胸径为主要采伐作业参数，群团状采伐利用符合要求的林木，形成林窗，促进保留木生长和林下天然更新，结合群团状补植等措施，建成具有不同阶段的更新幼树到百年以上成熟林木的异龄混交林。适用于坡度小于 15°以下的山地或者平缓地区森林，以较低的经营强度培育珍贵硬阔叶树种和大径级高价值用材，兼具涵养水源、维持生物多样性、提供生态文化服务等生态功能。

9.5.3.6　目标树单株木作业法

适用于各类森林。该作业法对所有林木进行分类，划分为目标树、干扰树、生态目标树和一般林木，选择目标树、标记采伐干扰树、保护生态目标树。通过采伐干扰树、整形修枝、在目标树上坡处做水肥坑等方式，促进目标树生长，提高森林质量、提升木材价值，最终择伐利用成熟目标树。主要利用天然更新方式实现森林更新，采取割灌、除草、平茬复壮等方式，结合人工补植促进更新层目标树的生长和发育，使目标树的生长、结实、更新始终保持在一个更高的水平上，成为理想的林分建群个体，确保了森林生态系统物质能量关系的平衡和主要生态功能的维持和增强。

9.5.3.7　封育保护作业法

主要适用于重点公益林经营。该作业法以自然保护为主，严禁收获利用和放牧采薪等干扰活动，适度开展保护促进天然更新珍贵树种幼苗幼树、抚育促进优势单株林木、开发利用林下植物资源等经营活动。主要利用天然更新和割灌、除草等人工促进天然更新的方式实现森林演替，更新不足的情况下进行必要的人工辅助补植。

9.6　主要森林经营措施

9.6.1　森林经营措施分类

9.6.1.1　造林措施

一般指在宜林荒山荒地新造林措施，主要有植苗、播种和分殖 3 种。

9.6.1.2　更新造林措施

通常是指在采伐迹地上恢复森林的措施，主要包括人工更新、天然更新、人工促进天然更新3种。

9.6.1.3　森林抚育措施

从幼林郁闭成林到林分成熟前根据培育目标所采取的各种营林措施的总称，包括抚育采伐、补植、修枝、浇水、施肥、人工促进天然更新，以及视具体林况进行的割灌、割藤、除草等辅助作业活动。

森林抚育措施中最重要的是森林抚育采伐，即根据林分发育、林木竞争和自然稀疏规律及森林培育目标，适时适量伐除部分林木，调整树种组成和林分密度，优化林分结构，改善林木生长环境条件，促进保留木生长，缩短培育周期的营林措施。抚育采伐又称间伐，包括透光伐、疏伐、生长伐和卫生伐4类。

9.6.1.4　退化林修复措施

是对由于自然或人为因素影响导致内在机能退化且服务功能低下的森林，在利用自然生态系统的自我恢复能力基础上，为促进正向演替，提高林分质量、恢复生态系统功能而采取的补植补造、更新改造、抚育间伐、封育、效应带改造等措施，培育稳定高效森林。主要经营措施包括补植改造、更替改造、抚育改造、调整改造、效应带改造和综合改造。

我国天然林和人工林中都存在大量的退化林分。全国天然林面积中，94%为过度采伐形成的次生林和过伐林。因此，退化林修复改造的任务十分繁重。

9.6.2　主要经营技术措施

9.6.2.1　造林

造林包括人工造林、飞播造林和封山育林等措施。

(1)人工造林

按照《造林技术规程》(GB/T 15776—2016)，根据造林地质量、苗木种类和已有的试验结果，制订林地清理、整地方案，确定肥料配方、施肥时间和单位面积施肥量，以达到蓄水保墒、维护林地生产力的目的。依据树种特性、造林地质量、培育目标和密度试验成果，确定造林方式(播种造林、植苗造林或分殖造林)、最佳初植密度、混交类型和混交比例，以提高造林成活率，增强造林效益。

(2)飞播造林

按照《飞播造林技术规程》(GB/T 15162—2018)，确定适宜飞播区和飞播树(草)种，播前完成飞播区地面处理和种子及物资准备工作，播后通过封育管护、补植补播、复播等措施提高播区造林成活率。

(3)封山育林

按照《封山(沙)育林技术规程》(GB/T 15163—2018)，对具有天然下种或萌蘖能力的疏林、无立木林地、宜林地、灌丛实施封禁，保护植物的自然繁殖生长，辅以人工促进手段，恢复形成森林或灌草植被。对低质、低效有林地、灌木林地进行封禁，辅以人工促进改培措施，提高森林质量。

9.6.2.2　森林抚育

森林抚育包括幼林管护、透光伐、疏伐、生长伐、卫生伐、修枝、补植和割灌除草等措施。

(1)幼林管护

采取扩穴培蔸、斩(锄)草、选育定株和修枝补植等方式，开展幼林管护，改善幼树生长条件，利于尽快郁闭成林。干旱、半干旱地区采用滴灌或喷灌等节水灌溉技术进行浇灌；喜肥性强的速生树种，造林当年和翌年追肥；经济林强化田间园艺管理，多施有机肥，改良土壤。郁闭前实行封育管理，严禁放牧、狩猎、挖药材和易损伤幼苗的经营活动，及时清除严重受害木。

(2)透光伐

在林分郁闭后的幼龄林阶段，当目的树种林木受上层或侧方霸王树、非目的树种等压抑，高生长受到明显影响时进行透光伐。该措施伐除上层或侧方遮阴的劣质林木、霸王树、萌芽条、大灌木、蔓藤等，间密留匀、去劣留优，调整林分树种组成和空间结构，改善保留木的生长条件，促进林木高生长。透光伐后林分郁闭度不低于0.6；在容易遭受风倒雪压危害的地段或首次透光伐时，郁闭度降低不超过0.2。

(3)疏伐

主要针对同龄林，对郁闭度0.8以上的幼、中龄林或天然、飞播、人工直播等起源的第一个龄级，林分郁闭度0.7以上，林木间关系从互助互利生长开始向互抑互害竞争转变后的林分进行疏伐。该措施伐除密度过大、生长不良的林木，调整林分树种和空间结构，为目标树或保留木留出适宜的营养空间。坡度小于25°、立地条件好的防护林，采取中、弱度综合疏伐，采伐株数强度控制在15%~20%。风景林采取景观疏伐，优化景观，提高游憩价值。速生丰产林下层疏伐为主，采伐株数强度控制在20%~30%。立地条件较好的珍贵树种和大径级用材林可采取强度疏伐，伐除伴生木。

(4)生长伐

在中龄林阶段或森林发展演替的第3阶段(相对稳定的亚顶极阶段)，当林分胸径连年生长量明显下降，目标树或保留木生长受到明显影响时进行生长伐，确定目标树或保留木的最终保留密度(终伐密度)。该措施主要适用于立地条件良好、郁闭度0.8以上，进行林木分类或分级后，目标树、辅助树或Ⅰ级木、Ⅱ级木株数分布均匀的林分；复层林上层郁闭度0.7以上，下层目的树种株数较多且分布均匀的林分；或林木胸径连年生长量显著下降，枯死木、濒死木数量超过林木总数15%的林分。采用目标树分类的，通过林木分类，采伐干扰树；采用林木分级的，保留Ⅰ、Ⅱ级木，采伐Ⅴ、Ⅳ级木，为目标树或保留木保留适宜的营养空间，促进林木径向生长。

(5)卫生伐

针对受严重森林火灾、病虫灾害和风倒雪压等自然灾害影响的森林采取卫生伐。该措施伐除已被危害、丧失培育前途的、难以恢复，且危及其他目标树生长的折断木、倒伏木、濒死木，以改善林内卫生状况，防止灾害滋生蔓延，恢复森林健康和活力。轻度受灾区以自然恢复为主，中度区低强度卫生伐，重度、极重度受灾区强度卫生伐。感染检疫性病害的林木，全株清理出林分，并集中烧毁或集中深理。

(6)修枝

对于天然整枝不良的珍贵树种或培育大径材的目标树，或一些个体高大的林木其侧枝影响目标树生长的林木进行修枝，除掉林木下部枝条。修枝主要是修去枯死枝和树冠下部1~2轮活枝。幼龄林阶段修枝后保留冠长不低于树高的2/3，中龄林阶段修枝后保留冠长不低于树高的1/2，枝桩尽量修平，剪口不能伤害树干的韧皮部和木质部。

(7)补植

在低郁闭度的有林地，或林隙、林窗、林中空地等，或在缺少目的树种的林分中，补植目的树种，调整树种结构和林分密度，培育健康稳定森林，提高林地生产力。补植的树种应能与现有树种互利生长或相容生长，其幼树具备从林下生长到主林层的基本耐阴能力。补植时，应采取散点、均匀、块状或林冠下造林等补植方法，或者抽针补阔、间针育阔、栽针保阔等套种方法，混交栽植目的树种，以利于林分结构优化。

(8)割灌除草

用于清除妨碍林木、幼树、幼苗生长的灌木、藤条和杂草。该措施适用于以下3种林分：林分郁闭前，目的树种幼苗幼树生长受杂灌杂草等全面影响或幼苗幼树上方、侧方受严重遮阴影响的人工林；林分郁闭后，目的树种幼树高度低于周边杂灌杂草、藤本植物，生长发育受到显著影响的林分；热带亚热带森林中藤本植物显著影响林木生长的林分。割灌除草时，应注重保护珍稀濒危树木、林窗处的幼树幼苗及林下有生长潜力的幼树幼苗，不能进行全林割灌。

9.6.2.3 森林收获

森林收获包括皆伐、渐伐和择伐等措施。

(1)皆伐

将伐区上的林木一次性全部伐除或几乎全部伐除。皆伐适用于人工成、过熟同龄林或单层林，或中小径林木株数占总株数的比例小于30%的人工成、过熟异龄林。一般伐区应采用带状皆伐，在地形不整齐或不同年龄林分呈块状混交的林分也可用块状皆伐，以便于木材运输，也利于天然更新和环境保护。山地伐区宽度小于平缓地区，并随坡度增大减小伐区宽度。带状皆伐过程中，应视情况采取隔一带采一带的带状间隔皆伐，留下的保留带作为种源，同时发挥对幼树的保护作用；也可采取带状连续皆伐，伐完一个采伐带，待迹地更新后，再接连伐第2个采伐带。块状皆伐应分散在全林内，逐年分批采伐和更新，直至全林采伐和更新完毕，培育异龄林。

(2)渐伐

在一个龄级等较长时期内，分数次将成熟林分逐渐伐除。渐伐的采伐过程和更新过程应同步并进。通过逐次采伐，为林木的结实和下种创造有利条件，留存的林木也能够对幼苗起保护作用。

(3)择伐

每隔一定时期，单株或群状地采伐达到一定径级或具有一定特征的成熟林木。可采取单株择伐、团状择伐或径级择伐。

9.6.2.4 森林更新

森林更新包括人工更新、人工促进更新和天然更新等措施。

(1)人工更新

在迹地上，采用直接播种、栽植苗木、插条或分根等方式重新营造森林，恢复森林覆盖。该措施更新时间短、成林快，形成的林分质量高。

(2)人工促进更新

采取松土除草、平茬或断根复壮、补植或补播、除蘖间苗等措施促进目的树种幼苗幼树生长发育，加快林木郁闭成林。该措施适用于伐后保留目的树种的天然幼苗幼树较多、天然下种母树较多或萌蘖能力强的树桩(根)较多的迹地、择伐及渐伐迹地更新。

(3)天然更新

利用林木自身繁殖能力，通过保留母树及邻近林木天然下种或伐根萌芽更新恢复森林。该措施成本低，但天然下种更新成林时间较长，萌芽更新成林质量不高，应采取人工促进天然更新措施加强幼林抚育，促进天然幼树郁闭成林，提高林分质量。

9.7　主要森林类型经营技术特点

9.7.1　经济林经营技术特点

低产、低质和低效经济林面积、缺乏地方特色的水果面积比重大，管理粗放，产品单产和优质果品率低是我国经济林经营过程中面临的主要问题。大力调整产业结构，加大品种更新改良和新技术推广力度，是经济林建设走向集约经营的必由之路。经济林经营的技术体系主要包括以下技术环节。

9.7.1.1　良种壮苗

良种是发展经济林的物质基础，苗木质量的优劣，直接关系到林木的正常生长和发育、产品质量和经济效益。经济林所用苗木，一般为实生苗、嫁接苗和自根苗 3 种。

9.7.1.2　造林

(1)宜林地的选择

经济林宜林地的选择，总的原则是“因地制宜、适地适树”。这一原则包括 2 个层次的含义：一个是大范围的地区，属于地区布局的问题，在技术上则是运用林业区划的方法；另一个是适应小范围的林地，属于宜林地的选择，在技术上则是应用立地类型划分的方法。

(2)小区的划分

小区是经济林进行耕作和管理的基本单元，其面积大小，平地一般为 3.33~6.66 hm^2，山地则应根据树种、地形、土壤、气候条件而定，这些因素基本相同或相似的划分为一个小区。小区间，一要设道路，平地路宽 3~4 m，小区内再设 1~2 m 宽的田间作业路；二要建排灌设施；三要建防护林带。

(3)整地与改土

新造林必须根据立地条件进行多种方式的整地改土和施肥。经济林的整地规格要求高于其他林种。在缓坡、梯田、平地、农林间种地，一般多为全面整地或带状整地。陡坡、土层瘠薄或劳动力不足的地方，则采用大穴整地，一般 80~100 cm 见方，深达 50~80 cm，最好在造林前 3~6 月整好地，以便储存雨水，熟化土壤。土层薄于 30 cm 的地方，如不改土，不宜营造经济林。

9.7.1.3　间种和立体经营

经济林与其他具有经济价值的乔木、灌木和草本植物，通过组成多层次的复合人工林群落，间种和立体经营可以提高光能利用率，增加土壤肥力、提高经济效益、增强水土保持能力。立体经营模式，受树种、土壤、气候、经营习惯、地理位置等多种因素的制约，形式多种多样。在城郊区，一般以水果为主，间种经济作物、蔬菜；在农村地区，则可选择"用材林—经济林—农作物"间作模式。

9.7.1.4　土壤管理

经济林生态系统内的营养元素，随着初级产品的外运而损失一部分，只有少量落叶和枯枝回到林地。年复一年，如果没有外部补充，则系统的生产力就要降低。因此，必须加强土壤管理，供给足够的养分，才能保证系统内营养结构的平衡。林地的土壤管理包括 3 个内容：一是土壤耕作；二是增施以农家肥为主的有机肥料；三是防止水土流失。

9.7.1.5　树体管理

树体结构是树木结果的基础，丰产树与低产树必然有其各自相应的树形。树形与遗传性有关，但更重要的是受环境和营养的影响。故应根据不同经济林木的生物学和栽培管理条件，来决定树体管理的内容和方法。树体管理的主要内容有整形、修剪和环割。

9.7.1.6　花果管理

主要包括 3 项措施：花期授粉、疏花疏果、喷施生长调节剂。花期授粉主要针对落花落果严重的林木，通过人工辅助授粉、引入虫媒授粉、震花授粉和喷施营养激素的方法，起到显著的增产效果。而疏花疏果则是根据树木生长及开花坐果的情况，将过多的花或幼果疏去，以调整花果数量，节省树体养分消耗，增大果实体积，提高产品质量，缩小大小年变化幅度。喷施植物生长调节剂，已经广泛地用于植物生长发育的各个阶段，主要对生根、开花、坐果、果实的发育、成熟、衰老、脱落起到调节和抑制作用。

9.7.1.7　采收及产后处理

在经济林的经营中，适时采收是保证产品品质、提高经济效益、实现丰产丰收的重要技术措施。经济林的采收内容多样，有果实、树皮、树液等，并且成熟的概念因采收的目的不同而异，因此，要根据地区、品种、用途的不同，确定最适宜的采收时期。采收的方法有手工、半机械化和机械化 3 种。

刚采下的果实，生命活动仍在继续，具有很强的呼吸作用，由于采后运输条件和加工能力的限制，大量果实须有一定时期的储藏过程，可采用沙藏、窑藏或自然通风的方式。

9.7.2　速生丰产林经营技术体系

9.7.2.1　造林树种与造林地的选择

正确地选择造林树种和造林地，是实现树木速生丰产的最基本条件之一。由于我国用材林树种种类繁多，造林地自然条件复杂，造林目的又多种多样，要正确地选择造林地与造林树种，就必须按照森林生态学、经济学原理和"适地适树适用"原则，使选定的树种既能满足提供某种木材的目的要求，其生物学、生态学特性又能与造林地的生态条件相适应，通过经营技术体系的实施，形成良性循环、速生丰产、效益显著的用材林生态系统。

选择造纸材树种，要求生长快、材色浅、纤维长、早晚材纤维胞壁厚度相差小，木质素、戊糖、树脂与灰分含量低，可选择桉树、相思树、木麻黄、松树；选择矿柱材树种，要求材性强韧、抗压、抗弯和耐久，可选择刺槐、柳树、白榆。选择用材林造林树种，必须满足速生、丰产、优质和抗性强 4 个方面。

要达到适地适树的目的，可有两种方式：一是为既定的造林地选择适宜的树种；二是为既定的树种选择适宜的造林地。

9.7.2.2　优良种苗的培养与应用

培育与应用优良种苗，是林木集约经营的一个重要环节，也是实现速生、丰产、优质木材的物质基础。对于短周期工业原料林，优良种苗的增益作用十分显著。

9.7.2.3　合理的造林密度

造林密度对用材林的生长发育、木材产量和质量有着极其重要的影响，密度合理是实现用材林速生、丰产、优质的一个重要技术环节。确定用材林造林密度，须从目的材种、树种特性、立地条件、经营条件、经济效益等方面统筹兼顾、综合论证。具体可根据现有人工林造林密度实践经验、林木营养空间计算公式或林分密度管理图等工具加以确定。在一定的造林密度基础上，可采取正方形、长方形、三角形、群状等种植配置方式造林。

9.7.2.4　林木的抚育管理

速生丰产用材林的抚育管理，包括幼林抚育与间作、灌溉与施肥、修枝与间伐、病虫害防治等技术环节。

林农间作是促进林木速生丰产的有效措施。在没有开展林农间作的地方，要及时进行幼林抚育，主要内容包括除草、松土、修枝、除蘖。在我国北方半干旱、半湿润地区营造速生丰产林，灌溉对于发挥林地生产潜力、缩短轮伐期、提高单位面积产量、提高经济效益作用显著。施肥是一项提高土壤肥力、改善人工林营养状况和促进林木速生丰产的重要措施，可分为造林时施基肥和生长过程中施追肥 2 种。人工修枝与整形，可以培养无节良材、改善林分卫生状况、减少胁地效应。抚育间伐可以调整林分密度、缩短林木培育周期、改善林分卫生状况、获得一定数量的间伐材，具体可采用下层间伐法、等距间伐法。

9.7.3　风景林经营技术体系

风景林是以各种乔木、灌木、藤本和草本植物相结合而形成的绚丽多姿、四季各异的森林景观。我国许多森林公园、风景区，起源于国有林场。景区的植被，一般都是次生林或人工林，美景度较低，不符合森林旅游业观光、游览的要求。景观尺度上风景林的林相改造，既不同于荒山造林，也不同于城市公园绿化，有其独特的原则和方法。风景名胜区、森林公园的风景林经营技术体系主要包括：

9.7.3.1　风景林的空间配置

森林风景的空间配置要掌握以下原则：

①力求多样化　不同类型的森林风景不规则地交替出现，给人以“步移景异”的感觉。

②保持一定的透视景深　难以透视的密林，使人产生单调感或压抑感，看不到森林的全貌。为此，在主要游览线路两侧和游人集中的人文景点附近，配置水平郁闭型、稀疏型和空旷型森林风景。可以把不同类型的森林风景分成几个层次、构造层层叠叠的景色，使人产生“山重水复疑无路，柳暗花明又一村”的感觉。

③合理安排对景、透景、障景和隔景　使各种风景林相互烘托、互为陪衬，并有适度的透视线，互相透视，或以密林适当遮障、分隔，掩蔽有碍观瞻的生产、生活和服务设施，使游人在“曲幻含蓄”的意境中，漫步寻幽览胜。

9.7.3.2　风景林造林树种的选择

选择风景林的目的树种，除了适地适树等一般原则外，要妥善处理好常绿针叶树和落叶阔叶树、乡土树种和外来树种的关系。

按照我国传统习惯，在一些名胜古迹和纪念性的风景区，为了体现庄严肃穆、万古常青的气氛，适当配置常绿针叶树无可非议。但整个风景区全都是这样的森林景观，也并非上策，而且森林公园毕竟不是陵园，树种配置应该多样化。从风景林的观赏价值来考虑，常绿针叶树虽然四季常青，但存在着不少缺陷。例如，缺乏四季变化，在干旱地区，树冠蒙上一层灰尘，则林貌形象更差；针叶树很少能有繁花盛开的树种，先叶开花的树种更找不到；难以招引鸟类和其他野生动物；常绿针叶树造成的浓荫使人感到闷郁，特别是阴性针叶树在冬季缺乏阳光透射，更令人感到寒冷阴森。在我国长江流域一带，不宜大量发展常绿针叶树。落叶阔叶树也有不足之处。例如，不能四季常青，在冬天产生一种萧条的景象。但是，落叶阔叶树的某些观赏价值是常绿针叶树难以达到的，如早春的嫩绿能带给人们春回大地的信息；落叶阔叶树种大多具有先花后叶的生物学特性；夏日炎炎时，能提供绿荫，严寒时又能使阳光通透；有利于招引鸟类和野生动物；在秋季不少落叶树种叶片变黄、变红，为人们在金秋旅游季节提供彩色风景林机会。

关于乡土树种和外来树种的比例关系，应以乡土树种为主体，因为乡土树种是地带植被的组成树种，具有最优的适应性和抗拒各种灾害的特性。同时，乡土树种还能充分体现出当地的特色风光。当然，适当地引进外来树种，也有利于丰富森林公园的植物种群，使森林风景更加多样化。

9.7.3.3　关于草坪的配置

在森林公园中应给予草坪应有的重视。草坪的生态效益不容忽视。在游人集中的景区，如能有草坪覆盖，下雨天就不会产生泥泞，刮风也不会扬起尘土。草本植物具有很强的杀菌力，特别是在刈割修剪时，释放出的杀菌素更多。草坪在水土保持、净化空气、吸附灰尘等方面的作用也十分显著。

在森林公园中配置草本活地被物，因经营强度的差别而有草坪和草地之分。草坪是由禾本科草本为主体、具有茂密的覆盖度、平均高度不超过 10 cm、要求不断刈割和集约经营的活地被物。草地的种群无严格要求，一般是由天然草本群落组成，稍加经营管理而形成的活地被物。根据草坪和草地的功能，在森林公园内可配置以下一些草坪或草地：①游憩草坪，可配置在人文景点、水面、野营区附近；②文娱体育草坪，可配置在宾馆、生活区附近；③观赏眺望草地，在适于眺望全景的地段，安排一定面积的草地，满足游人观赏眺望自然风光的需求；④护岸护坡草地，主要发挥水土保持作用，同时也为自然景观增添绿色。根据草坪和草地与其他植物的组合关系，可分为空旷草坪、散生木草坪、疏林草地、林中草地、缀花草坪等。外国旅游者到我国森林公园或大型风景区观光以后，都觉得美中不足之处就是缺乏草坪，难以找到小憩和野餐的场所。在森林公园中配置草坪还可以跟直升机的起降场结合起来。

9.7.3.4　风景林抚育整形

风景林抚育属于特种林抚育，适用于风景林的抚育采伐可以分为以下4类：①卫生择伐；②整形伐；③透视伐；④综合抚育伐。

卫生择伐的对象是枯立木、病虫孳生的濒死木、风折木、倒木。目的是改善林地卫生状况和提高森林景观美景度，减少病虫滋生蔓延。对于枯立木并非一概清除，有些径级较大、枝干有洞的枯立木应适当保留，以供鸟类和其他野生动物栖息。对林火烧死特别严重的风景林，也可全部伐除，重新营造。

整形伐的目的是在不改变风景类型的前提下，提高其美学等级。间伐的对象为：影响目的树种生长的次要树种、有碍森林风景和谐气氛的乔灌木以及生长过密的林木。对于大径级的乡土树种应尽量保留，可通过修枝达到整形目的。

透视伐的目的是增加透视度，创造观察森林深处或眺望远景的条件。通过不同强度的透视伐，把茂密的垂直郁闭型风景林改造成水平郁闭型风景林或稀疏型风景林。我国有些森林公园或风景区，不注意为游客创造眺望或摄影取景的条件，适于眺望或摄影的景点，往往被树冠遮挡，迫使游人跻身于狭窄的孔隙中窥视远景，而适于摄影的最佳取景地段往往被人为封闭圈占。这种现象严重地影响了游客的情趣，是森林公园“煞风景”的地段。

综合抚育伐适用于从未经过抚育的天然混交林。把林分内的林木划分为：优良木、有益木、有害木、后备木4种。间伐对象是有碍优良木和后备木生长的有害木。综合抚育时可以把卫生择伐、整形伐、透视伐结合在一起。

在进行透视伐和综合抚育伐时，要采用定性和定量相结合的方法来确定采伐强度。通过南京林业大学林学院森林资源管理系在中山陵风景区的试点，树冠系数法比较适用于风景林。计算公式为：

$$N=\frac{10\ 000}{(KH)^2} \tag{9-25}$$

式中　N——单位面积保留木株数(株/hm^2)；

K——树冠系数，即树冠幅与树高之比；

H——林分平均高。

抚育前，要调查现有风景林每公顷株数，并分别树种及其龄级测定K值，同一树种处于不同风景类型的林分内，也有不同的K值。用公式计算而得的N值与林分现实株数相减，即可得采伐木株数(N)。计算所得之N，尚须具体落实到林分，对采伐木进行标号，并针对林分实况，对采伐木株数进行调整，一般可把N值作为间伐强度的上限控制数。

9.7.3.5　风景林更新改造

为造就新一代林分，提高风景林的美学价值，需要对风景林进行更新改造。采伐对象是衰老的残次林分以及立地不宜的“小老树”。根据南京林业大学森林资源管理系的经验，采用小面积孔状二次渐伐，较为可行，对森林景观不会产生不良影响。该法的实施要点为：①沿公路、河流和主要景点边缘设置保留带，宽度在20 m左右。在保留带内，不搞更新采伐。②在保留带以外，选择天然更新较好的林窗，以此为中心，实行强度择伐，把林窗进一步扩大，但面积不超过0.1 hm^2，林窗内保留郁闭度0.3~0.4，林窗形状不求规整。③对林窗内的天然幼苗加以抚育，清除妨害幼树生长的杂灌。④进行人工补植或补播。⑤待幼树生长稳定、幼林郁闭度达到0.5以上时，即可实行第二次采伐，伐除上层林木，完成更新过程。

9.7.4 竹林经营技术体系

竹林分散生和丛生2种。我国散生竹种有200多种，其中，栽培面积较大、造林较多的竹种有毛竹、刚竹、旱竹、淡竹、石竹、水竹等30余种。这些竹子的生长习性大同小异，造林技术也大致相同。

9.7.4.1 造林地的选择

为了使造林成活率高、出材(笋)早、产量高，对林地的选择必须是适地适竹。根据不同竹种对立地条件的要求，选择适宜的气候、土壤和地形条件。

长江以南至南岭以北地区，是散生竹类的分布中心。在这个地区选择各散生竹种适宜的土壤，一般要求土层深厚、肥沃、湿润、排水良好的沙质壤土。在地形条件方面，一般要求在海拔800 m以下的山谷、山腰和缓坡地带。在江浙一带一般山坡上可栽毛竹，山谷、低丘可栽刚竹、石竹，在溪边或沙性较重的溪滩地栽淡竹，河岸边一般种水竹。在房前屋后一般以栽早竹、淡竹、红竹、哺鸡竹等食用笋竹种为主。

在长江以北至黄河流域发展散生竹，要选择春、夏降水量多、背风朝南、海拔500 m以下的山谷、山麓地带，以利越冬。在引种区应考虑生长期灌溉条件。

南岭以南地区，夏季高温和台风对散生竹的生长影响较大，所以选地时应注意选择地形背风朝北的山谷、山麓地带。

9.7.4.2 整地

散生竹造林整地宜在秋、冬进行。整地时，将茅草或灌木埋入土中可作肥料，也便于造林作业。整地后经冬季雨雪冰冻，土壤含水适宜，结构得到改善，待春天造林成活率会有所提高。

根据立地、劳力、经费等情况，确定全面整地、带状整地或块状整地等方式。

①全面整地　缓坡宜林地可进行全面整地。先将灌木、杂草劈倒，翻土深20~30 cm。将杂草埋入土中。把树根、灌杂根挖起运出林地，拣去阻碍竹子生长的石块。经全面整地的林地，在造林第一年还可间作黄豆等作物增加收入。

②带状整地　对坡度较大(20°~30°)的造林地采用水平带状整地；整地带宽2~3 m，带间3 m左右不整地，以保持水土。

③块状整地　对平缓地区、灌木杂草较少或房前屋后的林地可以进行块状整地，块的大小视立地及所栽竹种而定，也可以直接挖穴栽植。

9.7.4.3 造林季节

一般在10月下旬至翌年1月是散生竹造林的主要季节。但是，根据多年调查及浙江安吉栽竹经验，除大雪严冬和夏天烈日栽竹成活差以外，一年四季均可造林，而且成活率可达95%以上。

9.7.4.4 造林方法

散生竹造林方法有：移竹造林、移鞭造林、截秆移蔸造林、实生苗造林、竹鞭扦插育苗造林等。

9.7.4.5 抚育方法

散生竹的抚育方法主要有：深翻、培土、灌溉、施肥、勾梢、挖笋等。

9.7.5　水土保持林经营技术特点

适地适树、细致整地、营造混交林是营造水土保持林的技术关键。主要技术环节总结如下。

9.7.5.1　划分立地类型、适地适树

如黄土高原丘陵沟壑区营造水土保持林，土壤条件是树木生长的主要限制因子。柠条、山杏、酸枣、侧柏的耐寒性极强，刺槐、沙棘、紫穗槐中等耐寒，白榆不耐瘠薄。造林时，应当将耐旱力最强的树种配置在最干旱的部位，将最耐瘠薄的树种配置在最瘠薄的沟坡、丘顶。

(1)细致整地

细致整地可以解决早期土壤水分不足，改善以土壤水分为中心的生境条件，提高土壤肥力，为提高造林质量创造条件，可采用鱼鳞坑、反坡梯田、水平阶、水平沟等各种整地方式。

(2)造林方法

水土保持林的造林方法，应当突出其抗旱技术特征，除细致整地外，一般应以植苗造林为主。但是，一些先锋树种可以采取直播造林方法。对于具有无性繁殖能力的树种，如柠条、栓皮栎，可采用插条、压条或分根造林的方法。在造林时，应当注意采取其他抗旱配套措施，如苗木保湿，选择气温、水分最稳定季节造林。

9.7.5.2　幼林抚育

幼林抚育包括除草松土、培土壅根、正苗、踏实、除萌、除藤蔓植物，以及对分枝性强的树种进行平茬等，其中，除草松土是重点。除草松土应当从春季造林当年或秋冬季造林的第二年开始一直到郁闭为止。抚育方式依据整地方式的不同采取带状或穴状除草松土。进行林粮、林菜、林油间作，以耕代抚也是 ·种值得推广的幼林抚育方式。

9.7.5.3　混交林的营造

营造水土保持林，应当以混交林为主，而良好的混交林其生长量也较纯林高。此外，混交林中多树种的生态效益互补作用，可以减少林分感染病虫害的概率。

9.8　自然保护区林经营技术原则

自然保护区林，由于涉及的林地及森林类型众多，因而很难总结出一套具体的森林经营技术体系，只能建立一个原则框架，以便于自然保护区经营管理人员可以在这一框架下开展森林经营活动。

9.8.1　栖息地的维持

扩展现有的具有保护价值的栖息地。对于敏感的、濒危的物种，应该保护和改善整个动植物群体的生存条件，而不是针对特殊成员和群体。通过建立一个林地和空地生境平衡的、在林地和空地连接地带发展多样性的物种结构，可以得到一个由不同年龄组成的林地或森林，并逐渐增加有价值林缘栖息地的数量。

9.8.2 半自然林地和老龄林地的保护

杜绝或限制放牧，不管是野生的或家养的畜禽，这是保证森林更新的必备措施。必须在早期伐除保护区内的非乡土树种或灌木，特别是当它们威胁到乡土树种的生存时更应如此。保护区经营范围内应该尽力发展林中空地和稀疏林地，用恰当的造林方式以确保更新成功。保护好保护区内的老龄林地，因为这样的林地上经常生长着有特殊保护价值的地面植被和树种。

9.8.3 空地和林缘栖息地的管理

自然保护区内林地野生资源的丰富程度在很大程度上依赖于自然条件、空地和林缘的特点。自然保护区内空地不应少于林地的10%~20%，林中的空地包括道路、木材堆放处、疏林地、河流、湖泊。各林地的空地之间应相互联通，以便于野生动物的迁徙。林缘地带的管理需要顾及所有动植物的利益。林中的大面积空地可用于放牧，这样的地块不要改造成林地，也不要无计划地施肥、喷药。

9.8.4 水体和湿地

水道往往是野生动物迁徙的重要路线，是半永久栖息网的重要组成部分。对水道周围的林木进行间断性的疏伐，维持至少一半的水道暴露在阳光下。离水道源头 10 m 周围内不要种植多叶树种；而在小溪和河流附近，乔木树种要远离源头，以利于地面植被和灌丛在这一地带充分发展。对于一些草本沼泽湿地，如果需要的话，可以通过养护使之变成适于涉禽和野禽食用的植物地带。

9.8.5 老龄木、枯死木和伐倒木

当林木枯死或接近衰老时，往往具有较大的森林自然保护价值。在伐倒现有老龄木时要慎重，某些老龄木树群要长期保留，它们的保护价值会很高。枯死木的存在对真菌和某些动物极为有利。枯死木可使鸟类在上面筑巢，当树冠衰败较慢时，枯死树的保护价值更大。为安全起见，不要在道路、人类经常活动的地方保留枯死木。

本章小结

森林经营单位中的单位，一般指林种区和森林经营类型，在森林经营水平较高的地区，还可以采用经营小班。通过组织森林经营单位，可以简化经营措施和减轻工作量。森林成熟是森林经营利用中一个重要的技术经济指标，是确定林分、林木经营周期的基础。物质产品的森林成熟主要有数量成熟、工艺成熟和经济林成熟，非物质产品主要有防护成熟、自然成熟、更新成熟等。在市场经济条件下，衡量经营效果的标准已经趋向于统一，即用货币收入量来评价，这就产生了经济成熟的概念。计算经济成熟的方法很多，如净现值法、内部收益率法、增值指数法、指率式法。经营周期主要是轮伐期和择伐周期(回归年)，轮伐期用于同龄林，择伐周期用于异龄林经营中。一个森林规划设计对象的总年伐量是由森林主伐量、间伐量和补充主伐量 3 部分组成。森林主伐量的计算方法可以分为面积控制法、材积控制法。按照森林起源、树种组成、近自然程度和经营特征，可以将森林划分为天然林、近天然人工林和人工林 3 类。森林作业法分为乔林作业法、矮林作业法和中林作业法 3 类，其中乔木林作业法又可分为一般皆

伐作业法、镶嵌式皆伐、带状渐伐、伞状渐伐、群团状择伐、目标树单株木和封育保护 7 种森林作业法。森林经营措施可以分为造林措施、更新造林措施、森林抚育措施和退化林修复措施 4 类。森林类型不同，经营措施各异，本章最后分析了经济林、速生丰产林、风景林、竹林、水土保持林、自然保护区林等主要森林类型的经营技术特点。

复习思考题

1. 标准地法计算数量成熟龄

利用表 9-13 的杉木标准地数据，计算杉木的数量成熟龄。首先利用标准地材料，统一换算成疏密度 1.0 时的蓄积量，分别林龄计算平均生长量和连年生长量，通过 Excel 绘制平均生长量和连年生长量曲线，根据两个曲线相交时的年龄即可获得该树种的数量成熟龄。

表 9-13　杉木标准地数据表

林　龄/a	疏密度	蓄积量/(m^3/亩)	$P=1.0$ 蓄积量	平均生长量/(m^3/亩)	连年生长量/(m^3/亩)
10	0.8	3.3			
15	0.8	5.9			
20	0.9	10.8			
25	0.7	12.6			
30	0.6	12.4			
35	0.8	18.0			
40	0.9	23.0			
45	0.6	16.8			
50	0.7	20.3			
55	0.9	27.0			
60	1.0	30.5			

2. 标准地法计算工艺成熟龄

设杉木的目的材种为中径原条，其规格为：梢端 6 cm 以上，长度 5 m 以上，检尺径(位于锯口 2.5 m 处直径，按 2 cm 进阶)16~20 cm。仍利用表 9-13 标准地数据，计算杉木中径原条的工艺成熟龄(表 9-14)。

表 9-14　杉木目的材种工艺成熟龄计算表

林　龄/a	$P=1.0$ 蓄积量	目的材种		
		出材率/%	出材量/(m^3/亩)	平均生长量/(m^3/亩)
10		0		
15		4		
20		48		
25		76		
30		85		
35		86		
40		86		

（续）

林　龄/a	$P=1.0$ 蓄积量	目的材种		
		出材率/%	出材量/(m^3/亩)	平均生长量/(m^3/亩)
45		87		
50		87		
55		88		
60		89		

3. 主伐量的计算

浙江省某国有林场用材林的主要优势树种(组)分为杉木、马尾松、阔叶树 3 类，用材林有林地各优势树种组面积、蓄积量按龄阶分配参见表 9-15。设杉木的轮伐期为 26 年，马尾松、阔叶树的轮伐期分别为 41 年、41 年。分别采用简单面积轮伐法、成熟度公式、第一林龄公式、马尔丁公式、和田公式、较差法计算各经营类型的主伐年伐量。结果分别按计算方法汇总于表 9-16。

表 9-15　用材林有林地各优势树种面积、蓄积量按龄阶分配表

树　种		龄　级							合　计
		Ⅰ	Ⅱ	Ⅲ	Ⅳ	Ⅴ	Ⅵ	Ⅶ	
合计	面积/亩	7644	27 750	51 367	15 320	16 093	3585	1014	122 773
	蓄积量/m^3	3559	88 376	281 164	103 348	137 568	31 536	9340	654 891
杉木	面积/亩	4204	9626	19 696	9878	11 805	1378	341	56 928
	蓄积量/m^3	1029	24 577	123 690	71 779	105 880	12 462	3493	342 910
马尾松	面积/亩	2067	13 491	27 048	1666	938	909	306	46 425
	蓄积量/m^3	1280	49 750	137 754	11 559	8142	6751	2772	218 008
阔叶树	面积/亩	1373	4633	4623	3785	3350	1293	367	19 424
	蓄积量/m^3	1250	14 049	19 720	20 010	23 546	12 232	3075	93 882

表 9-16　各种计算方法全场合计汇总表

类　型	计算方法	采伐面积/亩	面积采伐率/%	蓄积量采伐/m^3	蓄积量采伐率/%
面积控制法	简单面积轮伐法				
	成熟度公式				
	第一林龄公式				
材积控制法	马尔丁公式				
	和田公式				
	较差法				

4. 森林作业法设计

森林作业法是在一定的自然和社会经济条件下，能够有效地达到经营目标的森林经营技术体系。森林作业法的落实单位是森林经营类型。

浙江开化国有林场地处浙江省开化县。该林场总经营面积为 14 348.13 hm^2，其中林业用地面积 13 188.87 hm^2，植被区划属中亚热带常绿阔叶林带北部亚地带，人工植物群落以杉木、马尾松为主，其次为乌桕、毛竹、油茶、板栗、柑橘等。

按照森林区划，全场共分 8 个分场、258 个林班（平均面积 47.87hm^2）、6030 个小班（平均面积 2.047 hm^2）。通过组织经营类型，林场划分为 4 个林种区、18 个森林经营类型。其中用材林区 6 个（杉木中径材经营类型、松类加工原木经营类型、阔杂加工原木经营类型、柏木细木工经营类型、毛竹用材林经营类型、毛竹笋材两用经营类型），防护林区 3 个（常绿阔叶水源林经营类型、针阔混交水库保土林经营类型、针阔混交陡坡保土林经营类型），特用林区 4 个（种子园母树林经营类型、科学试验林经营类型、自然保护区经营类型、风景林经营类型），经济林区 5 个（油茶经营类型、茶叶经营类型、柑橘经营类型、乌桕经营类型、板栗经营类型）。

请仿照表 9-17，分别从开化林场用材林区、经济林区、特用林区挑选一种森林经营类型，参照《中国造林技术》《森林经营学》《经济林栽培学》等书籍，完成森林作业法设计。

表 9-17　森林作业法设计表

作业项目		技术要素		××× 经营类型	××× 经营类型	××× 经营类型
代　号	名　称	代　号	名　称			
1	造　林（或促进天然更新）	11	林地清理方法			
		12	整地方式			
		13	造林树种			
		14	造林方法			
		15	造林密度			
2	幼林抚育	21	年　　限			
		22	各年次数			
		23	措施种类			
		24	林农间作			
3	抚育间伐	31	起始年龄			
		32	抚育次数			
		33	间伐强度			
		34	间 隔 期			
4	主　伐	41	主伐方式			
		42	伐区面积			
		43	采伐间隔期			
		44	更新方式			

推荐阅读书目

1. 森林可持续经营．祝列克，智信．中国林业出版社，2001.
2. 森林经营技术．刘进社．中国林业出版社，2015.
3. 森林资源经营管理．亢新刚．中国林业出版社，2001.
4. 造林学．孙时轩．中国林业出版社，1992.
5. 自然保护区．谢宇．西安地图出版社，2009.
6. 中国经济林．何方，张日清．中国农业科学技术出版社，2017.

参考文献

樊庆利，程明智，2006. 杨树丰产林营造技术的研究初探[J]. 黑龙江生态工程职业学院学报，19(5)：23-24.

陆兆苏，赵德海，李明阳，等，1994. 按照风景林的特点建立森林公园的营林技术体系[J]. 华东森林经理，8(2)：12-17.

王世忠，王效军，罗建华，2005. 辽西地区水土保持林经营现状及可持续经营技术探讨[J]. 防护林科技(2)：37-39.

王清君，褚雅君，李福双，等，2006. 沙棘经济林营造技术及经济效益探讨[J]. 中国林副特产(3)：61-62.

张杰坤，葛熙升，2005. 胡枝子水土保持林营造技术[J]. 中国林副特产(3)：41-42.

张少义，2006. 毛竹笋用林定向培育技术[J]. 安徽农学通报，12(7)：166-167.

赵荣慧，1992. 辽西地区油松纯林改造的研究[J]. 辽宁林业科技(2)：24-29.

第 10 章　森林经营效益监测与评价

监测是指对某一种对象进行连续性的监视和测定。对森林生态效益进行监测，阐明森林生态系统的结构与功能以及森林与环境之间相互作用机制，可为森林的合理经营提供理论依据。另一方面，对森林生态效益进行科学计量和评价，对于制定合理的环境政策和社会经济发展规划具有十分重要的战略意义。本章在介绍森林经营效益监测方法、监测内容、指标体系基础上，重点介绍了主要森林生态服务功能经济评价的方法。最后，结合森林资产评价，介绍了林地、林木经济评价的方法。

10.1　森林经营效益监测

10.1.1　森林经营效益监测方法

森林经营效益监测是运用可比的方法，在时间或空间上对特定区域范围内森林生态系统或生态系统组合体的类型、结构和功能及其组成要素等进行系统地测定和观察的过程，监测结果可用于森林生态环境评价，为合理利用森林资源、改善生态环境提供决策依据。

鉴于森林生态系统在空间结构上的复杂性，时间序列上的多变性，生长发育过程的周期性和环境反应的滞后性等特点，森林经营效益监测方法很多，主要包括以下几种：

(1)定位监测和半定位监测方法

①定位监测　在一定的区域内，选择有代表性的森林生态系统类型，设固定监测点，进行长期地、系统地、连续地观测与研究。

②半定位监测　相对于定位监测而言，通常由于人力、财力等方面的限制，定位观测站数量有限，对于一些特殊的森林生态系统类型进行相对短期的、不连续的观测和研究，作为对定位观测站的补充。

(2)宏观监测、微观监测、重点地区监测和典型区域监测

①宏观监测　研究地域至少应该在区域生态范围之内，最大可扩展到全球。

宏观监测以原有的自然基底图和专业数据为基础，采用遥感技术和生态图技术，建立地理信息系统(GIS)。其次，也采取区域生态调查和生态统计的手段。

②微观监测　研究地域最大可包括由几个生态系统组成的景观生态区，最小也应代表单一的生态类型。

微观生态监测以大量的生态监测站为基础，以物理、化学或生物学的方法对生态系统各个组分提取属性信息。

③重点地区监测　对生态危害重点防护区、重点治理区、重点监督区进行的生态危害

类型、强度、分布、面积、治理程度、治理效益与动态变化进行监测。

④典型区域监测　如对泥石流、滑坡、崩岗、汛期等进行监测预报。

(3)定期监测、日常监测和专项监测

①定期监测　在已有土地变更调查的基础上，扩充、完善土地利用分类体系，开展每年一次的资源与生态功能变更调查，全面监测森林资源与生态功能变化；利用遥感手段，定期监测重点地区(尤其是国家级监测区域)森林资源与生态功能变化，并核查资源与生态功能监测数据的翔实性。

②日常监测　随时监测有关洪水、违法用地、毁林砍伐、毁草开荒、乱占滥用土地等突发事件。

③专项监测　在国家重点生态工程建设地区进行资源与生态环境时空变化的监测，主要包括黄河上中游地区、长江上中游地区、风沙区、草原区等。

10.1.2　森林经营效益监测指标与内容

我国地域辽阔，自然地理条件差异极大，森林经营类型复杂多样，不同的森林生态系统都有其特定的功能特点。因此，在选择监测指标时要因地制宜，体现不同区域自然条件的优势和生态过程的特点。

在确定生态环境监测指标时，必须遵循以下原则：①代表性原则；②综合性原则；③简易化原则；④可行性原则；⑤分类实施的原则。

有的专家指出，森林生态效益监测指标，主要应该包括：①涵养水源指标；②水土保持指标；③提高土壤肥力指标；④防风护田和固沙指标；⑤调节气候指标；⑥改善大气质量指标；⑦提高土地自然生产力指标；⑧森林分布均衡度。

根据《森林生态系统定位观测指标体系》(LY/T 1606—2003)，根据不同的试验要求、监测目的等，可以在气象常规指标、森林土壤理化指标、森林生态系统健康、森林水文、森林群落特征等指标中选择适宜的观测指标。

社会效益是森林生态环境效益的一部分，由于它比生态效益更难于在货币尺度上加以定量评价，因而人们对其认识也不统一，无论社会功能子项目的设立，还是相关指标的选择，都有待进一步研究。

张建国等学者的观点，将社会效益分成以下 7 个方面：①社会进步系数；②增加就业人数；③健康水平提高；④精神满足程度；⑤生活质量的改善；⑥社会结构优化；⑦犯罪率的减少。

10.2　森林生态服务功能评价

地球生态系统被誉为“生命之舟”，它给人类社会、经济和文化生活提供了许许多多必不可少的物质资源和良好的生存条件。生态系统为人类社会的生产、消费、流通、还原和调控活动提供的有形或无形的自然产品、环境资源和生态损益的能力，称为生态系统服务。森林作为陆地生态系统中面积最大的自然生态系统，也是目前全球研究最多的生态系统，其重要性不言而喻。森林生态系统服务功能(forest ecosystem services)是指森林生态系统与生态过程所形成及维持的人类赖以生存的自然环境条件与效用。根据我国《森林生态系统服务功能评估规范》(GB/T 38582—2020)，森林生态系统的服务功能可以概括为支持服务、调节服务、供给服务和文化服务 4 个方面。

支持服务是森林生态系统土壤形成、养分循环和初级生产等一系列对于所有其他森林生态系统服务的生产必不可少的服务；调节服务指人类从气候调节、疾病调控、水资源调节、净化水质和授粉等森林生态系统调节作用中获得的各种惠益；供给服务是人类从森林生态系统获得的食物、淡水、薪材、生化药剂和遗传资源等各种产品；文化服务则是人类从森林生态系统获得的精神与宗教、消遣与生态旅游、美学、灵感、教育、故土情结和文化遗产等方面的非物质惠益。

近年来，经过不断努力，科学家们针对森林生态系统服务功能的不同角度开展了深入研究，并取得了显著成就。这些研究不仅极大充实和丰富了森林生态系统服务功能的内涵，而且正在进一步深入探讨合理评价森林生态系统服务功能的技术方法。随着对可持续发展机制研究的深入，人们发现维持与保育生态系统服务功能是实现可持续发展的基础，分析与评价森林生态系统服务功能的价值已成为当前生态学、生态经济学及林学相关学科研究的前沿课题。

10.2.1　国内外研究进展

生态系统服务功能是近几年才发展起来的生态学研究领域，并取得了令人注目的进展。目前被普遍认可的是 Daliy 等提出的生态系统服务功能的概念。Daliy 在 1997 年主编的 *Nature's Services*: *Societal Dependence on Natural Ecosystems* 一书中介绍了生态系统服务功能的概念、研究简史、服务价值评估以及区域生态系统服务功能等专题研究。他认为，生态系统服务是指"自然生态系统及其物种所提供的能满足和维持人类生活所需要的条件和过程"。Costanza(1997)对全球生态系统服务功能进行了划分和评估，但 Opschoor(1998)认为该评估结果难以令人信服。1978 年，日本林野厅利用数量化理论多变量解析方法对全国 7 种类型的森林生态效益进行了经济价值的评估，其价值为 910 亿美元，相当于 1972 年日本全国的经济预算。国际上许多学者从不同的角度对生态系统的服务功能及其价值进行了研究。

在我国，该方面的研究起步较晚，欧阳志云等学者认为："生态系统服务功能是指生态系统与生态过程所形成及维持的人类赖以生存的自然环境条件与作用"。欧阳志云等(1999)对中国陆地生态系统服务功能进行了评估和生态经济价值的分析。以李金昌、孔繁文为代表，对生态系统评估，特别是对森林生态系统生态价值方面进行了开创性研究。蒋延玲和周广胜(1999)估算了我国 38 种主要森林类型生态系统服务的总价值。吴钢等(2001)对长白山森林生态系统服务功能进行了评估。关文彬等(2002)对贡嘎山地区森林生态系统服务功能进行了价值评估。石培礼等(2002)估算了川西天然林生态服务功能的经济价值。靳芳等(2005)对森林生态系统的价值评估问题进行了研究。刘永杰等(2014)和李左玉等(2020)分别对湖北神农架和浙江乌岩岭自然保护区的森林生态系统服务进行了价值评估等。另外，国内一些学者还对生态经济价值评估提出了不同的看法。

10.2.2 生态服务功能价值评价的内容

长期以来，人们对森林价值的认识局限在经济价值上，森林的生态价值和社会价值长期遭到忽视；而在经济价值方面，人们的认识又局限在木材及木材加工上。因此，森林采伐及木材加工成为林业经济的主体。但实际上，森林的生态价值和社会价值是经济价值的6~7倍。具体来讲，森林生态系统具有涵养水源、保育土壤、林木养分固持、固碳释氧、净化大气环境、森林防护、生物多样性、林木产品供给以及森林游憩等多种功能。

迄今为止，全世界还没有统一的森林生态系统服务功能的评估指标体系。芬兰的森林资源评估体系主要包括森林经营、立木蓄积量、固碳释氧、生态数据、森林游憩等；法国森林资源评价大致包括保育土壤、涵养水源、净化环境、固碳释氧、生物多样性、游憩及森林健康等方面的核算；我国孟祥江和侯元兆(2010)对林地、林木及森林的7种生态效益(涵养水源、保持水土、固碳释氧、净化环境、农田防护、景观游憩以及生物多样性维护)进行了核算。

综合国内外森林生态系统服务功能的研究，其价值评估主要包括以下3个方面：

第一类是森林生态系统产品价值，主要是木材和非木材林产品。

第二类是改善人类生存环境的公益价值，主要包括：涵养水源、保持水土、固碳释氧、净化空气、调节气候等其他维持生态系统平衡与进化的效能价值。

第三类是为人类娱乐、美学、科学、教育、精神和文化方面提供自然环境的社会价值类型，主要是游憩和科研等。

10.2.3 生态系统服务功能价值评估方法

总体采用分布式测算方法，即将一个异质化的森林资源整体按照行政区划、林分类型(优势树种组)、起源、林龄等不同分布式级别，划分为相对独立的、均质化的评估测算单元，并将这些单元分别处理最后汇总得出结论。对于不同类型的具体服务功能，常用的方法有以下5种。

(1)替代工程法(影子工程法)

即用其他措施可以产生同样生态公益效益的费用作为森林生态公益功能的货币值。如涵养水源、固碳释氧。

(2)市场价值法

如林木养分固持，可以用养分持留量与平均化肥价格的乘积，表示营养循环价值。

(3)机会成本法

指在无市场价格的情况下，资源使用的成本可以用所牺牲的替代用途的收入来估算。如森林生物多样性保护价值。

(4)旅行费用法

以游人往返于出发地与旅游地之间的交通费、时间价值和其他相关费用作为游人购买"旅游服务"的价格支出。反映了消费者对旅游景点的支付意愿。由美国学者Clawson于1959年创立，是目前国外最流行的森林旅游价值评价方法。

(5)支付意愿法

也称为条件价值法，是一种典型陈述偏好的非市场价值评估方法。它是利用征询问题的方式诱导人们对公共物品的偏好，推导出人们对此物品保存和改善的支付意愿，从而确定某种非市场性物品或服务的价值。该方法常被用于生态旅游、生物多样性等公共物品价值的评估方法。

10.2.4　主要森林生态系统服务功能价值评估

10.2.4.1　直接经济价值

直接经济价值就是指环境资源直接满足人们的生产和消费需要的价值，它由环境资源对目前的生产或消费的直接贡献决定。如木材、野生药物、良好的生态环境、森林游憩等，都是森林的直接经济价值。

(1)林木产品供给价值评估

林木产品供给指森林提供食物类、药材类、油料类、材料类等林木产品的功能。可以分为木材产品(木材、木材加工制品)和非木材产品(经济林产品、林副产品)两类。对林木产品一般采用市场价值法来直接评估其价值，根据当地林区森林资源统计资料和各种木材、非木材产品市场价格，计算林木产品价值为：

$$U_{木材产品} = \sum_{i}^{n} (S_i \cdot V_i \cdot U_i) \tag{10-1}$$

式中　$U_{木材产品}$——区域森林生态系统年木材产品价值(元/a)；

S_i——第 i 类木材产品面积(hm^2)；

V_i——第 i 类木材产品单位面积蓄积量［m^3/(hm^2 · a)］；

U_i——第 i 类木材产品的市场价格(元/m^3)。

$$U_{非木材产品} = \sum_{j}^{n} (S_j \cdot A_j \cdot P_j) \tag{10-2}$$

式中　$U_{非木材产品}$——区域森林生态系统年非木材产品价值(元/a)；

S_j——第 j 类非木材产品种植面积(hm^2)；

A_j——第 j 类非木材产品单位面积产量[kg/(hm^2 · a)]；

P_j——第 j 类非木材产品的市场价格(元/kg)。

(2)森林游憩价值评估

森林游憩是森林生态系统为人类提供休闲和娱乐的场所，使人消除疲劳、愉悦身心、有益健康的功能。近年来森林的疗养、康复、保健、养生等功能也得到了开发，使得森林游憩功能进一步拓展到了森林康养。

森林游憩价值评估方法有旅游宏观效益法、费用支出法、旅行费用法。旅行费用法由美国学者克劳森(Clawson)于 1959 年创立，1964 年肯奇(Kentsch)对其进行了修改和完善，到 20 世纪 80 年代后才得到广泛的应用，是目前国外最流行的森林旅游价值评价方法。旅行费用法依据消费者剩余理论，以游人的消费者剩余来表达森林旅游价值，以游人往返于出发地与旅游地之间的交通费、时间价值和其他相关费用作为游人购买“旅游服务”的价格支出。在游人调查和出发地分区的基础上，建立旅游需求与旅游服务价格(旅行费用)之间的需求函数关系，根据需求函数计算游人的消费者剩余。孙根年、孙建平等基于意愿支付假设，在广泛调查的基础上，采用旅行费用法对秦岭北坡森林公园的游憩价值进行了测评。也有学者采用市场价值法来进行估算。例如，靳芳等依据自然保护区、森林公园、风景名胜区等森林旅游直接收益、游览在整个旅游收入中所占的比例公式估算的1998年我国森林生态系统提供游憩功能的总经济价值为133.02×10^8元。

10.2.4.2 间接经济价值

间接使用价值是指由环境提供、可用来支持目前生产和消费活动功能的价值，间接使用价值不直接进入生产和消费过程，但为生产和消费提供支持和保障。

(1)涵养水源价值评估

森林通过林冠层、枯枝落叶层和土壤层等三个水文作用层对降水的截留、吸收，削弱了降水侵蚀力；通过枯枝落叶和根系作用，改善土壤结构，提高了土壤的抗冲、抗蚀性能，增加土壤渗透率，延长径流形成时间，减少地表径流量；削减洪峰流量，增加枯水期流量，起到良好的水源涵养作用。

森林涵养水源价值的评估基本上采用"替代工程法"，即用其他措施可以产生同样效益的费用作为森林涵养水源的货币值。根据目前国内外的研究方法和成果，森林涵养水源的总量可以根据森林区域的水量平衡法来计算，也可以根据森林土壤蓄水能力和森林的径流量来计算，其中，水量平衡法能够较好的反映实际情况。

$$Q = (R - E)S = \theta \cdot R \cdot S \tag{10-3}$$

式中 Q——年涵养水源量(m^3/a)；

R——年平均降水量(mm/a)；

E——年平均蒸散量(mm/a)；

S——研究区域面积(hm^2)；

θ——径流系数。

森林涵养水源的价值为年涵养水源量乘以水价，水价可用影子工程价格替代。其他方法还有土壤蓄水估算法、地下径流增长法、多因子回归法、采伐损失法等。如用森林土壤蓄水估算法计算森林涵养水源价值为：

$$U = Q \cdot P \tag{10-4}$$

式中 U——森林涵养水源价值(元)；

Q——森林涵养水源量(m^3)；

P——单位蓄水费用(元/m^3)。

(2)固碳释氧价值评估

森林是地球生物圈的支柱，植物通过光合作用吸收空气中的二氧化碳，利用太阳能生成碳水化合物，同时释放出氧气。这对维持大气中CO_2和O_2的动态平衡、减少温室效应以及为人类提供生存的基础都有着巨大和不可替代的作用。

目前计算固碳量方法主要有3种：

①根据光合作用和呼吸作用方程式来计算固定的CO_2。综合考虑植物的光合作用和呼吸作用、凋落物层的呼吸作用及土壤释放CO_2，固碳量的计算公式为：

$$Q = A - R_d - R_s \tag{10-5}$$

式中 Q——CO_2固定量[t/(hm^2·a)]；

A——净第一生产力所同化的CO_2量[t/(hm^2·a)]；

R_d——土壤呼吸释放 CO_2 量[$t/(hm^2 \cdot a)$]。

②实验测定森林每年固定 CO_2 的量，即实测法。

③根据数学模型来估算森林每年固定 CO_2 的量。

在上述 3 种方法中，方法一最为简便、易行，故被普遍采用。同理，释氧量可以利用森林生态系统光合作用释放的 O_2 量减去自身呼吸所消耗的 O_2 量计算得到。

确定固碳量和释氧量之后，可以进行固碳释氧功能的价值核算，一般采用替代工程法和市场价值法，即固碳量乘以固碳价格，释氧量乘以工业制氧价格，进而计算出该区域森林固碳制氧价值。实践中具有代表性的价值评估方法有：人工固定 CO_2 成本法、造林成本法、碳税法、避免损害费用法。

(3)保育土壤价值评估

保育土壤价值评估目前主要从 3 个方面计量：

①森林生态系统每年减少土地损失面积及其经济价值。

②森林每年减少土壤损失的经济价值。有林地比无林地每年减少土壤侵蚀量中 N、P、K 的含量，按市场化肥平均价格折算其带来的间接经济效益，可用公式计算：

$$V = S_i(D_0 - D_i) \cdot K_i \cdot P_i \tag{10-6}$$

式中　V——某类森林年保土效益(元/a)；

S_i——某类森林的面积(hm^2)；

D_0——无林地上土壤侵蚀模数(t/hm^2)；

D_i——某类林地上土壤侵蚀模数(t/hm^2)；

K_i——土壤中 N、P、K 含量(%)；

P_i——N、P、K 的价格(元/t)。

③减少泥沙对江河湖泊淤积的间接经济价值。该价值核算可根据有林地比无林地减少的对河川、水库的淤积而减少的损失费用，按水利工程设施修建费用换算。核算方法有影子价格法、机会成本法和经济效益法等。例如，我国森林每年减少的泥沙，相当于 $20.5 \times 10^8\ m^3$ 的库容，假设我国 1 m^3 库容的水库工程费用为 0.167 元，计算可得我国森林每年减少泥沙淤积的经济价值为 13.8×10^8 元。

(4)林木养分固持价值评估

林木在其生长过程中不断从大气、土壤、降水中吸收营养元素，并固定在植物体各器官内。这些营养元素一部分通过生物地球化学循环以枯枝落叶形式归还土壤，一部分以树干淋洗和地表径流等形式流入江河湖泊，另一部分则以林产品形式输出生态系统，再以不同形式释放到周围环境中。森林生态系统的营养物质通过复杂的食物网再生，并成为全球生物地球化学循环不可缺少的环节。

林木养分固持价值评估方法通常采用效能价值评估方法，该方法主要计算森林滞留主要营养元素 N、P、K 几种元素物质的含量。养分持留量计算公式如下：

$$N = S(N_i - N_0) \tag{10-7}$$

式中　N——养分持留量(kg/a)；

S——森林面积(hm^2)；

N_i——大气输入养分量[$kg/(hm^2 \cdot a)$]；

N_0——径流输出养分量[kg/(hm^2·a)]。

运用市场价值法，以养分持留量与市场化肥的平均价格的乘积表示林木养分固持价值。

(5)净化大气环境价值评估

森林净化大气环境功能是指森林生态系统通过吸收、过滤、阻隔、分解等过程将大气中的污染物(如SO_2、XF、NO_x、粉尘、重金属等)降解和净化，降低噪声，并提供负氧离子和萜烯类(如芬多精)物质，提高空气质量的功能。对其价值评估可用影子工程法，计算公式如下：

$$V_d = \sum_{i=1}^{n} \sum_{j=1}^{m} S_i \cdot A_{ij} \cdot P_j \tag{10-8}$$

式中 V_d——净化污染物的价值(元/a)；

S_i——第 i 类林分的面积(hm^2)；

A_{ij}——第 j 类林分第 m 类污染物的单位面积的净化量[t/(hm^2·a)]；

P_j——削减第 j 类污染物的单位成本(元/t)。

(6)森林防护功能价值评估

森林防护功能是指防风固沙林、农田牧场防护林、护岸林、护路林等防护林降低风沙、干旱、洪水、台风、霜冻、沙压等自然危害的功能。森林防护功能的价值评估可以从防风固沙和农田防护两个方面来核算：

①防风固沙价值采用市场价值法，即防风固沙物质量乘以固沙成本得到。

②农田防护价值的计算采用间接估算方法，其计算方法为：

$$V_p = m \cdot S \cdot P \cdot K \tag{10-9}$$

式中 V_p——评估林分农田防护功能的价值(元/a)；

m——农作物、牧草平均年增产量[kg/(hm^2·a)]；

S——农田防护林面积(hm^2)；

P——农作物、牧草的价格(元/kg)；

K——平均 1 hm^2 农田防护林能够实现农田防护面积 19 hm^2。

(7)维持生物多样性价值评估

生物多样性经济价值是指生物多样性所包括的生态复合体以及与此相关的各种生态过程所提供的具有经济意义的价值。由于其量化具有一定的难度，维持生物多样性价值评价在世界上一直是一个难题。目前只是提出一些探索性的价值核算方法，如直接市场价值法、替代花费法、机会成本法和支付意愿法等。Pearce 等曾经讨论了生物多样性经济价值评估的意义和方法，并且列举了一些热带雨林、湿地、苔地和海洋系统的价值。芬兰的 Jukka Hoffrenn(1996)采用森林生物多样性的机会成本来核算多样性的价值。目前国际上较为常用的方式是以支付意愿(willingness to pay，WTP)作为指标来衡量生物多样性的价值，或采用单位面积年物种损失的机会成本来推算。我国制定了森林生物多样性的价值核算标准，估算了不同地区每增加 1 hm^2 森林时生物多样性价值的增加值，如在华南区森林生物多样性价格为 5.94 万元/hm^2。

10.3 森林资产评价

10.3.1 资产与森林资产评价

2000 年 6 月 21 日国务院发布的《企业财务会计报告条例》对资产进行了定义："资产是指过去的交易、事项形成并由企业拥有或者控制的资源，该资源预期会给企业带来经济利益。"资产的形式多种多样，但其基本特征是必须由经济主体拥有或控制，能给经济主体带来经济利益并且能以货币衡量。

森林资产又称森林资源资产，它是在森林资源与资产概念的基础上，近年来随着人们对森林资源认识的深化、森林资源管理体制的改革以及市场经济作用下，森林资源资产化后产生的，综合人们对此的认识，可以概括为：森林资源资产属于资产的一种类型，是指由特定主体拥有或控制并能带来经济利益的，用于生产、提供商品和公益效能的森林资源。它是以森林资源为物质内涵的资产，是一种责权利的统一体。

森林资产的内容主要包括以下 4 个方面：

①林木资产　森林资源的主体，既是林业生产的劳动对象，又是劳动资料。

②林地资产　林业生产最主要、最基本的生产资料，也是森林之本。

③其他实物资产　包括森林内的林副产品，以及动物、植物和微生物。它们既是森林的附属物，因森林的存在而存在，又对森林的生存和发展起着推动作用，维持着森林内的多种平衡。

④森林公益效能资产　包括森林的生态效益和社会效益。森林是陆地生态系统的主体，只要有森林存在，就会不同程度地发挥出生态效益和社会效益。因此，将森林公益效能作为资产进行评估，是至关林业发展的重大举措，是必须加以强调的。

资产评估是市场经济充分发展的产物，正式评估业的产生在大约 150 多年前的美国最早出现，当今已成为极为广泛的一门应用技术学科。森林资产评价是适应社会发展的需要而产生和发展的，是建立在人类对自然资源不同认识基础之上的。森林资源资产评价是在森林资产和评价概念基础上建立的，在我国于 20 世纪 80 年代末 90 年代初产生，并迅速得到发展，较成熟的定义是：森林资产评价是指根据特定目的，遵循社会客观经济规律和公正的原则，按照国家法定的标准和程序运用科学方法以统一的货币单位对森林资产的实体以至预期收益进行评估。简单来讲，森林资产评价是对森林资产的直接和间接效益以货币为单位进行的评估。

10.3.2 森林资产评价的目的

随着社会主义市场经济体制的建立，资产评价的作用日益重要，并发展成为一个社会中介服务行业。森林资源资产是一种特殊性质的资产，它对保障国民经济发展和社会生态环境建设发挥着重要的作用。开展和逐步完善森林资源资产评价业务，对于按照市场经济规律保护、发展和开发利用森林资源资产，根本改变传统的森林经营方式，实现森林资源的资产化管理，深化林业经济体制改革，促进森林资源资产的商品化经营，充分发挥森林资源的生态效益、社会效益和经济效益，实现林业可持续发展具有重要意义。

森林资产评价的目的是由引起森林资产评价的特定经济行为所决定的，它对评估结果的性质、价值类型等有重要影响。森林资产评价的作用主要体现在以下6个方面：①用于森林、林木、林地买卖、分割、合并、重组、借贷、租赁和承包等；②灾害的损失估计；③征占用地的补偿；④保险金额的计算；⑤生态效益补偿；⑥乱砍滥伐等违法事件处罚的依据。

10.3.3 林地评价的方法

林地是林业生产的基础，林地资产也是森林资源资产的主要构成成分之一。林地评价是以林地生产力的好坏作为评价因子，评价方法依据社会经济条件和自然条件采用林地市价、林地费用价、林地期望价或结合起来加以评价。

10.3.3.1 林地市价

林地市价又称林地买卖价、林地卖价，即按市场行情来确定价格。一般可参照附近类似林地买卖实例。但实际上没有完全同质的买卖林地进行比较，也就必须考虑下列条件：①林地地位级及其他自然条件差异；②林地的地利(交通是否便利)；③评价时间与买卖实例的时间是否吻合；④有林地、无林地的差别；⑤林地面积大小、形状及相邻土地使用情况不同；⑥使用目的的差别；⑦买卖的迫切性、有无竞争者的差别等。

(1)比较评分法

比较评分法采用比较评分表，以交易实例地的综合评分之比作为修正系数来计算地价，也就是把认为合适的许多买卖实例加以平均，以此作为交易实例地的标准地价，再乘以由比较评分表所求的修正系数即得评价地的价格。评价公式为：

$$\text{评价林地 } S_L = \text{交易实例林地市场价 } \bar{S} \times \frac{\text{评价地评分}}{\text{交易实例地评分}} \tag{10-10}$$

比较评分表是由自然条件评分表和经济条件评分表组成。自然条件评分表除分别按树种、年龄、树高所表示的树高条件评分表(适于年龄15年以上的林地)以外，还有采用按树种、林地位置、地形、土壤划分的土地评分表以及按地区划分的海拔系数表(适于年龄15年以下的林地)进行评分(a)。经济条件评分表先要编制标准评分表，表上按干线道路距离及不同标高等级分别表示的标准评分，并且利用分别不同汽车载重量编制的干线道路减分表和支线道路减分表，通过对标准评分减分的办法对经济条件进行评分(b)。最后以$(a)\times(b)$作为综合评分。

(2)地位指数法

$$\text{评价林地 } S_L = \text{交易实例}\times\text{评价地地位指数/交易实例地地位指数} \tag{10-11}$$

这里的评定地位等级指数，如果为人工林，则利用收获表上的树高(标准年龄40年)，先求其地位段，用每公顷总平均生长量(m^3)作为地位等级指数。如果为无林地或天然林难以确定地位级时，可通过设立的样地，利用多种特种环境因子用多元回归的方法编制的某树种地位等级指数评分值作为树高，再从同树种的收获表上查出地位级，然后再求地位指数(用标准树种的单位材积原木换算价格表示)，再与上述地位等级指数的乘积作为地位指数。

10.3.3.2 林地费用价

它是取得林地所需的费用和把林地维持到现在状态所需的费用，在评价时用本利和表示。一般由 3 种费用构成：

①购买林地及其他为取得林地所需费用；②取得林地后，为造成适宜林木培育状态而投入林地的改良费用；③从投入上述费用的时候开始到评价时为止的期间费用的利息。即取得林地后的所需费用、排水、灌溉及其他林地改良所需费用及这些费用到现在为止的利息总和。

当评定的林地是近几年购进的，则比较容易计算费用价。例如，设 n 年前用 V_0 元购进林地，m 年前投入 G 元作为林地改良费用时，p 为利率，林地费用价为：

$$S_C = V_0(1+p)^n + G(1+p)^m \tag{10-12}$$

但当 n 年前用 V_0 元购进林地后，每年投入改良费用 G 元，共投入 n 年时，则林地费用价为：

$$S_C = V_0(1+p)^n + [G(1+p)^n - 1]/p \tag{10-13}$$

由于林地的取得除购入方式外，还可通过转让、继承、抵押权移交、共有地的分割分配等方式取得，所以按林地费用价评定是有一定的困难的。但当林地及其投资费用较明确，且处于以下 3 种情况时，可以应用林地费用价：

①为了卖掉林地，至少打算收回所投入到林地上的费用时；②投入到林地上的资金，需要知道如何提高经济效果时；③该林地生产力不清，而且按市价或期望价评价有困难时。

10.3.3.3　林地期望价

林地期望价是指林地能按一定作业永续进行并能取得期望的纯收益的现在价。即对一林地能永续取得土地纯收益，用林业利率加以折算(贴现)的现值(前价)合计。以它来评定地价，故也称林地收益价、土地期望价、土地收获价等。

林地期望价的计算公式本来是以实行皆伐的林地为对象发展起来的，最普遍的就是在无林地上人工造林，并按一定的轮伐期永久反复实行皆伐作业的情况下导出的。今假设某林地的收益分为主伐(A_u)和间伐收益(D_a)，成本分为造林费(C)及每年的管理费(L)，p 为利率，则同龄林的林地期望价(SEV)计算公式为：

$$SEV = \frac{A_u + D_a(1+p)^{u-a} + \cdots - C(1+p)^u}{(1+p)^u - 1} - \frac{L}{p} \tag{10-14}$$

10.3.4　林木评价的方法

目前，被采用的林价计算方法很多，根据其计算的主要依据或出发点，主要归纳为以下 6 类：

10.3.4.1　现行市价法(林木销售价法)

(1)新、旧林价法

旧林价法是指南方集体林区 20 世纪 80 年代中期制定的一种方法。先确定好原木和杂木的单位价格，然后用下面公式测算：

$$T = V \cdot f_1 \cdot P + \frac{1}{2} V \cdot f_2 \cdot P \tag{10-15}$$

式中　V——某树种立木蓄积量；

f_1——原木出材率；

f_2——等外、非规格材出材率；

P——某一树种的原木价格。

新林价法计算公式与上式相同，只是对 P 值重新作了规定。此法估价以政策合理为假设条件，在市场经济变动中不易推广，执行起来相当难。

(2) 市场价倒算法

此法是在查清被评价林分的木材产量基础上，按照市场木材销售价格，估算出该林分的木材价格，扣除采运成本和合理采运盈利(包括利润和税金)后，将余额作为该林分的林价。基本公式为：

$$T = f(J - K - R - Q) \tag{10-16}$$

式中 T——林价；

f——出材率；

J——木材价格；

K——木材采运成本；

R——税金；

Q——木材采运利润。

在实际应用中，税金、利润都是以百分率计算的。设税率为 r，利润率为 q，税金通常按木材销售收入计征，利润按木材采运成本计算。

则有如下关系式： $R = J \cdot r$，$Q = K \cdot q$

因此上式可写成：

$$T = f[J(1 - r) - K(1 + q)] \tag{10-17}$$

现行市价法是通过市场来倒算立木价格，充分考虑了木材供求关系、国家经济政策及财政经济状况等因素对林价的影响，体现了价格与市场的经济规律。所以，它是国内制定立木价格或林价的常用公式，具有灵活、实际、易于和市场机制衔接的特点。但另一方面，由于目前林业中对流动资金的使用、固定资产的分摊、计价核算等问题未妥善解决，确定出的采伐销售段利润率不够准确，因而，利用此法求得的林价缺乏准确性。此方法适用于成、过熟林林木和天然林的林价计算。对近熟林来说，可将其公式改进为：单位立木市价×折现率(主要考虑培育林木的时间和林木成熟时间)，这种结果可以用做相关分析。

10.3.4.2 收益现值法(林木蓄积量期望价法)

收益现值法也称林木蓄积量期望价法，是指对要计价的林木预计在一定年限采伐，从计价时起至预计采伐年所能期望获得收益的现值减去这个期间所需费用现值的余额。该方法也就是用林木的预期收益扣除预计支出作为林木价格。其计算公式为：

$$T = \frac{A_u + D_n(1 + p)^{u-n} - (B + L)[(1 + p)^{u-m} - 1]}{V(1 + p)^{u-m}} \tag{10-18}$$

式中 A_u——单位面积主伐纯收入；

D_n——第 n 年单位面积间伐纯收入；

p——利率(贴现率)；

B，L——分别为每年支付的单位面积林地使用费(地租)和管理费用；

u，n——分别为轮伐期、间伐时间；

V，m——评价时的单位面积蓄积量、林龄($m<n$)。

用收益现值法计算出的林价包含了从第 m 年到 u 年间的经营利润，林价虚增，因此按此公式计算出的数值可表示林价的最高限。收益现值法理论上适用于到轮伐期位置的各个年龄段的林木的林价计算，但实际上仅适用于生长已进入稳定的中龄林以上的林木，因为生长稳定接近伐期的林木比较容易预测未来的间伐时间、间伐收益和主伐收益。对于需要预测遥远将来的收获和费用的幼龄林来说，该方法是不适用的。

10.3.4.3　重置成本法(费用价法)

从造林开始到评估时为止投入的费用后价合计为费用价。林木费用价评定的价格表示林木价的最低限度，使测算的林木价值不低于成本。此法是用一切生产费用的后价减去在 m 年以前生产收获的后价。这里生产费用指 m 年前支出的造林费、管理费及地租等，生产收获指 m 年前的间伐收入等，计算公式如下：

$$P_e = \{(B+L)[(1+i)^m - 1] + C(1+i)^m - [D_a(1+i)^a + \cdots + D_k(1+p)^k]\}(1+i) \tag{10-19}$$

式中　P_e——立木重置成本价；

B——地租；

L——每年管理费；

D_a，D_b，…，D_k——第 a，b，…，k 年的间伐收入；

i——利润率；

C——造林费；

p——林业利率。

收益现值法和重置成本法，两者都考虑了资金的时间价值。与收益现值法相比，重置成本法从不同的角度分析了立木资产的价值组成要素，两者都考虑了资金的时间价值。如果选用的林业利率等于林业投资合理盈利率，那么，这两种方法所计算的成本价和期望收益价相等，从而反映了林木的市场价值；如果采用的林业利率与林业投资合理盈利率偏差较大，那么林龄越小，重置成本价法的估价与市场价偏差越小，而期望价法的估价与市场价偏差就越大。反之，当林龄越大时，两种估算准确度就与上述情况相反。

10.3.4.4　序列林价法

序列林价法适用于用材林中中龄林林木资产测算。中龄林林分特点表现为林木生长旺盛，林分有一定的蓄积量，林分生长质量和林分经营效果基本得以体现，但林木尚未成熟，还不具备商品价值。序列林价法的计算公式为：

$$A = \frac{\sum_{a=1}^{m} C_a(1+p)^{m-a+1}}{V_m(1-S)(1-C)}(1+i) \tag{10-20}$$

式中　A——林木价值；

C_a——a 年度投入的成本；

V_m——m 年林分蓄积量；

p——年利息率；

S——立木枯损率；

C——间伐强度；

i——投资利润率；

a——资金投入年度($a=1, 2, \cdots, m$)。

序列林价法测算林木的成本投入，又测算投资的实际营林效果(林分蓄积量和林分质量)，综合分析后确定林木价值。采用序列林价法测算林木价值的关键是待估林的历史成本数据资料必须齐全、可靠，年利息率和利润率的确定必须合理。

10.3.4.5 格拉泽实验式

格拉泽曾经收集各个树种林木买卖资料，用图解表示单位面积林木生长而引起的价格变化。他根据立木材积与其价格两个因素的变化事实，用统计学方法导出林木价的近似式。

设林木伐期林价为 A_u，m 年林木价为 A_m，最初年度造林费用为 C_0，格拉泽实验式为：

$$A_m = (A_u - C_0)\left(\frac{m}{u}\right)^2 + C_0 \tag{10-21}$$

格拉泽实验式实质上是对采伐价的修正，其修正系数类似于固定资产的折现率。但是，造林成本的利息、林木损失等实际因素无法体现。这种方适用于中龄林的评价和森林遭受危害的林木评价。

10.3.4.6 马丁艾特式

这种方法与格拉泽实验式评估原理相类似，设林木伐期林价为 A_u，m 年林木价为 A_m，计算公式为：

$$A_m = A_u\left(\frac{m}{u}\right)^2 \tag{10-22}$$

该方法适用于短轮伐期的定向培育林分的林木和工业原料林及能源林的林价评定。

总之，林价的计算方法很多，各种方法都有其特点和适用范围。实践中应用的各种林价计算方法多遵循以上6种方法，或加以改造。在制定林价时，要根据不同的对象，选用不同的计算方法。林木资源定价理论与方法多种多样，既相互联系，又相互区别，其特点也各有千秋。为了使全社会充分认识森林资源的价值，积极保护与合理利用森林资源，推进林业可持续发展，对其研究是新时期发展的迫切要求。

10.3.5 森林资产评价的程序

根据《森林资源资产评估技术规范》(LY/T 2407—2015)的规定，评估人员执行森林资产评估业务应履行以下基本程序：

10.3.5.1 明确评估业务基本事项

森林资源资产评估机构和评估人员在接受森林资源资产业务委托前，应当采取与委托人等相关当事人讨论、阅读基础资料、进行必要的初步调查等方式，与委托人等相关当事人明确以下森林资源资产评估业务基本事项：①委托方与相关当事方基本状况；②评估目的；③评估对象基本情况；④价值类型及定义；⑤评估基准日；⑥评估限制条件和重要假设；⑦其他需要明确的注意事项。评估人员在明确上述资产评估业务基本事项的基础上，应当分析评估项目风险、专业胜任能力等，确定是否承接该评估项目。

10.3.5.2 签订业务约定书

明确评估业务基本事项后，资产占有单位方可委托森林资源资产评估机构进行资产评估。评估委托应提交有效的森林资源资产清单和其他有关材料，并签订评估业务约定书。

森林资源资产评估业务约定书是森林资源资产评估机构与委托人共同签订的，确认森林资源资产评估业务的委托与受托关系，明确委托目的、被评估森林资源范围及双方权利义务等相关重要事项的合同。评估业务约定书应包括下列基本内容：①评估机构和评估委托方的名称、住所；②评估目的；③评估对象和评估范围；④评估基准日；⑤评估报告使用者；⑥评估报告提交期限和方式；⑦评估服务费总额、支付时间和方式；⑧评估机构和评估委托方的其他权利和义务；⑨违约责任和争议解决；⑩签约时间。

有效的森林资源资产清单，是指以具有相应级别调查设计资格证书的森林资源调查规划设计单位当年调查，并经上级林业主管部门批准使用的森林资源规划设计调查(二类调查)、作业设计调查(三类调查)成果，或按林业资源管理部门要求建立并逐年更新至当年，且经补充调查修正的森林资源档案资料编制，并由林业主管部门认定的森林资源资产清单。森林资源资产清单以小班为单位编制。评估有效期内将采伐的林木资产清单必须依据作业设计调查成果编制。

其他有关资料包括：①森林资源资产评估立项审批文件；②森林资源资产林权证书；③林业基本图、林相图、作业设计调查图；④作业设计每木检尺记录；⑤有特殊经济价值的林木种类、数量和质量材料；⑥当地森林培育、森林采伐和基本建设等方面的技术经济指标；⑦林木培育的账面历史成本资料；⑧有关的小班登记表复印件；⑨按照评估目的必须提交的其他材料，如森林景观资产资料等。

10.3.5.3　编制评估计划

评估人员应编制森林资源资产评估计划，对评估过程的每个工作步骤、时间及人力进行规划和安排，以确保高效完成评估工作。评估计划是评估人员为执行森林资产评估业务拟订的工作思路和实施方案，对合理安排工作量、工作进度、专业人员调配以及按时完成评估业务具有重要意义。

10.3.5.4　现场核查，编制核查报告

资产评估机构受理委托后，应对委托方提交的资产清单进行核查，核查符合要求方可进行评估。森林资源资产核查的资产实物量是价值量评估的基础，评估机构在森林资源资产价值量评定估算前，必须对委托单位提交的有效森林资源资产清单上所列示资产的数量和质量进行认真的核查。要求账面、图面、实地三者一致。森林资源资产数量、质量的核查，必须由具有森林资源调查工作经验的中、高级技术职称的林业专业技术人员负责进行。

(1)核查内容

森林资源资产的核查项目，主要包括权属、林地或森林类型的数量、质量和空间位置等内容。具体项目如下：

①林地　所有权和使用权、地类、位置、面积、立地质量等级、地利等级等。

②林木

用材林：幼龄林核查内容是权属、树种组成、林龄、平均树高、单位面积株数；中龄林核查内容是权属、树种组成、林龄、平均胸径、平均树高、单位面积活立木蓄积量；近、成、过熟龄林核查内容是权属、树种组成、林龄、平均胸径、平均树高、立木蓄积量、材种出材率等。

经济林：权属、种类及品种、年龄、单位面积产量。

能源林：权属、林龄、树种组成、单位面积立木蓄积量。

竹林：权属、平均胸径、立竹度、均匀度、整齐度、年龄结构、产笋量。

防护林：除核查与用材林相应的项目外，还要增加与评估目的有关的项目。

特种用途林：除核查与其他林种相应的项目外，还要增加与评估目的有关的项目。

未成林造林地上的幼龄林：权属、树种组成、造林时间、平均高、造林成活率、造林保存率。

(2)核查方法

森林资源资产的核查分为抽样控制法、小班抽查法和全面核查法。评估机构可按照不同的评估目的、评估种类、具体评估对象的特点和委托方的要求选择使用。

①抽样控制法　本方法以评估对象为抽样总体，以95%的可靠性，布设一定数量的样地进行实地调查，要求总体蓄积量抽样精度达到90%以上。林地的核查，首先依据具有法定效力的资料，核对其境界线是否正确，然后在林业基本图或林相图上直接量算或采用成数抽样的办法核查各类土地和森林类型的面积，主要地类的抽样精度要求达到95%以上(可靠性95%)。如委托方提交的资产清单中各类土地、森林类型的面积和森林蓄积量在估测区间范围内，则按照资产清单所列的实物数量、质量进行评估。若超出估测区间，则该资产清单不符合评估要求，应通知委托方另行提交新的森林资源资产清单。

②小班抽查法　本方法采用随机抽样或典型选样的方法分别林地及森林类型、林龄等因子，抽出若干比例小班进行核查。核查的小班个数依据评估目的、林分结构等因素来确定。对抽中小班的各项按规定必须进行核查的因子进行实地调查，以每个小班中80%的核查项目误差不超出允许值，视为合格。小班核查因子的允许误差范围采用国家林业局《森林资源调查主要技术规定》的A级标准。核查小班合格率低于90%，则该资产清单不能用作资产评估，应通知委托方另行提交资产清单。

③全面核查法　本方法对资产清单上的全部小班逐个进行核查。对即将采伐的小班设置一定数量的样地进行实测，必要时进行全林每木检尺。核查小班内各核查项目的允许误差按小班抽查法的规定执行。对经核查超过允许误差的小班，通知委托方另行提交资产清单。

10.3.5.5　收集评估资料

在进行评定估算前，森林资源资产评估机构必须搜集掌握当地有关的技术经济指标资料，以保证评估工作的顺利进行。主要有以下10个方面：①营业生产技术标准、定额及有关成本费用资料；②木材生产、销售等定额及有关成本费用资料；③当地森林培育、森林采伐和基本建设等方面的技术经济指标；④森林培育的账面历史成本资料；⑤评估基准日各种规格的木材、林副产品市场价格及其销售过程中税、费征收标准；⑥当地及附近地区的林地使用权出让、转让和出租的价格资料；⑦当地及附近地区的林业生产投资收益率；⑧各树种的生产过程表、生产模型、收获预测等资料；⑨使用的立木材积表、原木材积表、材种出材率表、立地指数表等测树经营数表资料；⑩其他与评估有关的资料。

10.3.5.6　评定估算

在有关资料达到要求的条件下，评估机构选择恰当的评估方法，对委托单位被评估森林资源资产价值进行评定和估算。

10.3.5.7　编制和提交评估报告

资产评估机构对评定估算结果进行分析确定，撰写评估说明，汇集资产评估工作底稿，形成森林资源资产评估报告书，并提交给评估委托方。

10.3.5.8　工作底稿归档

评估工作结束后，评估机构应及时将有关文件及资料分类汇总，并登记造册，建立项目档案。按国家有关规定和评估机构档案管理制度进行管理。

本章小结

森林生态效益监测的方法很多，如定位监测法、半定位监测法，定期监测、日常监测和专项监测。可以在气象常规指标、森林土壤理化指标、森林生态系统健康、森林水文、森林群落特征等指标中选择适宜的森林生态效益监测标。森林生态服务功能经济价值评估的方法主要包括替代工程法、市场价值法、机会成本法、旅行费用法、支付意愿法。林地经济评价的方法主要有林地市价法、林地费用价法、林地期望价法。林木经济评价的方法有现行市价法、收益现值法、重置成本法、序列林价法、格拉泽实验式、马丁艾特式等。

思考题

1. 请结合所学知识，谈谈你对我国现行森林生态服务功能经济评价的看法。

2. 某林场有杉木 200 hm^2，成林期为 30 年，各年的投放费用为：第一年 1500 元/hm^2，第二年 1200 元/hm^2，第三年 900 元/hm^2，第四年 600 元/hm^2，第五年 450 元/hm^2，第 6～30 年，每年投入 300 元/hm^2。松木蓄积量平均为 120m^3/hm^2，林场保险费率 0.5%，林场成本费用率为 15%，贷款年利率为 6%，各种税率为 8%。试评估 200 hm^2 松木林价（狭义林价）。

推荐阅读书目

1. 森林评价．井上由夫，于政中译．中国林业出版社，1982.
2. 森林经理学研究方法与实践．张会儒．中国林业出版社，2018.
3. 森林生态系统定位观测指标体系（LY/T 1606—2003）．国家林业局．中国标准出版社，2003.
4. 森林生态系统服务功能评估规范（GB/T 38582—2020）．国家标准化管理委员会．中国标准出版社，2020.
5. 森林资源资产评估．郑德祥．中国林业出版社，2015.
6. 森林资源资产评估技术规范（LY/T 2407—2015）．国家林业局．中国标准出版社，2015.

参考文献

关文彬，王自力，陈建成，等，2002. 贡嘎山地区森林生态系统服务功能价值评估[J]. 北京林业大学学报，24(4)：80-84.

蒋延玲，周广胜，1999. 中国主要森林生态系统公益的评估[J]. 植物生态学报，23(5)：426-432.

靳芳，鲁绍伟，余新晓，等，2005. 森林生态系统服务功能价值评估问题[J]. 西北林学院学报，20(3)：18-22.

刘永杰，王世畅，彭皓，等，2014. 神农架自然保护区森林生态系统服务价值评估[J]. 应用生态学报，25(5)：1431-1438.

孟祥江，侯元兆，2010. 森林生态系统服务价值核算理论与评估方法研究进展[J]. 世界林业研究，23(6)：8-12.

Costanza R，1997. The Value of the world's ecosystem services and natural capital[J]. Nature，387(15)：253-260.

第11章　森林认证

森林认证是一种运用市场机制来促进森林可持续经营的工具，包括森林经营认证和产销监管链认证。目前全球存在着森林可持续经营认证体系(FSC)、国家森林认证体系(PEFC)两种主要认证体系。2014年，中国森林认证管理委员会(CFCC)与森林认证体系认可计划PEFC实现互认。除了传统的人工林森林认证外，在我国目前的森林认证体系中，还增加了非木质产品认证、生态旅游认证等内容。本章首先介绍了森林认证的定义、程序、作用；其次，分别介绍了森林可持续经营认证体系(FSC)、国家森林认证体系(PEFC)、我国森林经营认证体系(CFCC)的指标体系；第三，介绍产销监管链认证的目标、产销监管链过程要求。本章最后介绍了人工林与非木质产品认证、生态旅游认证的指标体系。

11.1　森林认证概述

11.1.1　森林认证定义与构成

森林认证是一种运用市场机制来促进森林可持续经营的工具，包括森林经营认证和产销监管链认证。森林经营认证是根据所制定的一系列原则、标准和指标，按照规定的和公认的程序对森林经营业绩进行认证，而产销监管链认证是对木材加工企业的各个生产环节，即从原木运输、加工、流通直至最终消费者的整个链条进行认证。森林认证之所以由独立的第三方进行，是为了保证森林认证的公正性和透明性。

11.1.2　森林认证的基本要素

森林认证包括两个基本内容，即森林经营认证和产销监管链认证。森林认证一般包括以下5个基本要素：

①认可与授权　由森林认证的管理机构或组织，对申请机构的能力、可靠性和独立性等资质、资格进行严格评估后，对合格的机构授权，准许其开展森林认证的业务，其目的是提高第三方认证机构的可信度。

②森林可持续经营的标准　标准是认证评估的基础，是判定合格与否的尺度。

③森林经营的认证(一致性评估)　以独立方式按照标准对森林经营单位进行正式审核。

④产销监管链的审核　通过对文件的评估、认证产品的销售或购买的数量以及对仓库和产品生产过程的定期检查来确定产品的来源。

⑤林产品的标签　以森林经营的认证与产销监管链的审核为基础，企业可以申请标签作为传递信息的工具。

11.1.3　森林认证的程序

森林认证有固定的程序，同时具有时效性。森林认证的过程一般分为7个步骤：预评估、与各权益相关者座谈、正式评估、评估的确认、颁发证书、复评估和贴标签。森林认证的时效性指一次认证的有效时间，如FSC森林认证体系颁发的证书有效期为5年，到期后要重新认证，复评估每6个月1次，如不合格，将吊销已颁发的证书。

11.1.4　森林认证的作用

森林认证是通过认证的方式，以标签的形式，向市场传递所生产和销售的木材及木制品是源自被确认为管理良好的森林资源。其最直接的作用是为广大消费者提供符合环境伦理的理性选择机会，并在一定程度上激励经营者选择可持续的经营方式经营对人类可持续发展有战略意义的森林资源。

在获取狭义市场利益之上，森林认证已经呈现出了许多积极作用，主要表现如下：①社区团体参与商讨过程；②作为资源符合可持续发展要求的可靠性的佐证；③通过中国森林资源认证理论研究，可以促进与非政府组织(NGO)和投资者的合作，获得技术支持和培训；④提高社区林业经营的效率；⑤对由大规模的森林采伐转向持续生产起了潜在的推动作用。

在经济效益方面应有的作用包括：①认证为企业提供了加强经营管理、环境管理的工具；②保证和开拓绿色市场，获取市场利益；③提高企业形象，增加市场竞争力；④减少非关税贸易壁垒，加快与世界经济接轨的步伐；⑤提高供应效率，确保木材的长期供应。

在环境效益方面的作用主要体现为：①激励企业解决森林问题；②提高森林可持续经营技术、能力和森林生产力；③全方位监测森林，提高森林评估能力；④加强林业科学研究；⑤获取更多的财政和技术支持；⑥对现有森林经营起示范效应；⑦开展森林认证可在一定程度上弥补国家政策的不足；⑧保护森林生态环境，维持森林的生态功能和完整性。

在社会效益方面的作用主要体现为确保各方的权利得到尊重和实现。认证强调有关各方共同参与经营标准的制定。在中国，它表现在尊重和维护当地居民进入森林采集水果、薪材、建筑材料和药用植物的传统权利，尊重和考虑依靠森林生活的居民的生计问题，以及森林提供的娱乐、文化和其他社会价值等。

11.1.5　森林认证对森林经营的促进作用

森林认证是一种运用市场机制来促进森林可持续经营的工具，包括森林经营认证和产销监管链认证。森林经营认证是通过审核和评估森林经营单位的森林经营活动，以证明其是否实现了森林可持续经营。产销监管链认证是对林产品生产销售企业的各个环节，即从加工、制造、运输、储存、销售直至最终消费者的整个监管链进行审核和评估，以证明林产品的原料来源。

中国森林认证制度实施后，有效地规范了我国的森林经营活动，提高了森林经营水平。实施森林认证制度，也是提高森林质量，提升森林生态系统服务功能，促进中国林产品的国际市场准入和林业产业发展的有效途径。森林认证通过政府和社会采信第三方认证结果，为森林生态资源监管制度变革提供新的机制，有效地促进森林生态资源由政府直接监督管理向政府和社会共同监督管理过渡。实施森林认证制度是中国森林生态资源监管法律法规的有效补充和制度创新，是转变林业发展方式、推进林业改革的重要举措，对于构建木材安全保障体系，促进经济社会可持续发展、推进生态文明和美丽中国建设具有重要的战略意义。

11.2 森林可持续经营认证体系(FSC)

11.2.1 FSC 简介

1990 年，美国加洲会议上，一些消费者、木材贸易组织、环境和人权组织代表认为有必要创建一个诚实可信的体系来识别良好经营的森林，将其作为可接受的林产品来源。会议结论认为此系统应当包含全球公众舆论对良好森林经营的定义、对森林经营的独立审核以及一个全球伞形组织。森林管理委员会(Forest Stewardship Council，FSC)的名称由此产生。

FSC 是一个独立的、非盈利性的非政府组织，由来自 70 多个国家的环境保护组织、木材贸易协会、政府林业部门、当地居民组织、社会林业团体和木材产品认证机构的代表组成。

11.2.2 FSC 认证机构

1993 年，FSC 颁发了第一个 FSC 森林经营证书(墨西哥)，和第一个产销监管链证书(美国)。1996 年 2 月，FSC 作为法人实体于墨西哥注册，首次签署了 4 个森林经营证书的认可合同。同年，第一个认证和贴标签的产品——木铲面市(在英国销售)。第一个 FSC 工作组(英国)由 FSC 董事会认可。1996 年，FSC 会员批准了关于人工林森林认证标准。2003 年 1 月，FSC 秘书处搬到位于德国波恩的 FSC 国际中心，有员工 25 名。

FSC 制定了全球统一的《FSC 原则与标准》，并认可权威的认证机构开展认证。截至 2006 年 1 月，FSC 认可了 15 家认证机构。通过认证的企业有权使用 FSC 标志。可以颁发 FSC 证书的第三方认证机构主要有：德国莱茵 TUV 集团；法国的必维国际检验集团；DNV——挪威船级社；QMI——加拿大质量管理学院；瑞士的 SGS 通标；德国汉德技术监督服务有限公司(TUV NORD)；德国的 TSUD。

11.2.3 FSC 认证原则

原则 1　法律遵守：遵守所在国法律及其国家签署的国际公约和协议。

原则 2　所有权、使用权及责任：对土地及森林资源的长期所有权和使用权应明确界定、建档并形成法律文件。

原则 3　居民的权利：承认并尊重当地居民拥有、使用和经营其土地、领地及资源的法定及传统权利。

原则 4　社区关系与劳动者的权利：维护或提高森林劳动者和当地社区的长期社会及经济利益。

原则 5　森林带来的收益：鼓励有效利用森林的多种产品和服务。

原则 6　环境影响：保护生物多样性以及相关的价值，并以此来保持森林的生态功能及其完整性。

原则 7　经营方案：应当制订和执行与森林经营规模和强度相适应的森林经营方案，并随时进行修改。应清楚地阐述森林经营的长期目标以及实现这些目标的手段。

原则 8　监测与评估：应按照森林经营的规模和强度进行监测，以评估森林状况、林产品产量、产销监管链、经营活动及其对社会与环境影响。

原则 9　维护高保护价值森林：在高保护价值森林中进行经营活动，应维护或加强这些森林的特征。并始终要以预防的方法，来考虑关于高保护价值森林的各种决策。

原则 10　人工林：应按照原则与标准 1~9 来规划和经营人工林。

11.2.4　FSC 在中国的认证活动

2005 年，黑龙江省友好林业局和吉林省白河林业局的 42×10^4 hm^2 的森林通过了 FSC 认证，这是我国首次在国有林区开展森林认证。2006 年 3 月，FSC 中国工作组获得 FSC 正式认可，在北京成立。2008 年 7 月 9 日，福建省永安林业的 116 217 hm^2 森林在京获得 FSC 森林管理委员会的森林可持续经营认证。截至 2018 年年底，我国获得 FSC 认证的森林面积为 876×10^4 hm^2，获得 FSC 认证的加工企业共 182 家。

11.3　国家森林认证体系(PEFC)

11.3.1　PEFC 体系简介

国家森林认证体系(PEFC)是在多方利益相关者的进程中形成并发展起来的，PEFC 是这些体系评估和相互认可的保护组织。这些国家体系是为了推广可持续性森林管理，根据政府间活动进程而建立的，这一系列正在进行的机制获得了 149 个政府的支持，并覆盖了 85%的世界森林面积。

在 PEFC 的会员中，有 35 个独立的国家森林认证体系。迄今为止，其中的 23 个已经通过了严格的评估程序，涉及了公共咨询并使用独立评估师，对全体会员所做出的相互认可决定进行评估。这 23 个系统覆盖了超过 2×10^8 hm^2 的认证森林，并为市场供应上百万吨的认证木材，使 PEFC 成为世界上最大的认证系统。其他国家会员体系正处在不同的发展阶段，并且正朝着与 PEFC 互认的方向努力。

11.3.2　PEFC 的任务、目标与信念

PEFC 的远景是在世界范围内，进行可持续性的森林管理，而任务则是给予社会关于可持续森林管理的信心。PEFC 的目标是通过国际认证体系的认可，PEFC 激励并促使进行可持续性的森林管理，并为市场提供此类森林的产品。

PEFC 的价值与信念：尊重所有的森林所有制结构以及它们所提供的社会、文化、环

境和经济价值；尊重以社区为基础的森林社会基础结构；合作、公开和透明的信念；尊重联邦制度的宗旨；自由和公平市场系统的信念；多方利益参与的信念；承诺良好和持续的森林发展。

11.3.3 PEFC 的发展历史

PEFC 于 1999 年 6 月 30 日在巴黎成立，由 11 个国家 PEFC 官方管理机构的代表组成，并获得了代表欧洲地区 1500 万林地业主的协会以及一些国际森林工业和贸易组织的支持。

自从建立以来，会员不断增加。目前 PEFC 有 34 个会员国，数量还在进一步增加。目前，PEFC 已经成为了全球最大的森林认证保护组织，包含了包括非洲、亚洲、欧洲、北美洲、南美洲、大洋洲在内的全世界的国家体系，已经为加工业提供了上百万吨的木材。

PEFC 中国办公室于 2007 年 10 月在中国北京正式成立。它的主要职能和任务是：支持和促进中国林业的可持续经营；提高 PEFC 森林认证在中国市场的认知度；推广 PEFC 产销监管链认证(CoC)作为一种市场推广和准入的有利工具；加强与中国林业和林产工业界的合作；为市场提供 PEFC 认证的信息服务和技术支持。

2006 年 3 月，PEFC 在中国颁发了第一个监管链证书。2011 年，为加快推进我国森林认证体系国际互认进程，加强国际交流与合作，完善我国森林认证体系，原国家林业局成立中国森林认证管理委员会(CFCC)。2014 年，中国森林认证管理委员会(CFCC)与森林认证体系认可计划 PEFC 实现互认。PEFC 森林经营认证指标体系、产销监管链认证指标体系参见 11.4、11.5 节。

11.4 森林经营认证

我国森林经营认证标准于 2007 年由原国家林业局批准发布，但由于当时没有森林认证机构，并未马上实施。2010 年，中国森林认证管理委员会(CFCC)正式成立后，启动了本标准的补充工作。该规则的修订严格按照新的《PEFC ST 1001：2010》标准编制要求，本着公开透明、多方参与原则进行。2011 年 6 月 20 日，CFCC 认可了本标准。《森林经营认证 指标体系》(GB/T 28951—2021)主要分为 9 大类。

11.4.1 国家法律法规和国际公约

包括：森林经营单位应当遵守国家相关法律法规，森林经营单位及经营人员应当依法缴纳税费，森林经营单位应当依法保护林地，严禁非法转变林地用途，森林经营单位及经营人员应当遵守国家签署的相关国际公约。

11.4.2 森林权属

森林单位森林权属应当明确。森林经营单位应具有县级以上人民政府或国务院林业主管部门核发的林权证。承包者或租赁者应具有相关的合法证明，如承包合同或租赁合同等。森林经营单位应有明确的边界，并标记在地图上。

森林经营单位应当依法解决有关森林、林木和林地所有权及使用权方面的争议。森林经营单位在处理有关森林、林木和林地所有权及使用权的争议时，应符合《林木林地权属争议处理办法》的要求。现有的争议和冲突未对森林经营造成严重的负面影响。森林权属争议或利益争端对森林经营产生重大影响的森林经营单位不能通过森林认证。

11.4.3 当地社区和劳动者权利

森林经营单位应当为林区及周边地区的居民(尤其是少数民族)提供就业、培训与其他社会服务的机会，帮助林区及周边地区(尤其是少数民族地区)进行必要的交通和通信等基础设施建设，按照《中华人民共和国劳动法》《中华人民共和国安全生产法》和其他相关法律法规的要求，保障职工的健康与安全；森林经营单位应当保障职工权益，鼓励职工参与森林经营决策；森林经营单位不得侵犯当地居民对林木和其他资源所享有的法定权利；在需要划定和保护对当地居民具有特定文化、生态、经济或宗教意义的林地时，应与当地居民协商；在保障森林经营单位合法权益的前提下，尊重和维护当地居民传统的或经许可进入和利用森林的权利；在森林经营对当地居民的法定权利、财产、资源和生活造成损失或危害时，森林经营单位应与当地居民协商解决，并给予合理的赔偿；尊重和有偿使用当地居民的传统知识；根据社会影响评估结果调整森林经营活动，并建立与当地社区(尤其是少数民族地区)的协商机制。

11.4.4 森林经营方案

根据上级林业主管部门制定的林业长期规划以及当地条件，编制森林经营方案。森林经营单位应当根据森林经营方案开展森林经营活动，制订年度作业计划。根据森林资源的监测结果、最新科技动态及政策信息(包括与木材、非木质林产品和与森林服务有关的最新的市场和经济活动)，以及环境、社会和经济条件的变化，适时(不超过 10 年)修订森林经营方案。森林经营单位应当对林业职工进行必要的培训和指导，使他们具备正确实施作业的能力。

11.4.5 森林资源培育和利用

森林经营单位应当按作业设计开展森林经营活动；森林经营活动要有明确的资金投入，并确保投入的规模与经营需求相适应；森林经营单位应当积极开展林区多种经营，促进当地经济发展，制定主要非木质林产品的经营规划，包括培育、保护和利用的措施；种子和苗木的引进、生产及经营应遵守国家和地方相关法律法规的要求，保证种子和苗木的质量；按照经营目标因地制宜选择造林树种，优先考虑乡土树种，慎用外来树种；无林地(包括无立木林地和宜林地)的造林设计和作业符合当地立地条件和经营目标，并有利于提高森林的效益和稳定性；依法进行森林采伐和更新，木材和非木质林产品消耗率不得高于资源的再生能力；森林经营应有利于天然林的保护与更新；森林经营应减少对资源的浪费和负面影响；鼓励木材和非木质林产品的最佳利用和深加工；规划、建立和维护足够的基础设施，最大限度地减少对环境的负面影响。

11.4.6 生物多样性保护

存在珍贵、稀有、濒危动植物种时，应建立与森林经营范围和规模，以及所保护资源特性相适应的保护区域，并制定相应保护措施；限制未经许可的狩猎、诱捕及采集活动；保护典型、稀有、脆弱的森林生态系统，保持其自然状态；森林经营应采取措施恢复、保持和提高森林生物多样性。

11.4.7 环境影响

考虑森林经营作业对森林生态环境的影响，避免导致森林生态系统的退化和破坏；森林经营作业应采取各种保护措施，维护林地的自然特性，保护水资源，防止地力衰退；严格控制使用化学品，最大限度地减少因使用化学品造成的环境影响；严格控制和监测外来物种的引进，防止外来入侵物种造成不良的生态后果；维护和提高森林的环境服务功能；尽可能减少动物种群和放牧对森林的影响。

11.4.8 森林保护

制订林业有害生物防治计划，应以营林措施为基础，采取有利于环境的生物、化学和物理措施，进行林业有害生物综合防治；建立健全森林防火制度，制定并实施防火措施；建立健全自然灾害应急措施。

11.4.9 森林监测和档案管理

森林经营单位应当建立森林监测体系，对森林资源进行适时监测，并建立森林资源档案制度，在信息许可的前提下，定期向公众公布森林监测结果概要；森林监测应包括资源状况、森林经营及其社会和环境影响等内容；建立档案管理系统，保存相关记录。

11.5 产销监管链认证

11.5.1 产销监管链认证的目标

林产品产销监管链(CoC)认证，可以帮助企业证明其销售或使用的木材、木制品来自经营良好的森林或其他受控来源。监管涉及产品制造、转换及分销的各个环节。在每一处，都会检查产品标识、产品隔离、记录保存。

产销监管链认证旨在证明林产品源自于可持续经营的森林、再生原料和其他非争议来源，以帮助采购方选择具有可持续性或其他类似特征的木质林产品。公开原料来源信息旨在促进可持续经营森林的产品的需求和供给，以便通过市场激励机制推动森林资源经营管理的不断完善。

实施产销监管链的总体目标，是向林产品消费者提供产品原料源自于通过森林认证的可持续经营的森林或再生原料这一准确和可验证的信息。

CFCC 产销监管链认证标准参照采用森林认证体系认可计划(PEFC)的国际标准——《林产品产销监管链标准》(PEFC ST 2002：2010)。2011 年 6 月 20 日，中国森林认证管理委员会(CFCC)认可了本标准。产销监管链认证标准说明了如何获得从所购原料的来源信息到企业产品的来源信息的过程，并提供了两种可供选择的产销监管链方法，即物理分离法和百分比法。

11.5.2　几个关键术语

(1)原料类别

对原料根据来源地特征进行分类，可以分为认证原料、中性原料、其他原料。其中，认证原料是指交付时带有“X%CFCC 认证”的供应商声明的森林原料，供应商应当持有 CFCC 认可的认证证书，或者与 CFCC 互认的认证体系认可的认证证书。中性原料是指森林原料之外的原料，其他原料是指认证原料之外的其他森林原料。

(2)林产品产销监管链

林产品原料来源信息的处理过程，藉此企业可对认证原料的成分作出准确和可验证的声明。

(3)争议来源

出现了下列森林经营活动的区域：①未能遵守地方、国家和或国际法律法规，尤其在下列方面：营林作业和采伐作业，包括森林向其他用途的转化；划为高环境价值和高文化价值区域的经营活动；受保护及濒危物种，包括列入《濒危野生动植物种国际贸易公约》名录的物种；与林业工人相关的健康和劳工问题；税费的缴纳；②使用了转基因生物；③将森林转化为其他植被类型，包括将天然林转化为人工林。

(4)可控来源

通过 CFCC 的尽职调查，将源自争议来源的风险降低到最低的原料。

(5)物理分离

分离各种不同来源的原料或产品的过程，以确保使用者了解原料/产品的来源。物理分离包括企业厂房中的分离，例如，设立单独的隔离区或特定存放区，或使用标记，以清晰地区分不同来源的原料。

(6)简单百分比与滚动百分比

简单百分比是指根据通过统计以实物方式投入到产品中的原料来计算认证原料的百分比。例如，以印刷厂为例，简单百分比可以通过计算用于印刷厂所采购和使用的原料而得出。滚动百分比则是根据产品生产或交易前特定时期采购的原料中用于投入生产的部分来计算认证原料的百分比。

11.5.3　产销监管链过程要求——物理分离法

(1)总体要求

对于那些认证原料或产品不会与其他原料或产品混合，或者在整个过程中能够明确区分认证原料或产品的企业，应优先采用物理分离法。采用物理分离法的企业，应确保在生产或交易过程中的任何阶段都对认证原料进行分离或使其可以被清晰地辨别。

(2)认证原料或产品的分离

在整个生产或交易(包括贮存)过程中，应能够清晰地辨认含有不同认证成分的认证原料或产品。这应通过下列方式实现：①在生产和贮存场地进行物理分离；②按照时间进行物理分离；③在整个生产或交易过程中对认证原料进行明确的区分。

11.5.4　产销监管链过程要求——百分比法

(1)百分比法的总体要求

产销监管链的百分比法适用于将认证原料/产品与其他类别原料相混合的企业。

(2)认证原料的百分比计算

企业应依照下列公式分别计算每一产品组在特定声明期的认证原料百分比：

$$P_c = \frac{V_c}{V_c + V_o} \times 100\% \tag{11-1}$$

式中　P_c——认证原料百分比；

V_c——认证原料数量；

V_o——其他原料数量。

除认证原料和其他原料以外，具体声明的要求也包括了未出现在上述公式中的中性原料。因此，原料的总量为认证原料、中性原料和其他原料的总和($V_t = V_c + V_o + V_n$；式中，V_t 表示原料总量；V_n 表示中性原料数量)。

所有用于计算百分比的原料应使用同一计量单位。如需转换，应采用公认的转换率和转换方法。如果没有适用的公认转换率，企业也应确定和使用一种合理而可信的转换率。

如所采购的原料仅包括一部分认证原料时，则只有与声明比例数量对应的原料可以作为认证原料参与计算，剩余的则视作其他原料。

企业应使用下列两种方式来计算认证百分比：①简单百分比；②滚动百分比。采用简单百分比法计算的企业，应根据产品组中具体产品所含原料的数量来计算认证百分比。采用滚动百分比法计算的企业，应基于在声明期的前一原料投入期内所投入原料的数量来计算特定生产批次的认证原料百分比。如果采用滚动百分比法计算，一般情况下，声明期不应超过3个月，原料投入期不应超过12个月。

11.5.5　管理体系的最低要求

(1)总体要求

企业应根据《质量管理体系　要求》(GB/T 19001—2016)和《环境管理体系　要求及使用指导》(GB/T 24001—2016)所建立的质量管理体系和环境管理体系，以确保正确实施和维持产销监管链过程。管理体系应与企业类型、范围和产量相适应。

(2)职责与权力

企业应指定专人负责产销监管链的实施和运转，并明确相应岗位的职责和权力，至少包括下列方面：①原料采购和来源判别；②产品加工，包括物理分离或百分比计算以及产出产品的转换；③产品销售和贴标；④记录保存；⑤内部审核和不符合项控制；⑥与有争议来源相关的尽职调查系统。

(3)程序性文件

企业应建立产销监管链的程序性文件，至少包括下列方面：①有关产销监管链的组织结构、职责和权力；②描述原料在生产或交易过程中的流通情况，包括产品组的定义；③涵盖本标准所有要求的产销监管链程序，包括：原料来源的判别；认证原料的物理分离(针对采用物理分离法的企业)；认证百分比的计算，产品的销售或运输，产品上的声明与贴标；④适用时，与有争议来源相关的尽职调查系统的程序；⑤内部审核程序；⑥争议解决程序。

(4)记录保存

企业应建立并保存产销监管链程序，以证明其产销监管链符合本标准的要求并运转有效。企业应保存与产销监管链产品组有关的记录，记录涵盖了媒介和信息，包括电子媒介信息。企业应将这些记录至少保存5年。至少包括下列方面：

①认证原料的所有供应商，包括供应商所持的森林经营认证证书或产销监管链认证证书的复印件，或其他能够证明其符合认证原料供应商标准的文件。

②所有原料的投入，包括原料来源的声明与运输文件。

③认证原料百分比的计算，最终产品的转换数量，以及信用账户的管理(采用数量信用时)。

④产品的销售或运输，包括产品的声明及运输文件。

⑤适用时，与有争议来源有关的尽职调查系统，包括自我声明、风险评估、对高风险供应商的管理。

⑥内部审核、产销监管链定期评审、出现的不符合项及其改进措施。

⑦争议及其解决。

(5)支撑条件

企业应确保并证明所有实施和维持产销监管链的人员经过了相关的培训，有一定的教育程度，具备相关的技能和经验，能够胜任各自的工作。企业应依据本标准的相关要求，确定、提供并维护相关基础设施和技术设备，以确保产销监管链的有效实施和运转。企业每年应至少进行一次内部审核，审核应涵盖本标准的所有要求，也可根据需要建立改进和预防措施。企业应建立相关程序以处理来自供应商、消费者及其他各方对产销监管链的投诉。

11.6　人工林与非木质产品认证

11.6.1　人工林经营认证

《森林认证 人工林经营标准》(LY/T 2272—2014)按照《标准工作导则 第1部分：标准的结构和编写》(GB/T 1.1—2009)的规则起草。该标准由全国森林可持续经营与森林认证标准化技术委员会(SAC/TC 360)提出并归口。标准的起草单位是国家林业局科技发展中心、中国林业科学研究院林业科技信息研究所。

人工林经营认证的指标体系借鉴森林经营认证，在9大类指标中，国家法律法规和国际公约、当地社区和劳动者权利、生物多样性保护、环境影响基本内容与森林经营认证相同，只是根据人工林的特点，把森林权属、森林资源培育与利用、森林保护、森林资源监测和档案管理的主体变成了“人工林”，并对内容进行了调整。此外，在森林经营方案指标中，更加强调人工林的功能区划、分类经营、人工林健康保护、人工林经营基础设施建设、人工林经营的生态与社会监测措施和影响评估与人工林经营活动有关的必要图表。

11.6.2 非木质产品经营认证

《森林认证 非木质林产品经营标准》(LY/T 2273—2014)按照国家标准 GB/T 1.1—2009 的规则起草。本标准由全国森林可持续经营与森林认证标准化技术委员会提出并归口。本标准负责起草单位是国家林业局科技发展中心、河北农业大学、东北林业大学。

非木质林产品经营认证的指标体系借鉴森林经营认证，在 9 大类指标中，国家法律法规和国际公约、森林权属、当地社区和劳动者权利、生物多样性保护、环境影响基本内容与森林经营认证相同，只是根据非木制产品的特点，把森林资源培育与利用、森林保护、森林经营方案、森林资源监测和档案管理的主体变成了“非木质林产品”，并对内容进行了调整。

在非木质林产品经营中，植物类非木质林产品采集利用应符合以下要求：①按照所经营植物种类编制采集利用技术文件，并按文件要求实施；②采集技术应符合相关物种适宜的采集时间和采集方法；③采集技术应与采集物种生物学特性相适应；④根据可采植物的年龄、生长状况、成熟程度等确定采集个体对象；⑤采集方式应尽量减少采集过程对植物体产生损害；⑥ 野生植物采集时应保留足够的植物个体或种子，保障种群繁衍与更新。

养殖类非木质林产品采集与利用：①按照所养殖类动物种类编制相应采集利用技术文件，并按文件要求实施；②采集技术应与所采集动物生物学特性相适应；③采集方式应尽量减少对动物的损害，不得虐待动物；④采用宰杀方式时，不得采用痛苦程度高、时间长的残忍方式。

非木质林产品采集采用对环境影响小的经营作业方式，减少对森林资源的破坏；减少非木质林产品采收过程中的非木质林产品的浪费和等级下降。

11.7 生态旅游认证

开展生态旅游认证有利于规范经营生态旅游产业，持续利用生态旅游资源，保护生态环境，促进当地社区经济发展。本标准规定了国家公园、自然保护区、风景名胜区、森林公园、湿地公园、地质公园等自然保护地开展生态旅游认证应遵循的指标体系，包含 8 个一级指标、27 个二级指标、100 个三级指标。

11.7.1 规范管理生态旅游

遵守国家相关法律、法规和部门规章的要求，先规划，后建设，制定生态旅游区管理制度。制订生态旅游监测方案，包括旅游区内的生物多样性、生态环境、旅游活动、游客行为等。制定游人容量超载控制预案，有序组织客流，对生态敏感区采用动态控制措施。制订投诉受理和处理方案，安排受理投诉的专业人员和专业投诉电话，制定危险动物伤害、地质灾害、旅游区火灾等安全内容的警示。制定紧急救援预案，在醒目的位置设置紧急救援标志、专业救援电话，配置相应的紧急救援人员和设施。

建立专门的管理机构，人员编制与实际在岗人员数量适宜，人员专业结构合理，岗位职责分工明确。管理人员中宜有生态学、旅游学、自然保护区学、生物学、环境保护、园林等相关专业的毕业生。管理人员熟悉与日常管理工作内容相关的法律法规、规章制度和生态旅游专业知识。定期组织管理人员参加生态旅游职业培训，提高服务意识，提升旅游管理水平。

11.7.2　拥有生态旅游资源和产品

以下指标中野生动植物、地质地貌和水文景观这 3 项资源满足其中一项即可：自然生态系统完整，结构稳定，保持较好的自然状态；自我更新或恢复能力强；野生动植物资源丰富，物种具有珍稀性、典型性和代表性，种群结构稳定；地质地貌资源丰富，地质构造独特，地貌类型丰富多样；水文景观资源形态多样，色彩迷人，动静相宜；旅游区内生态环境处于完整的自然原生状态，物种的原生生境较为完好；空气清新，空气质量未受到污染；水质清澈干净，无污染无异味；生态旅游资源具有较高的美学价值、旅游价值和科普价值；生态旅游资源景观异质性高，具有较强的吸引力；生态旅游资源具有一定的知名度和影响力。

生态旅游产品：生态旅游产品绿色环保，保持生态效益、经济效益与社会效益的统一；旅游线路、旅游活动项目要以自然环境零破坏为前提，追求人与自然和谐发展；活动项目、旅游纪念品及餐饮中不涉及珍稀濒危和重点保护野生动物植物及其成分；旅游产品健康有益，充分发挥生态旅游资源特色，让旅游者在自然体验中陶冶性情、调节改善身心状态；旅游产品类型丰富，根据旅游资源的种类、游客与市场的需求打造多样化的旅游产品；旅游产品精品化，特色鲜明，避免粗制滥造，容易被游客感知、记忆与宣传；旅游产品品牌化，提高知名度和影响力；旅游产品动态化，对具有竞争力的产品提升品质、加强宣传，对过于饱和或处于衰退性的旅游产品进行更新换代。

11.7.3　开展生态科普教育

建有功能齐全的宣教中心或博物馆，科普教育基地或生态文明教育基地等。每年对当地中小学生、周边社区居民进行生态环境教育，免费开放日不少于 7 d。

(1) 生态科普宣传教育

以下指标满足一项即为合格。制作面向公众的宣传书刊、科普读物、视频影像等宣传材料，具有明显的生态教育与引导特点；建有独立的网站或网页，利用互联网普及生态知识；与时俱进，将传统媒体与新媒体、高新科学技术、产品相结合，及时更新生态旅游区的科普方式、工具与载体。

(2) 拥有生态旅游解说系统

宜建立完善的解说系统，提供内容丰富、方式多样的解说服务。解说内容科学准确、通俗易懂、生动有趣，强化生态知识的讲解。导游员/讲解员经过专业专项培训，必须持证上岗，吐字清晰，能运用语言和行为传递生态文化和生物多样性保护理念。有国外客源的生态旅游区，宜配备适当数量的外语导游员/讲解员。宜设置古树名木、重要野生动植物和主要景点景观的解说标识标牌系统。

11.7.4 配置生态兼容的基础设施

旅游区交通系统、给排水设施、供电与通信、安全设施、卫生设施等基础设施要具有生态兼容性。

在构建旅游区交通系统时，内外道路可进入性与生态旅游区的承载力相适应。交通路线安全，不穿越地质不良或具有坍塌、滑坡、落石和泥石流等危险地段。在陡坡、崖壁等相对危险性路段应设置台阶、扶手、护栏和护网等安全防护设施。道路应采用生态性材料进行铺设，以降低对生态环境和野生动植物的干扰。使用低能耗、低排放量的清洁能源型交通工具。鼓励采用徒步、自行车等非机动交通方式。

旅游区的供电、通信设施的建设没有对主要保护对象造成危害，没有造成视觉景观污染。设置游客安全救护中心，配备专职救护人员，备有日常药品、急救箱和急救担架等。

设置野生动植物救护站，配备相应的巡逻人员、医护人员和日常药品。垃圾箱分类设置、布局合理，造型与环境相协调，垃圾日产日清，以防止野生动物翻食。

11.7.5 建设环境友好型服务设施

游客服务中心应该选址在生态敏感度低、恢复能力强的地段。服务中心的建筑造型、色调与景观协调；服务中心的建筑应该采用生态环保型材料。服务中心标志牌、指示牌内容准确，标识中英文结合。景区应该设置危险动物警示、环境警示、严禁投喂野生动物、严禁踩踏珍稀濒危植物等标识，标识应该中英文结合。

在旅游资源丰富、景观优美的区域中选取生态敏感度低、恢复能力强的地块，设置观景和休憩平台或建筑。观景休憩平台与建筑的体量适宜，造型优美，与周围环境相协调。采用木、石、竹、砖等生态环保材料。

住宿与餐饮设施体量适宜，建筑物的形式、材质、色彩与周围环境相协调。采用节能、环保、低污染低消耗的建筑材料。

11.7.6 有效保护旅游资源

生态旅游区管理人员应当全面掌握生态旅游区的本底信息，包括：生态旅游区的范围，生态旅游资源的规模与分布区域，珍稀濒危与重点保护野生植物的生长状况，珍稀濒危与重点保护野生动物的生境及其活动线路等动态信息。定期进行生态旅游资源专项调查，并及时组织调查汇报会，让各岗位管理人员知晓最新生态旅游资源基础信息。

科学预测生态旅游对主要保护对象的影响区域、影响程度、周期和时段。生态旅游区管理人员全面掌握和控制进入旅游区的游客量，严格禁止游客进入重点保护区域。在森林防火戒严期、野生动物繁殖期、季节性栖息地，设立隔离区或缓冲区，必要时实行短期封闭或短期管控。有效控制灯光、音响等设备的使用，避免影响生态旅游区内动植物正常生命活动。限制并制止自然保护地内的非法狩猎、诱捕和采集等破坏活动。

11.7.7 有效控制环境污染

生态旅游区应当有效地控制地表水污染、固体废弃物污染、土壤污染、控制声和光污染、严格控制化学品使用。

区内的空气污染物排放应达到《环境空气质量标准》(GB 3095—2012/XG1—2018)规定的环境空气质量标准的最高要求。当空气污染源来自周边社区的生态旅游区，应向主管部门递交空气污染报告，并敦促有关单位及时修改。

查明生态旅游区内及周边的地表水污染源数量和分布，编制地表水污染控制方案。当地表水污染源来自周边社区的生态旅游区，应向主管部门递交地表水污染报告，并敦促有关单位及时整改。

查明生态旅游区内及周边的固体废弃物污染源数量和分布，编制固体废弃物控制方案。生态旅游区内的固体废弃物排放应达到相应排放标准的最高要求。

生态旅游区内的建设工程项目编有水土保持方案。根据生态旅游区内土壤侵蚀类型和强度，采取有效的土壤侵蚀控制措施，并保留相关记录。

在生态旅游区穿过或边缘通过的铁路、公路、航道等交通线路设有禁止鸣笛标志和限速标志。不得使用大功率的广播和宣传车，严控燃放烟花爆竹。夜晚限制使用霓虹灯、探照灯等大功率发光器材，严禁在野外建设景观灯。

没有使用世界卫生组织 1A 类和 1B 类杀虫剂，以及国家相关法律法规禁止使用的其他高剧毒杀虫剂。有详细的杀虫剂、除草剂、灭菌剂和灭鼠剂等化学药品药剂使用记录，并建有规范的档案。

11.7.8　促进区域和谐发展

(1)促进区域的经济发展

为周边社区居民提供就业、培训和其他社会服务的机会，旅游活动的开展对当地社区的发展有明显的促进作用。鼓励使用周边社区的农、林、牧、渔等产品和服务。

(2)尊重周边居民的传统生活方式

在不影响自然生态系统的完整性以及规范开展、有效管理生态旅游的前提下，尊重周边居民的生产生活、通行、旅游以及共享生态旅游资源的行为活动。划定具有特定文化、生态、经济或宗教意义的区域，并对其进行保护。

(3)保障周边居民的合法权益

建设生态旅游设施、开展生态旅游活动时造成周边居民财产损失时，生态旅游区管理机构应作出相应合理的赔偿。因旅游活动对周边居民的生命与财产造成损害时，生态旅游区管理机构应作出相应合理的补偿。

(4)与周边社区建立有效的沟通协商机制

建立负责社区事务的部门，与周边社区建立有效的沟通协商机制。定期与周边社区进行沟通，并保存有相关沟通协商记录。

11.8　森林认证面临的挑战与对策

11.8.1　我国森林认证工作面临的挑战

(1)公众对认证产品的认知度低

目前，我国的认证林产品市场发育不健全，消费者的环境保护意识还不强，大多数人的生活还不富裕，以及受传统消费观念的影响，消费者在短期内还没有多付费用购买认证林产品的意愿。民意调查机构调查结果显示，约75%的被调查者只愿为绿色产品支付不超过10%的溢价，这一比例远远低于发达国家的水平。因此，我国市场还缺乏对认证林产品需求的驱动力。

(2)森林经营单位缺乏申请认证的动力

森林认证是自愿行为，如果通过认证短期内不能为森林经营单位带来明显的经济利益，而且国家也没有制定相应的鼓励政策，那么森林经营单位申请认证的积极性也就不会高。另外，我国是木材资源相对短缺的国家，木材市场是卖方市场，市场对认证林产品的需求总量相对较低，森林经营单位生产的木材不愁卖不出去。

(3)认证的费用较高

森林认证的费用包括直接费用和间接费用，直接费用包括森林评估和年度审计费用，其高低因森林经营单位的规模和经营管理水平而异；间接费用即为满足认证要求，森林经营单位在提高管理水平调整经营规划、培训员工等方面支付的费用，其高低取决于申请认证的森林经营单位经营水平。根据有关统计资料，由于发展中国家森林经营水平相对较低，为达到认证标准的要求，用于改进经营方式和规范采伐作业规程的费用约为其木材价格的10%~20%。另外，我国大多数森林经营单位的经营比较粗放，为达到认证标准所花费的间接费用也会相应较高。

(4)森林认证机构运营的局限

FSC与CFCC一是不能互认，二是其合法性不能解决，三是聘用人员工作不力。由于国外的审核人员对中国的森林经营系统、林业政策和法律法规不熟悉，以及我国缺乏对森林认证机构的认证能力进行认可和监督的机构，这就很容易导致森林认证走过场的现象发生。此外，由于森林认证机构在国外，单凭每年1~2次的监督回访来核查森林经营单位的生产经营状况，很容易被虚假信息误导。另外，聘请国外的认证机构来进行认证，大大提高了认证的直接费用。

(5)现有森林经营单位经营水平的局限

目前，我国大多数森林经营单位的经营管理水平与认证要求之间还有一定的差距，尤其在经营规划、监测评估、环境影响、社区关系与劳工权利、人工林经营方面。由于森林经营单位的财力、人力资源不足，尤其是经过高层次培训的森林经营者短缺，不管是决策层面的管理人员，还是操作层面的技术工人，对认证标准要求的理解都非常有限，这就使森林经营单位的经营活动很难达到认证标准要求。

11.8.2 我国森林认证的改进建议

针对我国森林认证面临的上述问题，提出以下我国森林认证的改进建议：

①建立森林经营的环境影响评估体系。

②建立监测和评估制度与体系。

③完善森林经营方案。完善高保护价值森林、环境与社会影响评估、成本效益分析与公众参与规划等内容。

④加强宣传与培训。对社区居民提供相关法律知识培训，对森林经营单位各个层次的

人员进行森林认证培训和经营管理与操作技术的培训。

⑤以人为本，建立社区参与及冲突解决机制。

⑥遵守法律和 FSC 原则，加强森林经营管理。

本章小结

森林认证包括两个基本内容，即森林经营认证和产销监管链认证。森林认证一般包括认可与授权、森林可持续经营的标准、森林经营的认证、产销监管链的审核、林产品的标签 5 个基本要素。森林认证具有获取市场利益、经济效益、环境效益、社会效益等多种作用。森林可持续经营认证体系(FSC)认证包括法律遵守、所有权与使用权及责任、居民的权利、社区关系与劳动者的权利、森林带来的收益、环境影响、经营方案、监测与评估、维护高保护价值森林、人工林 10 个原则。2014 年，中国森林认证管理委员会(CFCC)与森林认证体系认可计划(PEFC)实现互认，这 2 种认证体系的认证原则与 FSC 大同小异。CFCC 产销监管链认证标准参照森林认证体系认可计划(PEFC)的国际标准——《林产品产销监管链标准》，可采取物理分离、百分比 2 种方法进行产销监管链过程监管。人工林、非木质产品经营认证的指标体系借鉴 CFCC 森林经营认证，只不过是把经营主体变成了“人工林”“非木质产品”。生态旅游认证包括规范管理生态旅游、拥有生态旅游资源和产品、开展生态科普教育、配置生态兼容的基础设施、建设环境友好型服务设施、有效保护旅游资源、有效控制环境污染、促进区域和谐发展 8 个一级评价指标。

思考题

1. 什么是森林认证，有哪些作用，一般包括哪些要素？
2. FSC 认证一般包括哪些原则？
3. 在非木质林产品经营中，植物类非木质林产品采集利用应符合哪些要求？
4. 请列出生态旅游认证的几个主要一级指标。
5. 我国森林认证工作面临哪些挑战？

推荐阅读书目

1. FSC 国际森林认证操作指南 . 涂方祥，管仲连 . 化学工业出版社，2004.
2. 森林可持续经营 . 祝列克，智信 . 中国林业出版社，2001.
3. 森林认证对森林可持续经营的影响研究 . 徐斌 . 中国林业出版社，2014.
4. 森林认证理论与实践 . 赵劼 . 中国林业出版社，2015.

参考文献

陆文明，2001. 森林认证对森林经营和林产品贸易的影响[J]. 林业科技管理(4)：16-20.

王香奕，陆文明，马阿滨，2006. 主要森林认证体系标准制定程序比较研究[J]. 林业科技(9)：64-67.

徐斌，陆文明，刘开玲，2005. 世界森林认证体系评估与比较[J]. 世界林业研究，18(2)：11-15.

于玲，2003. 森林认证与森林生物多样性管理[J]. 林业科技管理(3)：9-12.

郑小贤，邓华锋，李金良，等，2005. 森林认证面临的冲突与对策[J]. 森林认证通讯(2)：16-19.

第 12 章　“3S”技术在森林经营规划中的应用

传统的森林经营规划编制，存在着劳动强度大、效率低、质量差的问题。随着信息技术的发展，遥感、地理信息系统、全球导航卫星系统可以在森林功能区划、森林经营类型划分、森林旅游观光基础设施建设、林地保护利用规划中发挥巨大的作用。在我国南方集体林区，为了配合国家林业和草原局的部署安排，重点造林任务需勾绘在林业资源“一张图”上。本章以江苏省南京市国有汤山林场以及广东北部集体林区为例，在介绍 3S 技术概述基础上，通过 3S 技术在江苏南京市国有汤山林场森林功能区划、森林经营类型组织、退化林地遥感估测、景观视域分析，以及广东北部(粤北)人工造林空间模式识别等方面案例分析，使学生了解 3S 技术在森林经营规划中应用的一般途径、方法。

12.1　“3S”技术概述

3S 技术是地理信息系统(geographical information system，GIS)、遥感(remote sensing，RS)和全球导航卫星系统(global navigation satellite system，GNSS)3 项空间技术的统称。由于 GIS 对空间数据具有有效输入、存储、更新、加工、查询、检索、运算、分析、输出等功能，RS 对空间信息的表达形象、直观，GNSS 空间定位具有实时性和高精准性，使“3S”技术在全球变化监测、资源与环境动态监测、灾害监测与防治等国际关注的热点问题研究中越来越受到重视。

12.1.1　地理信息系统(GIS)

12.1.1.1　地理信息系统(GIS)的定义

地理信息系统的定义是由两个部分组成的。一方面，地理信息系统是一门学科，是描述、存储、分析和输出空间信息的理论和方法的一门新兴的交叉学科，也被称为“地理信息科学”(geographic information science)；另一方面，地理信息系统是一个技术系统，是以地理空间数据库(geospatial database)为基础，采用地理模型分析方法，适时提供多种空间的和动态的地理信息，为地理研究和地理决策服务的计算机技术系统，也有称 GIS 为“地理信息服务”(geographic information service)。总之，GIS 是以计算机为基础，实现地图视觉效果和地理分析与处理以及数据库操作的集成，对地球表面的现象进行成图与分析。

地理信息系统具有以下 3 个方面的特征：

第一，具有采集、存储、管理、运算、分析、显示和输出多种地理信息的能力，具有空间性和动态性；第二，由计算机系统支持进行空间地理数据管理，并由计算机程序模拟常规的或专门的地理分析方法，构建分析驱动模型，作用于空间数据，实现空间分析和动态预测，完成人类难以完成的任务；第三，人机交互的空间决策支持系统是地理信息系统的重要特征，因而使得地理信息系统能以快速、精确、综合地对复杂的地理系统进行空间定位和过程动态分析与预测，服务于多种决策需求。

12.1.1.2 地理信息系统(GIS)的类型

地理信息系统按其功能可以分为 3 大类：

(1)专题地理信息系统(thematic GIS)

具有有限目标和专业特点的地理信息系统，为特定的目的服务。如森林动态监测信息系统、水资源管理信息系统、矿业资源信息系统、农作物估产信息系统、草场资源管理信息系统、水土流失信息系统等。

(2)区域地理信息系统(regional GIS)

主要以区域综合研究和全面的信息服务为目标，可以有不同的规模，如国家级的、地区或省级的、市级和县级等为各不同级别行政区服务的区域信息系统；也可以按自然分区或流域为单位的区域信息系统。区域信息系统如中国黄河流域信息系统、加拿大国家信息系统等。

(3)地理信息系统工具或地理信息系统外壳(GIS tools)

一组具有图形图像数字化、存储管理、查询检索、分析运算和多种输出等地理信息系统基本功能的软件包。它们或者是专门设计研制的，或者在完成了实用地理信息系统后抽取掉具体区域或专题的地理空间数据后得到的，具有对计算机硬件适应性强、数据管理和操作效率高、功能强等特征的实用性信息系统，也可以用作 GIS 教学软件。

12.1.1.3 地理信息系统(GIS)的空间数据结构

GIS 的主要数据为二维或三维的空间型地图数据，包括空间位置、拓扑关系和属性 3 个方面的内容。任何地理实体都可以抽象为点、线、面矢量数据和栅格数据。①矢量数据：一般来说空间矢量数据包括点状数据、线状数据和面状数据。其中，点状数据用来表示点状地物特征属性，如山体、城镇、居民点、村庄等，通常用一对坐标(x, y)表示。线状数据用于描述线状地物特征属性，如河流、道路、等高线等，用一系列按一定次序排列的坐标 (x, y)表示。面状数据用来描述呈面状分布的地物特征属性，如农田、森林植被等，是由一系列边组成的具有一定方向性的闭合曲面。②栅格数据：栅格数据表示的地表是不连续的，是量化和近似离散的数据，如航空像片和卫星遥感图像。

GIS 中空间数据结构是对数据的排列形式的描述，也可称为图形数据格式，是地理实体的空间排列方式和相互关系的抽象描述。空间数据结构主要包括栅格数据结构和矢量数据结构，其中，栅格数据结构是以规则的阵列来表示空间地物的分布，每个数据表示地物的属性特征。而矢量数据结构是另一种最常见的图形数据结构，它通过记录坐标的方式精确地表示点、线、多边形等地理实体。两种数据结构有各自不同结构特点：

(1)栅格数据结构

栅格数据结构的优点是数据结构简单，用于空间数据的叠置和组合较容易，各类空间分析较方便，数学模拟方便，技术开发费用低。

栅格数据结构的缺点是图形数据量大，采用低分辨率像元减少数据量时，可识别的信息将受损失，地图输出不精美，难以建立网络连接关系，投影变换耗费时间。

(2)矢量数据结构

矢量数据结构的优点是表示地理数据的精度较高，数据结构严密、数据量小，用网络连接法能完整地描述拓扑关系。图形输出精确美观，图形数据和属性数据的检索、更新、接合都能实现。

矢量数据结构缺点是数据结构复杂，矢量多边形地图或多边形网通过叠置与栅格组合较困难，图的显示和制作费用高，特别是高质量绘图、彩色绘图和晕渲绘图等，数学模拟较困难，技术复杂，特别是对计算机软硬件的要求很高。

12.1.1.4 地理信息系统(GIS)的功能

一般认为，GIS 有以下 4 大功能。

(1)数据的采集与编辑功能

GIS 的核心是一个地理数据库，建立 GIS 的第一步就是将地面上的实体图形数据和描述图形的属性数据输入到数据库中，通过大地测量仪器、GPS、电子罗盘、原图扫描或手扶跟踪数字化、航测航片扫描、数字遥感等手段获取的空间数据可借助于 GIS 的编辑功能进行编辑，一般 GIS 的编辑功能应包括：人机对话窗口、文件管理功能、数据获取功能、图形编辑窗口显示功能、参数控制功能、符号设计功能、自动建立拓扑关系、属性数据输入与编辑功能、地图整饰功能、图形几何功能、查询功能、图形接边处理功能。

属性数据是用来描述实体对象的特征和性质，许多 GIS 都采用关系型数据库管理系统进行管理，关系型数据管理系统(RDBMS)能为用户提供一套功能很强的数据编辑和数据库查询语言，如 SQL(结构化查询语言)，系统设计人员可用 SQL 语言，建立友好的用户界面，以方便用于属性数据的输入、编辑和查询。

(2)地理数据库管理功能

地理对象通过数据采集与编辑后，送到计算机的外存设备上，如优盘、硬盘、光盘、磁带等。对于庞大的地理数据，当然需要数据管理系统来管理，其功能相当于图书馆对图书的分类与编目，以方便管理人员或读者快速查询到所需图书。一个数据库管理系统应具备数据定义、数据库的建立与维护、数据库操作、数据通信等功能。

(3)制图功能

GIS 说到底是脱胎于地图，因此，站在测绘者的立场上去看，GIS 无疑是一个功能强大的数字化地图制图系统。它可以提供：①全要素地图；②根据用户需要分层提供专题图，如行政区划图、土地利用图、林相图、森林资源分布图、城市建设规划图、道路交通图、地籍图、地势等高线图；③通过地学分析得到某种分析判别结果图，如坡度图、坡向图、剖面图、立地类型图等。数字地图的优势还在于能随时更新，添加新的属性、要素、符号、颜色、注记，实现图廓整饰，通过绘图仪，可以得到精美的彩色(含单色)模拟地图，当然也可以通过计算机显示器显示数字地图及其分析结果。

(4)空间查询与空间分析功能

GIS 与普通数字化地图的根本区别在于 GIS 必须至少具备若干个实用的空间分析功能，这是研究 GIS 的出发点和目标。只有通过空间查询和空间分析才可以获取派生的新信息和新知识，并得出对于决策有重要基础和指导意义的依据。一个理想的 GIS，必然具备具体的空间查询与空间分析功能，如拓扑空间查询、缓冲区分析、叠加分析，通过逻辑运算进行空间集合分析、地学分析等。在森林资源环境监测、管理、评价中，利用 GIS 的空间分析功能可以协调林区布局规划，实行林地适宜性分析，林区最佳运输线路选择，预测资源、环境现状和动态变化趋势等。地形分析是空间分析的核心和基础，数字高程模型(DEM)和数字地形模型(DTM)是实现空间分析的基础。在森林资源与环境中的坡位分析、坡向分析、坡度分析、透视分析、地表面积分析、土石方分析、水土流失量分析，都要依赖于 DEM 和 DTM。

12.1.1.5　GIS 的应用范围

(1)对全球变化的动态监测

将 GIS、RS、GPS 三者结合起来，可以形成对地观测系统，这是数字地球的重要组成部分和基础信息。中国的数字地球计划已经着手实施。美国地质调查局(USGS)的地球资源观测卫星数据中心(EROS data center)和加拿大遥感中心(CCRS)合作，将连续 10 d 采集的数据融合在一起，形成北美植被指数圈，“3S”的各种数据结合建立起来的北美土地覆盖数据库，供全球变化研究使用。联合国粮食及农业组织(FAO)在意大利建立的 RS 与 GIS 中心，负责对欧洲和非洲的农作物生长及病虫害防治提供实时的监测和技术服务。

(2)为国家基础产业服务

GIS 可用来进行全国范围的自然资源调查、环境监测分析、土地利用、森林管理、农作物估产、灾害预测与防治措施评价、国民经济调查与宏观决策分析等。需要特别指出，所有这些面向基础产业服务的 GIS，都不是单一的 GIS 单兵作战，而是 GIS、RS、GPS 三者间有机结合和集成。

(3)为城市建设服务

GIS 可用于土地管理、房地产经营、污染治理、环境保护、交通规划、地面及地下管线信息管理、市政工程服务和城市规划。澳大利亚昆士兰州布里斯班市的城市信息系统以数字地籍数据库为基础，包括城市规划、市政管理、公共交通、上下水道、公园绿化、房地产管理等功能，取得了卓有成效的管理效果。

(4)为企业服务

GIS 在企业规划设计、生产运营管理中的作用已经为企业界所公认。美国爱达荷州的一家公司负责 6.59×10^4 hm^2 林场(含 4900 个林班)，如果用手工绘制地图来实施采伐生产经营，那么永远跟不上形势的变化。如今采用 GIS 构成森林经理系统(FMS)，每年花 18 万美元，GIS 可给出每分钟森林作业信息，森林经理人员坐在计算机终端，通过对地图的变焦和漫游，可在几分钟内查询每一小班的采伐状态和权属变化。尽管该 GIS 花去业主 65 万美元，但投资回报率为每年 27%。同样，GIS 与 RS、GNSS 结合，在铁路、公路、航空飞机、船舶运输调度，矿山开采作业计划设计、运输调度、生产管理、废石堆放与回填处理、开挖的最少土方量、边界选择等方面均有成功的先例，并越来越引起企业界浓厚的兴趣。

(5)为商业服务和工程建设服务

通过 GIS，可为商业和企业创造空间竞争优势。如我国城市地区，为有偿使用和转让土地使用权，引进外资开发新的产业，必须按外方投资者的要求建立开发区土地管理信息系统，这也是世界银行为工程贷款的条件之一。香港新机场通过填海开辟场区，地价昂贵，用数字摄影测量系统、GIS、全站仪构成空间观测分析系统，飞机每日摄影一次，用GIS在24 h内给出挖填土方量工时、费用、建场状态来指挥机场施工，保障了这项现代工程的完成。此外，也有研究以GPS、全站仪为基础的空间矢量数据采集系统，配合GIS，选择决策最佳土方工程平面、最佳挖填土方调运计划。

(6)为军事服务

2000年前后出现的Military Tools for ArcGIS，结合空间分析与三维分析技术，能够帮助军队指挥官制定更好的战场决策。该工具在ArcGIS Pro中加载，通过绘制军事符号，确定火炮与部队目标的距离与方向，以及计算视域查看目标。将战场的二维(2D)地图转换为三维(3D)场景，分析地形以及战斗行动的效率，完成侦查。基于GIS发展的军事规划工具还可帮助搜索和救援官员建立视域，用于高效搜寻迷路的徒步者。

12.1.2 遥感(RS)

12.1.2.1 遥感的概念及特点

遥感(Remote Sensing)，从广义上说是泛指从远处探测、感知物体或事物的技术。即不直接接触物体本身，从远处通过仪器(传感器)探测和接收来自目标物体的信息(如电场、磁场、电磁波、地震波等信息)，经过信息的传输及其处理分析，识别物体的属性及其分布特征的技术。通常遥感是指空对地的遥感，即从远离地面的不同工作平台上(如高塔、气球、无人机、飞机、火箭、人造地球卫星、宇宙飞船、航天飞机等)通过传感器，对地球表面的电磁波(辐射)信息进行探测，并经信息的传输、处理和判读分析，对地球的资源与环境进行探测和监测的综合性技术。

当前遥感形成了一个从地面到空中，乃至空间，从信息数据收集、处理到判读分析和应用，对全球进行探测和监测的多层次、多视角、多领域的观测体系，成为获取地球资源与环境信息的重要手段。

遥感有如下主要特点：

(1)感测范围大，具有综合、宏观的特点

遥感从飞机上或人造地球卫星上，居高临下获取的航空像片或卫星图像，比在地面上观察视域范围大得多。遥感不受地形地物阻隔的影响，景观一览无余，为人们研究地面各种自然、社会现象及其分布规律提供了便利的条件。

例如，航空像片可提供不同比例尺的地面连续景观像片，并可提供像对的立体观测。航片图像清晰逼真，信息丰富。一张比例尺1∶35 000的23 cm×23 cm的航空像片，可展示出地面超过60 km^2范围的地面景观实况。并且可将连续的像片镶嵌成更大区域的像片图，以便进行大尺度的宏观分析和研究。卫星图像的感测范围更大，一幅陆地卫星TM图像可反映出34 225 km^2(即185 km×185 km)的景观实况。我国全境仅需500余张这种图像，就可拼接成全国卫星影像图。因此，遥感技术为宏观研究各种现象及其相互关系，诸如区域地质构造和全球环境等问题，提供了有利条件。

(2)信息量大，具有手段多，技术先进的特点

遥感是现代科技的产物，它不仅能获得地物可见光波段的信息，而且可以获得紫外

光、红外光、微波等波段的信息；不但能用摄影方式获得信息，而且还可以用扫描方式获得信息。遥感所获得的信息量远远超过了用常规传统方法所获得的信息量。这无疑扩大了人们的观测范围和感知领域，加深了对事物和现象的认识。

例如，微波具有穿云透雨的能力，可全天候、全天时取得图像和数据；红外线则能探测地表气温的变化、城市热岛效应、林火监测、旱灾监测等。因而遥感使人们对地球的监测和对地物的观测达到多方位和全天候。

(3)获取信息快，更新周期短，具有动态监测特点

遥感通常为瞬时成像，可获得同一瞬间大面积区域的景观实况，现势性好；而且可通过不同时相、不同传感器取得的影像、航片、卫片进行对比、分析和研究地物长时间动态变化或者即时变化的情况，为环境监测以及研究分析地物发展演化规律提供了基础。

例如，陆地卫星 TM、ETM+、OLI 传感器 16 d 即可对全球陆地表面成像一遍，欧洲哨兵(Sentinel)卫星重访周期为 5 d，气象卫星甚至可每天覆盖地球一遍。因此，可及时地发现病虫害、洪水、干旱、污染、火山和地震等自然灾害发生的前兆，为灾情的预报和抗灾救灾工作提供可靠的科学依据和资料。

此外，遥感还具有用途广、效益高的特点。遥感已广泛应用于农业、林业、地质矿产、水文、气象、地理、测绘、海洋研究、军事侦察及环境监测等领域，深入到很多学科中，应用领域在不断扩展。遥感成果获取的快捷以及所显示出的效益，则是传统方法不可比拟的。遥感正以其强大的生命力展现出广阔的发展前景，特别是与计算机视觉、人工智能的结合。

12.1.2.2 遥感过程及其技术系统

遥感过程是指遥感信息的获取、传输、处理，以及分析判读和应用的全过程。它包括遥感信息源(或地物)的物理性质、分布及其运动状态；环境背景以及电磁波光谱特性；大气的干扰和大气窗口；传感器的分辨能力、性能和信噪比；图像处理及识别；以及人们的视觉生理和心理及其专业素质等。因此，遥感过程不但涉及遥感本身的技术过程，以及地物景观和现象的自然发展演变过程，还涉及人们的认识过程。这一复杂过程当前主要是通过地物波谱测试与研究、数理统计分析、模式识别、模拟试验方法以及地学分析等方法来完成。遥感过程实施的技术保证则依赖于遥感技术系统。

遥感技术系统是一个从地面到空中直至空间，从信息收集、存贮、传输处理到分析判读、应用的完整技术体系。它主要包括以下 4 部分：

(1)遥感试验

其主要工作是对地物电磁辐射特性(光谱特性)以及信息的获取、传输及其处理分析等技术手段的试验研究。

遥感试验是整个遥感技术系统的基础，遥感探测前需要遥感试验提供地物的光谱特性，以便选择传感器的类型和工作波段；遥感探测中以及处理时，又需要遥感试验提供各种校正所需的有关信息和数据。遥感试验也可为判读应用提供基础。遥感试验在整个遥感过程中起着承上启下的重要作用。

(2)遥感信息获取

遥感信息获取是遥感技术系统的中心工作。遥感工作平台以及传感器是确保遥感信息

获取的物质保证。

遥感(工作)平台是指装载传感器进行遥感探测的运载工具，如遥感车、遥感塔、无人机、飞机、人造地球卫星、宇宙飞船等。按其飞行高度的不同可分为近地(面)工作平台，航空平台和航天平台。这三种平台各有不同的特点和用途，根据需要可单独使用，也可配合启用，组成多层次立体观测系统。

传感器是指收集和记录地物电磁辐射(反射或发射)能量信息的装置，如航空摄影机、多光谱扫描仪等。它是信息获取的核心部件，在遥感平台上装载上传感器，按照确定的飞行路线飞行或运转进行探测，即可获得所需的遥感信息。

(3)遥感信息处理

遥感信息处理是指通过各种技术手段对遥感探测所获得的信息进行的各种处理。例如，为了消除探测中各种畸变干扰和影响，使其信息更准确可靠而进行的各种校正(辐射校正、几何校正、地形校正与太阳高度角校正等)处理，为了使所获遥感影像更清晰，以便于识别和判读，提取信息而进行的各种图像去噪、增强、分割处理等。为了确保遥感信息应用时的质量和精度以及为了充分发挥遥感信息的应用潜力，遥感信息处理是必不可少的。

(4)遥感信息应用

遥感信息应用是遥感的最终目的。遥感应用则应根据专业目标的需要，选择适宜的遥感信息及其处理方法进行，并以遥感的科学制图显示，以取得较好的生态效益、社会效益和经济效益。

遥感技术系统是个完整的统一体。它是建立在空间技术、电子技术、计算机技术以及生物化学、生物物理、地学等现代科学技术的基础上的，是完成遥感过程的有力技术保证。

12.1.2.3 遥感技术及其发展

RS以其宏观、综合、动态等特点，为资源调查与环境监测提供了特有的技术手段。目前，我国应用较多的遥感资料包括我国的高分GF系列、美国的Landsat TM/ETM+/OLI、欧洲的Sentinel、法国的SPOT、美国的IKONOS、中巴合作的CBERS、日本的JRS、欧共体的ERS、加拿大的Radarsat、印度的地球资源卫星IRS等，加上航空摄影资料、地面摄影测量资料等，构成了多层次、多时相的遥感信息源。通过利用不同方式获取的多层遥感信息进行图像处理、图像分析与利用、专题制图与展示，对资源及其环境进行调查、监测和评价，获得资源及环境现状和发展的数量、质量、空间分布特征及动态演变规律。通过长时间序列遥感数据获取和分析，可以进行时序动态监测；应用遥感数据分析、统计分析以及其他数据分析技术，可以实现多要素的综合评价和决策。

如今，RS技术已进入了一个全新的发展时期，载有激光雷达、合成孔径雷达、高光谱及高分辨率传感器卫星相继发射升空，逐步克服了地面分辨率、光谱分辨率等对遥感定量分析精度的制约，多极化、多角度、立体观测遥感也使遥感从二维结构信息向三维结构信息转变。未来的遥感系统将会是集多种传感器、多级分辨率、多谱段多时相于一体以定量化为目标，以地球系统为研究对象的与GIS、GPS集成技术，形成高精度、多信息量、全方位的对地观测系统。

遥感数字图像处理的一般过程为：选择信息源→图像预处理(几何及辐射纠正、地形校正与太阳高度角校正)→图像后处理(信息量分析，统计特征值分析，优化波段组合研究)→专题信息特征提取(一般线性变换和滤波，比值变换，缨帽变换，主成分变换，傅里叶变换，小波变换)→数字图像分类(无监和有监分类，如神经元网络与深度学习算法)→分类后处理与评价(主次要分析、聚类分析、过滤处理、混淆矩阵、ROC 曲线)→遥感制图(加格网、注记、图像整饰)。

遥感光学图像的形成过程与数字图像的成图过程基本一致，只不过是将数字图像处理的结果以模拟化的方式表现出来。一个数字遥感影像处理系统由“计算机+数字遥感影像处理软件+输入/输出设备”组成。其产品可以是光学产品(如数字正射影像)，也可以是数字化产品(在屏幕显示或计算机磁盘存贮)。无论是光学还是数字产品，同摄影测量产品一样，都要依赖于大地测量或大地测量成果。一般而言，遥感地图的平面位置精度≤±0.8 m。

12.1.3 全球导航卫星系统(GNSS)

长期以来，人类一直在为确定目标(含相对静止目标)在地球以及近地空间中的位置而进行不懈努力。20 世纪初，随着无线电技术的出现，各种无线电导航、定位系统相继出现，如欧米伽(Omega)系统，罗兰-C (Loran-C)系统、台卡(Tayca)系统和微波着陆系统(MLS)等。无线电导航定位的基本原理实质上就是测量学中的多点测距前方交会，由于定位过程中存在着信号传播路径、气象元素覆盖面小等问题，难以获得理想精度。受无线电导航定位系统的启发，1957 年，苏联发射第一颗卫星后，人们立刻把目光投向了以卫星为发射无线电波源的卫星定位系统。1958 年，美国海军武器实验室着手实施为美国海军舰艇导航服务的卫星系统，即海军导航卫星系统(navy navigation satellite system，NNSS)。由于 NNSS 采用多普勒原理定位，因此又称卫星多普勒定位。由于 NNSS 系统卫星数少(5~6 颗)，运行轨道较低(平均约 1000 km)，定位时间长(平均 1~2 d)，因此无法提供实时、三维导航，难以满足高速动态目标(如飞机、导弹)导航的要求。为满足军事、科研、民用部门对连续、实时、动态导航定位的要求，从 1973 年开始，美国国防部开始研制新一代的当代高新科技 GPS，即所谓的“授时与测距系统/全球定位系统”(navigation system timing and ranging/global position system，NAVTAR/GPS)，通称全球定位系统。

12.1.3.1 GNSS 定位的特点

①全球地面连续覆盖。以美国 GPS 为例，24 颗均匀分布的卫星保证地面上任何地点，任何时刻最少可以接收 4 颗以上的卫星，最多可以接收 11 颗卫星，从而保障全球、全天候连续、实时、动态导航、定位。

②功能多，精度高。可为各类用户连续提供动态目标的三维位置、三维航速和时间信息。目前，单点实时定位精度为±15.00 m，测速 0.1 m/s，授时 10 ns。

③实时定位速度快，可在 1 s 内完成。

④抗干扰性能好，保密性强。

⑤操作简单。

⑥两观测点间不需通视，对于大地控制点节省了造标费用，此项费用可占总测量费用的 30%~50%。

⑦可同时提供三维坐标。

⑧全天候作业。

12.1.3.2　GNSS 定位原理

GNSS 定位的基本原理是根据高速运动的卫星瞬间位置作为已知的起算数据，采用空间距离后方交会的方法，确定待测点的位置。一颗卫星信号传播到接收机的时间只能决定该卫星到接收机的距离，但并不能确定接收机相对于卫星的方向，在三维空间中，GPS 接收机的可能位置构成一个球面；当测到两颗卫星的距离时，接收机的可能位置被确定于两个球面相交构成的圆上；当得到第三颗卫星的距离后，球面与圆相交得到两个可能的点；第四颗卫星用于确定接收机的准确位置。因此，如果接收机能够得到 4 颗 GPS 卫星的信号，就可以进行定位；当接收到信号的卫星数目多于 4 颗时，可以优选 4 颗卫星计算位置。如图 12-1 所示，假设 t 时刻在地面待测点上安置 GPS 接收机，可以测定 GPS 信号到达接收机的时间 Δt，再加上接收机所接收到的卫星星历等其他数据可以确定以下 4 个方程式：

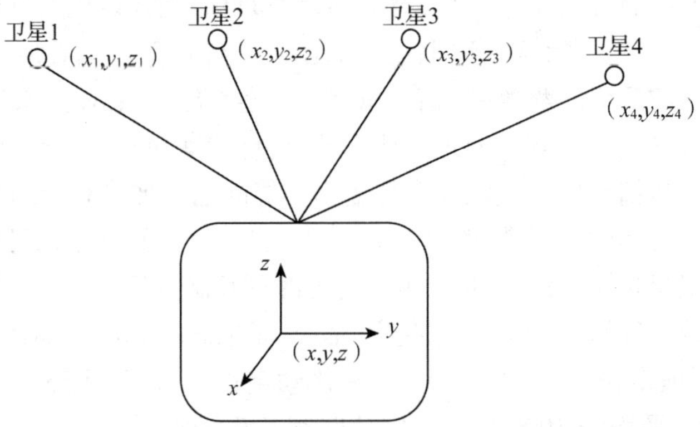

$$[(x_1-x)^2+(y_1-y)^2+(z_1-z)^2]^{1/2}+c(Vt_1-Vt_0)=d_1$$

$$[(x_2-x)^2+(y_2-y)^2+(z_2-z)^2]^{1/2}+c(Vt_2-Vt_0)=d_2$$

$$[(x_3-x)^2+(y_3-y)^2+(z_3-z)^2]^{1/2}+c(Vt_3-Vt_0)=d_3$$

$$[(x_4-x)^2+(y_4-y)^2+(z_4-z)^2]^{1/2}+c(Vt_4-Vt_0)=d_4$$

图 12-1　GNSS 定位原理

上述 4 个方程式中待测点坐标 x、y、z 和 Vt_o 为未知参数，其中 $d_i=c\Delta t_i$(i=1、2、3、4)。d_i(i=1、2、3、4) 分别为卫星 1、卫星 2、卫星 3、卫星 4 到接收机之间的距离。Δt_i(i=1、2、3、4) 分别为卫星 1、卫星 2、卫星 3、卫星 4 的信号到达接收机所经历的时间。c 为 GNSS 信号的传播速度(即光速)。

4 个方程式中各个参数意义如下：x、y、z 为待测点坐标的空间直角坐标。x_i、y_i、z_i(i=1、2、3、4) 分别为卫星 1、卫星 2、卫星 3、卫星 4 在 t 时刻的空间直角坐标，可由卫星导航电文求得。Vt_i(i=1、2、3、4) 分别为卫星 1、卫星 2、卫星 3、卫星 4 的卫星钟的钟差，由卫星星历提供。Vt_o 为接收机的钟差。由以上四个方程即可解算出待测点的坐标 x、y、z 和接收机的钟差 Vt_o。

目前 GNSS 系统提供的定位精度是优于 10 m，而为得到更高的定位精度，我们通常采用差分 GNSS 技术：将一台 GNSS 接收机安置在基准站上进行观测。根据基准站已知精密坐标，计算出基准站到卫星的距离改正数，并由基准站实时将这一数据发送出去。用户接收机在进行 GNSS 观测的同时，也接收到基准站发出的改正数，并对其定位结果进行改正，从而提高定位精度。

12.1.3.3 GNSS 定位方法

GNSS 定位的方法是多种多样的，用户可以根据不同的用途采用不同的定位方法。GNSS 定位方法可依据不同的分类标准，作如下划分：

(1) 根据定位所采用的观测值分为伪距定位和载波相位定位

伪距定位所采用的观测值为 GNSS 伪距观测值，所采用的伪距观测值既可以是 C/A 码伪距，也可以是 P 码伪距。伪距定位的优点是数据处理简单，对定位条件的要求低，不存在整周模糊度的问题，可以非常容易地实现实时定位；其缺点是观测值精度低，C/A 码伪距观测值的精度一般为 3 m，而 P 码伪距观测值的精度一般也在 30 cm 左右，从而导致定位成果精度低。载波相位定位所采用的观测值为 GPS 的载波相位观测值，优点是观测值的精度高，一般优于 2 mm；其缺点是数据处理过程复杂，存在整周模糊度的问题。

(2) 根据定位的模式分为绝对定位和相对定位

绝对定位又称为单点定位，这是一种采用一台接收机进行定位的模式，它所确定的是接收机天线的绝对坐标。这种定位模式的特点是作业方式简单，可以单机作业。绝对定位一般用于导航和精度要求不高的应用中。相对定位又称为差分定位，这种定位模式采用两台以上的接收机，同时对一组相同的卫星进行观测，以确定接收机天线间的相互位置关系。

(3) 根据获取定位结果的时间分为实时定位和非实时定位

实时定位是根据接收机观测到的数据，实时地解算出接收机天线所在的位置。非实时定位又称后处理定位，它是通过对接收机接收到的数据进行后处理以进行定位的方法。

(4) 根据定位时接收机的运动状态分为动态定位和静态定位

动态定位，就是在进行 GNSS 定位时，认为接收机的天线在整个观测过程中的位置是变化的。也就是说，在数据处理时，将接收机天线的位置作为一个随时间的改变而改变的量。静态定位，就是在进行 GNSS 定位时，认为接收机的天线在整个观测过程中的位置是保持不变的。也就是说，在数据处理时，将接收机天线的位置作为一个不随时间的改变而改变的量。在测量中，静态定位一般用于高精度的测量定位，其具体观测模式为多台接收机在不同的测站上进行静止同步观测，时间由几分钟、几小时甚至数十小时不等。

12.2 “3S”在森林功能区划中的应用——汤山林场

汤山林场位于南京市东郊，江宁区东北部，其地理范围为 118°56′55″~119°03′55″E、31°48′28″~32°04′30″N。场部设在汤山街道，西距南京主城区 25 km，距长江龙潭码头 14 km，南北有龙铜公路，东西有宁杭公路，沪宁高速公路汤山出口离场部 500 m，交通便利。林场所属山脉除方山外(方山为茅山余脉)，均属宁镇山脉西段，该山脉呈东北—西南走向。林场所属的国有山林与集体山林交互成片。辖区内主要山头有大连山、青龙山、黄龙山、珠山、汤山、孔山、方山等。

根据2013年森林资源规划设计调查数据，汤山林场土地总面积1611.43 hm^2，其中林业用地面积1455.84 hm^2，占90.34%；非林业用地面积155.59 hm^2，占9.66%。全场森林覆盖率80.08%。林场经营范围内拥有汤山温泉、方山省级森林公园、方山定林寺、阳山碑材等旅游资源。

12.2.1 森林功能分区方法

城郊国有林场的森林功能分区可以客观地反映林场不同区域的资源特点、分布特征以及在保护、管理、旅游、服务等方面的地域空间关系和需求。科学的功能分区有利于森林资源保护、森林游憩活动的组织和开展。因此，森林功能分区是森林经营方案编制的一个重要内容。

20世纪70年代始，生态环境问题日益受到关注，美国宾夕法尼亚大学景观建筑学教授麦克哈格(McHarg)提出了将景观作为一个包括地质、地形、水文、土地利用、植物、野生动物和气候等决定性要素相互联系的整体来看待的观点，麦克哈格将其称为“千层饼模式”。借鉴麦克哈格的设计结合自然思想，在GIS平台上，采用千层饼叠加方法根据生态敏感性进行森林功能分区。

12.2.2 森林功能分区因子

根据汤山林场的自然基底状况以及基础数据可获得性与可操作性等原则，选用对林场森林经营影响较大的森林生物量、海拔及坡度等地形因子、距离居民点及道路远近等人为干扰因子，作为森林功能分区的主要影响因子，并按照自然中断法，将其重要性程度划分为3级，即高敏感区、一般敏感区、低敏感区，分别设定敏感区间(表12-1)。

表12-1 研究区森林功能分区影响因子一览表

类　别	指　标	高敏感区	一般敏感区	低敏感区
地形	海拔	≥314 m	≥87 m，<314 m	<87 m
	坡度	≥20°	≥9°，<20°	<9°
植被	生物量	≥62 t/hm^2	≥29 t/hm^2，<62 t/hm^2	<29 t/hm^2
人类干扰	道路距离	≥666 m	≥265 m，<666 m	<265 m
	居民地距离	≥965 m	≥493 m，<965 m	<49 m

12.2.3 森林功能分区规划

在各个生态要素叠加过程中，为避免各个栅格图层权重确定的主观性，在制作单个生态要素生态敏感性栅格图层基础上，将5个栅格图层合成为一个多波段文件，在此基础上通过主成分分析进行空间降维。

由于第一主成分的特征值最高，贡献率高达 75.46%，可以认为第一主成分综合了 5 个生态要素的大部分信息。将汤山林场生态适宜性分析的第一主成分，通过自然中断法，分成 4 级，分别对应着生态保护、保护与旅游并重、森林旅游、多种经营 4 种森林资源开发利用级别。每个森林经营管理区的主导功能按照面积比例最大的开发利用级别确定。据此，将汤山林场森林区划分为生物多样性保护区、生态景观游憩区、森林公园旅游休闲区、多种经营示范区 4 个功能分区。在功能区划的基础上，依据森林生态安全重要性以及森林的经营利用方向与条件，将森林的管理分为严格保护、重点保护、保护经营、集约经营 4 种森林管理类型(表 12-2)。

表 12-2　汤山林场森林功能分区

功能分区名称	位　置	分区功能	森林管理	经营措施
生物多样性保护区	长山管理区 佘村管理区	维持生态系统平衡，保存物种丰富度	严格保护	开展物种调查，摸清林场现有物种情况，制订生物多样性保护实施计划和保护方案
生态景观游憩区	龙泉管理区	以保护森林资源为前提，为市民提供森林生态景观游憩地	重点保护	通过营林措施提高森林质量，改造林区道路，在道路旁建设一批有特色的林业景观带
森林公园旅游休闲区	方山森林公园	利用森林资源的多种功能为人们提供各种形式的旅游服务	保护经营	提高森林美景度，挖掘森林文化内涵，加大宣传力度，打造旅游品牌
多种经营示范区	汤山管理区	以市场为导向探索林业多种经营模式，为林场增收带来新的途径	集约经营	重点利用无林地和无立木林地以及收回的征占用林地，建设一批林业经营示范区，包括但不限于：非木质经营示范区、林下经济示范区、农林复合经营示范区等

12.3　森林经营类型组织和作业法设计

12.3.1　森林经营类型组织

作为指导省级、县级森林经营长期规划及森林经营主体森林经营方案编制的规范性文件，原国家林业局调查规划设计院 2016 年颁布的《全国森林经营规划(2016—2050 年)》，在现行的公益林、商品林分类管理基础上，将森林经营类型分为严格保育的公益林、多功能经营的兼用林(包括生态服务为主导功能的兼用林和林产品生产为主导功能的兼用林)和集约经营的商品林 3 类林，并且对每类森林的划分标准进行了重新界定，大大缩小了公益林、商品林的面积比例，扩大了兼用林的面积比例。

按照《全国森林经营规划(2016—2050 年)》规定的三类林划分标准，汤山国有林场经营范围内由于缺少国家 I 级公益林，现有的公益林均为生态服务为主导的兼用林，而现有的商品林，除雨花茶等少量特色经济林外，均为林产品为主的兼用林。

表 12-3 汤山林场森林经营类型组织表 单位：hm^2

森林经营分类	森林经营类型名称	汤山管理区	佘村管理区	龙泉管理区	长山管理区	方山森林公园	合计	占比/%
生态服务为主的兼用林	水源涵养为主的兼用林	60.50	0.47	12.98	14.68	3.47	92.1	6.52
	水土保持为主的兼用林	35.74	186.71	306.29	151.23	0	679.97	48.17
	农田防护为主的兼用林	0	0	2.53	0	0	2.53	0.18
	护路为主的兼用林	7.56	0	0	0	0	7.56	0.54
	环境保护为主的兼用林	1.17	0	0	21.47	0	22.64	1.61
	风景游憩为主的兼用林	0	0	0.61	2.73	492.72	496.06	35.14
林产品生产为主的兼用林	珍贵树种培育为主的兼用林	21.61	0	0	0	0	21.61	1.53
	竹产品为主的兼用林	19.48	3.31	16.35	3.29	41.61	84.04	5.95
集约经营的商品林	集约经营的茶叶林	5.11	0	0	0	0	5.11	0.36

在 ArcGIS 10.2 平台上，加载 2013 年森林资源规划设计调查小班空间数据库，对于有林地小班，根据小班属性表的林种信息，利用 GIS 的空间查询、统计功能，选择水源涵养林、水土保持林、农田防护林、护路林等防护林以及环境保护林、风景林，作为生态服务为主导的兼用林进行统计。选择用材林、竹林作为林产品为主的兼用林进行统计。对于疏林地、未成林造林地、无立木林地、灌木林地等有林地以外的小班，根据小班所属功能分区的经营目标，结合小班的地形、优势树种等属性，进行小班经营类型的性质定位。在此基础上，共组织 9 个森林经营类型，面积 1411.62 hm^2，占全场面积 87.60%。各种森林经营类型的面积比例见表 12-3。

从表 12-3 可以看出，汤山林场的森林可以组织为以生态服务为主的兼用林、林产品生产为主的兼用林、集约经营的商品林 3 大类共 9 种森林经营类型。从表 12-3 可以看出，在 9 种森林经营类型中，水土保持为主的兼用林、风景游憩为主的兼用林面积最大，其次是水源涵养为主的兼用林、竹产品为主的兼用林，面积比例分别为 48.17%、35.14%、6.52%、5.95%。珍贵树种培育为主的兼用林、集约经营的茶叶林、农田防护为主的兼用林面积比例较小，分别只有 1.53%、0.36%、0.18%。

12.3.2 森林作业法设计

为了促进因林施策，科学经营，对不同森林类型设计有针对性的森林作业法，是森林经营方案的一个重要组成部分。森林作业法是针对林分现状，围绕经营目标而设计的技术体系，是落实经营策略、规范经营行为，是实现经营目标的基本技术体系，因而是森林经营类型组织的一个重要内容。

森林作业法设计涉及造林、抚育采伐、更新造林等具体经营措施和技术要求。研究区森林作业法设计，涉及的主要技术规范有：《造林技术规程》(GB/T 15776—2005)《森林抚育规程》(GB/T 15781—2016)《森林采伐作业规程》(LY/T 1646—2015)《生态公益林建设技术规程》(GB/T 18337.3—2001)。

在森林经营类型组织基础上，根据研究区长期森林经营的历史经验，参照以上森林经营技术规范，结合每种森林经营类型的经营目标，对汤山林场的 9 种森林经营类型中面积最大的 3 种森林经营类型进行作业法设计，并通过 GIS 的空间查询功能落实到小班(表 12-4)。

表 12-4 汤山林场典型森林经营类型技术措施表

森林经营类型	经营目标	森林经营措施		
		抚育措施	主伐措施	更新措施
水源涵养为主的兼用林	涵养水源，改善水文状况，保护饮用水源，调节水循环和增加河水常年流量	对郁闭度 0.5 以上的林分进行封山护林，对郁闭度 0.5 以下的林分通过人工促进更新、定向培育、人工补植等封育措施，加快优势树种生长，逐步形成针阔混交林。	单株择伐病腐木、过熟林	选择树体高、冠幅大，根系深、长寿、生长稳定且抗性强的树种。人工造林或人工促进天然更新。人工造林整地严禁全垦，一般采用穴状整地或带状整地
水土保持为主的兼用林	缓解地表径流，减少冲刷，防止水土流失，保持和恢复土壤肥力	封山育林为主。为了充分发挥封育地类的土地潜力，加快成林速度，根据不同地类和条件，应采取人工促进天然更新、人工补植、平茬复壮、培育管理等育林措施	单株择伐病腐木、过熟林	选择适应性强，生长旺盛，根系发达，固土能力和抗风、寒、旱能力强，耐瘠薄的树种。封山育林为主，人工造林为辅。人工造林在 25° 以上、土壤立地条件较差、水蚀严重地带造林宜采用穴状整地
风景游憩为主的兼用林	提高风景林美学等级，为森林旅游业打下坚实的基础。兼顾水源涵养、水土保持、生物多样性保护功能	采取卫生伐、整形伐、透视法、综合抚育间伐等多种方式对风景林进行抚育间伐，采用树冠系数法计算采伐强度	对于过熟林、病腐木采用小面积二次孔状渐伐，以形成异龄、复层、混交的森林结构	选择干型好，叶色季相变化丰富，当地气候、土壤适应性强的树种，如枫香、槭树、黄连木、榉树、银杏，人工大苗造林或人工促进天然更新

12.4 废弃宕口信息提取

由于历史的原因，从 20 世纪 80 年代以来，林场经营范围内出现多处场办、镇办、私营的采石场。这些相对粗放的开山采石活动，尽管在一定时期为林场及地方经济发展做出了贡献，但对森林资源、山体自然环境的破坏十分严重，林场经营范围内出现多处因采石而裸露的山体，容易引发泥石流、山体滑坡等地质灾害。采石场废弃后形成的宕口，急需复绿整治。精准提取废弃宕口的空间分布、位置、面积等信息，成为废弃宕口复绿整治规划的前提。林场由于经济实力弱，难以购买与规划期同步的高分遥感数据。因此，借助于现势性好开放式 Landsat 遥感图像、GIS 空间分析功能进行废弃宕口遥感估测、空间信息提取，成为一条必然的途径。

12.4.1 废弃宕口遥感估测

研究区废弃宕口空间信息提取的遥感信息源采用的是2013年8月1日的Landsat 8 OLI(图12-2)。遥感图像的预处理主要包括几何精校正、辐射校正、空间子集运算、图像融合。采用研究区1∶10 000地形图为参照，选取地形图与遥感图像均有的25个均匀分布的同名地物点作为地面控制点(GCP)进行几何精校正。遥感图像辐射定标基础上的大气校正采用ENVI 5.2辐射定标工具箱中的FLAASH模块，研究区空间子集掩膜运算的感兴趣区域(ROI)选用2013年的森林资源规划设计调查小班多边形shape文件。由于Landsat 8 OLI多光谱影像空间分辨率较低，通过将多光谱波段与分辨率较高的全色波段影像进行融合生成一幅较高分辨率、多光谱遥感影像，可以使处理后的影像既有较高的空间分辨率，又具有多光谱特征。在多种遥感图像融合方法中，由于Gram-Schmidt变换能够改进主成分变化中信息过分集中的问题，较好地保持空间纹理信息，能够高保真保持光谱特征。因此，研究区图像融合采用Gram-Schmidt变换。融合后，研究区遥感图像在保留8个多光谱波段的基础上，空间分辨率提高到15 m×15 m。

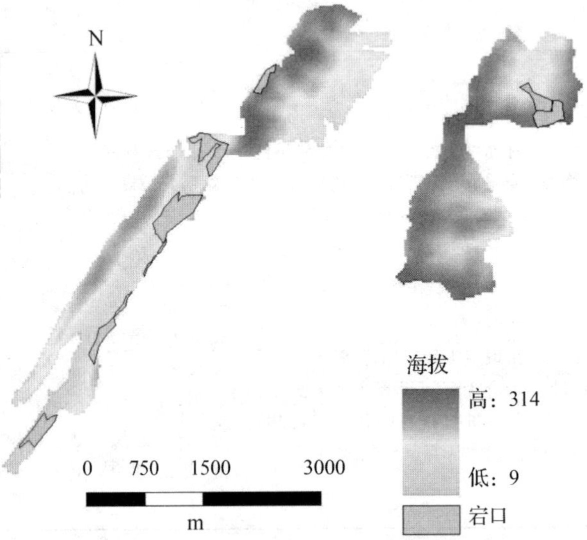

图12-2 汤山林场2013年废弃宕口空间分布

经过图像预处理，将研究区Landsat 8 OLI Band 2、Band 4、Band 5、Band 6波段的反射率代入Rikimaru在1996年提出的裸土指数式(12-1)：

$$BSI = \frac{(B6 + B4) - (B5 + B2)}{(B6 + B4) + (B5 + B2)} \tag{12-1}$$

式中 BSI——裸土指数；

$B2$——Landsat 8 OLI Band 2波段的反射率；

$B4$——Landsat 8 OLI Band 4波段的反射率；

$B5$——Landsat 8 OLI Band 5波段的反射率；

$B6$——Landsat 8 OLI Band 2波段的反射率。

裸土指数图像生成后，需要对图像中的裸土和非裸土进行分割。借鉴日本学者大津展之(Ostu)1978 年提出的最大类间方差法，对裸土指数图像进行二值化处理。该方法的基本思想是，按照影像的灰度值把影像分为目标和背景(裸土、非裸土)两类。图像背景和目标之间的类方差越大，分类的精度越高。设裸土指数图像的灰度值范围为[A，B]，图像二值化的阈值为 T，则图像的灰度值就可以分为[A，T]、[T，B]两部分。则最大类间方差法可以用式(12-2)表示。

$$\sigma^2 = P_{C_1}(M_{C_1} - M)^2 + P_{C_2}(M_{C_2} - M)^2 \tag{12-2}$$

式中 σ^2——目标类与背景类的类间方差；

C_1，C_2——目标类、背景类；

P_{C_1}，P_{C_2}——像元落在目标类和背景类的概率；

M_{C_1}，M_{C_2}——目标类、背景类的灰度值均值；

M——裸土指数图像灰度值均值。

最大类间方差法的实现是通过不断调整阈值 T，使得类间方差 σ^2 最大。阈值的设置、类间方差的计算是通过 ArcGIS 10. 2 的 binary tureshholding function 函数实现的。通过不断调整阈值，发现当阈值 T 为 0. 2 时，目标类、背景类的方差最大。在 ArcGIS 平台上，通过将阈值设置成 T=0. 2，将裸土指数图像二值化。通过 ArcGIS 的空间分析工具箱中的栅格转矢量命令，将地类为裸土的栅格要素转换为多边形文件，并提取每个多边形文件的面积。

12. 4. 2 废弃宕口空间信息提取

由于部分建筑物、道路、裸地、废弃宕口之间的光谱信息相近，转化而成的多边形文件中，除废弃宕口信息外，还包含了部分建筑物、裸地、道路信息。通过林场森林经营档案分析、典型地段实地考察，发现研究区道路、建筑物、裸地这三种地类斑块的面积均小于 10 000 m^2，根据这一标准，在 GIS 平台上提取研究区 2013 年废弃宕口空间分布信息(图 12-2)。在研究区 2013 年废弃宕口分布空间制图基础上，制作 2013 年汤山林场宕口分管理区统计表(表 12-5)。

表 12-5 2013 年汤山林场宕口分管理区统计表

管理区	汤山管理区	龙泉管理区	长山管理区	佘村管理区	方山公园	合计
宕口/个数	0	2	5	1	0	8
宕口面积/hm^2	0	12. 76	56. 29	3. 13	0	72. 18

从图 12-2 和表 12-5 可以看出，研究区废弃宕口共有 8 处，集中分布在长山、佘村、龙泉三个管理区，汤山管理区、方山森林公园没有废弃宕口分布。从表 12-5 可以看出，在 3 个有废弃宕口分布的管理区中，长山管理区的废弃宕口最多，面积最大；龙泉管理区次之；佘村管理区废弃宕口最少，面积最小。从图 12-2 可以看出，废弃宕口主要分布在交通方便、海拔较低的林场边缘地段，其次分布在海拔较高、坡度较陡的低山中上部。这可能与海拔较低、交通便利的地段有利于大型挖掘机械的进出、建筑石材的外运有关。偏僻的低山中上部不利于执法部门监督管理，有利于矿山承包经营者擅自扩大开采面积，因

此这部分地段的废弃宕口面积也较大。

12.5　方山森林公园观光景点视域分析

方山森林公园位于南京江宁高新技术产业园内，紧邻江宁大学城和高新企业区。方山最高海拔虽然只有209 m，但由于位于平原之上，仍不失巍峨挺拔。方山山体基部坡度较缓，上部悬崖壁立，四周受雨水冲刷而沟壑纵横，山顶平坦如印，因此方山又称天印山，是个游客登高、观赏江宁现代化新城美景的绝佳去处。利用研究区1∶10 000地形图制作的空间分辨率为3.3 m的数字地形模型(DEM)、2013年8月1日获得的研究区Landsat 8 OIL全色波段与多光谱波段融合后的假彩色合成图像，在ERDAS 2010虚拟GIS平台上制作方山森林公园鸟瞰图(图12-3)。

图12-3　方山森林公园鸟瞰图

2000年江宁县撤县建区，进行较大规模区划调整，方山从行政领导上从汤山林场划归江宁高新园，林场通过林地入股参与森林经营，目前已由江宁高新园开发为省级森林公园。方山森林公园2012年成立后，江宁高新技术产业园管理委员会将经营的重点放在下定林寺、洞玄观等历史古迹的修复重建、旅游公路及登山道路的建设、园林绿化及餐饮服务设施的建设上。公园山顶大规模观光景点的建设，尚没有被列入规划重点。

12.5.1　视域范围与观光景点的确定

人的视力范围有一定限度，每个人视力各有不同，并且受到天气状况的影响较大。在天气晴朗状态下，正常人视力的明视距离为25 cm，花木种类识别的距离在几十米之内。在大于500 m时，人眼对景物存在模糊的形象，距离缩短到250~270 m时，能看清景物的轮廓，4 km以外的景物不易看到。根据这一研究结果，以方山森林公园山顶中心为圆心，半径4 km的圆形区域作为方山森林公园视域分析的候选范围。通过实地踏勘，发现由西北方向的绕城高速、东北方向的龙眠大道、南边的秦淮河、东南方向的前进河构成的一个相对封闭的区域，包括了方山森林公园在内的下定林寺、洞玄观等众多历史古迹以及江宁大学城、秦淮湿地风光、加州城及景枫法兰谷等欧美高档别墅区各类景观，聚集了江宁现代新城的主要优美风光。因此，将方山森林公园观光景点的视域分析范围确定为这一由天然河流、人工道路构成的相对封闭的区域。

2013年7月，研究小组登上方山森林公园山顶实地踏勘，通过比较分析，将可以俯瞰下定林寺建筑群中轴线、洞玄观建筑群中轴线的最佳观光点，分别作为定林寺观景点、洞玄观观景点。同理，确定大学城观景点、秦淮湿地观景点、高档别墅观景点，并用天宝亚米级手持GPS GEO-XT对以上各观光景点的地理坐标进行精准定位。在此基础上，在ArcGIS 10.2平台上，制作方山森林公园观光景点空间分布图(图12-4)。

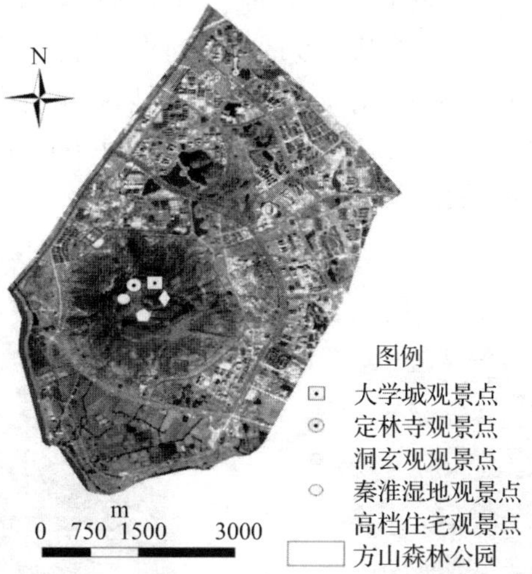

图 12-4 方山森林公园的视域分析范围和观光景点分布

12.5.2 观光景点视域分析

观光景点视域分析，是借助于 ERDAS 2010 的虚拟 GIS 工具箱实现的。在视域分析中，需要确定观光景点的地理坐标、海拔高度、观测点距离地面高度(AGL)、视程范围(Range)、视场角(FOV)等参数。其中，观光点的地理坐标是在实地踏勘、比较分析的基础上，通过手持 GPS 提取，而观光景点的海拔高度(ASL)则通过虚拟 GIS 工具箱、借助于研究区的 DEM 自动提取。视场角(FOV)表示各景点的观测视场角度。由于各观光景点地处方山山顶，四周没有大型障碍物遮挡，所以 FOV 数据皆为 360°。视程是指游客在拟建立的观光景点所能观测到的水平距离。在图 12-5 确定的方山森林公园视域分析范围内，在 ArcGIS 10.2 平台上，利用距离测量工具，按照以下方法确定 5 个观光景点的视程：大学城、高档别墅、秦淮湿地 3 个观光景点的视程分别为拟设观光景点到东北方向龙眠大道、东南方向前进河、西南方向秦淮河的垂直距离，定林寺和洞玄观 2 个观光景点的视程分别为拟设观光景点沿定林寺与洞玄观建筑群中轴线到绕城高速、秦淮河的直线距离。据此，计算出以上 5 个景点的视程分别为：2300 m、4000 m、2900 m、1600 m、2500 m。

在以上参数确定的前提下，决定拟设观光景点视域分析结果是否理想的关键参数是观测点距离地面高度(AGL)。AGL 数值在确定时包括观光设施底座高度和游客平均眼高(暂定为 1.60 m)。方山森林公园山顶平坦如印，为不影响山顶轮廓线的美观、整齐，观光亭、观光台的高度不宜过高，且各个观光景点观光设施的高度差异不宜过大。通过实地调查，南京市森林公园、风景区观光亭的底座高度一般在 1~2 m 居多，每层柱高在 2~4 m。为计算方便，研究区观光亭的底座高度取 1.4 m，每层柱高取 3 m，每个观光景点的最佳 AGL，通过 ERDAS 2010 虚拟 GIS 工具箱中的视域分析工具，分别取 AGL 观光平台(眼高 1.6m)、一层观光亭(眼高+底座高度)3.0 m、二层观光亭 6.0 m、三层观光亭 9.0 m 不同的参数，进行视域分析，直到达到拟设观光景点理想的观光效果为止，此时 AGL 的最小值即为该拟设景点的最佳 AGL。

以定林寺观光景点为例，当 AGL = 1.6 m 时，可视面积为 464.85 hm^2，不可视面积(图中蓝色部分)为 1134.18 hm^2；当 AGL 从 1.6 m 提高到 9 m 时，可视面积增加到 692.64 hm^2，不可视面积减少到 906.39 hm^2(图 12-5)。从图 12-5 可以看出，当 AGL = 1.6 m 时，定林寺建筑群中轴线两侧的景观均处于不可视范围。当 AGL 从 1.6 m 提高到 9 m 时，拟设观光景点两侧将近 180°视角范围的景物，均处在可视范围内。

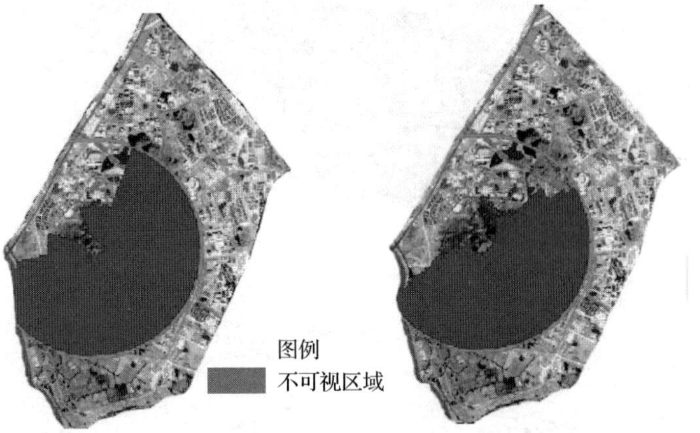

图 12-5 定林寺观光景点视域范围随观测高度的变化

参照定林寺观光景点最佳 AGL 的确定方法，确定其他 4 个观光景点的最佳 AGL，并提出拟建观光设施类型(表 12-6)。

从表 12-6 可以看出，除了能够远眺包括南京工程学院、江苏经贸学院在内的大学城观光景点建议采取铺设观光平台的观光设施外，其他 4 个观光景点均需要采用 1~3 层的观光亭方式，才能达到预期观光效果。为消除山顶林木遮挡、影响观光效果的现象，增强游客的惊险刺激观光体验，观光平台的铺设，在保证游客人身安全前提下，可以采取从山顶向外延伸数米的悬空式透明玻璃结构方式。

表 12-6 方山森林公园山顶观光景点视域分析一览表

名 称	景点横坐标 UTM50N/m	景点纵坐标 UTM50N/m	海拔 /m	视程 /m	观光点最佳高度 /m	视场角 /°	规划设施
定林寺观景点	676 688	3 531 110	188	2300	9	360	三层观光亭
大学城观景点	677 013	3 531 170	187	4200	1.6	360	观光平台
洞玄观观景点	676 836	3 530 580	194	2900	3.0	360	单层观光亭
秦淮湿地观景点	676 534	3 530 870	201	1600	6.0	360	二层观光亭
高档别墅观景点	677 167	3 530 880	174	2500	6.0	360	二层观光亭

12.6 粤北人工造林空间模式识别分析

粤北集体林区坐落于广东省的北部(简称粤北)，主要包括韶关、清远、河源，以陆地卫星轨道号 p122r043 覆盖，区域海拔为 22～1253 m 之间。主要植被类型为天然林和大规模人工林。大部分为速生的常绿树种，其他少量为落叶树和灌木。利用 1986—2016 年的陆地卫星 TM/ETM+/OLI 遥感影像、日本 JAXA 获取的 PALSAR 影像镶嵌数据集(2007—2016 年)，主要综合利用 ENVI、ArcGIS、R、Matlab 平台结合 GEE 云平台制作粤北人工造林的时空模式分布图。

粤北集体林区有大量森林的分布，是广东省森林资源分布的主要区域，山谷盆地较多，四周多为山地。当地政府和个人从 1985 年开始提出了“绿化广东”的造林计划，在 20 世纪 90 年代以后开始鼓励发展可持续的现代林业，速生丰产的桉树人工林被大面积种植。一方面在非林地土地上扩大了原有的造林面积，另一方面在急功近利的生态利益与经济利益的追求驱使下，2000 年至 2010 年间大量天然林被人工林所代替。随着全国造林绿化工作的进一步开展，在谋划实现碳达峰、碳中和的林业方针政策影响下，精准落实造林绿化面积落地上图的管理新要求，成为“3S”技术在森林经营规划应用的一个新的领域。

12.6.1 森林与非森林产品的精准识别

粤北地区森林与非森林的识别主要利用 1986—2016 年 Landsat 图像，2003 年后 ETM+ 条带数据修复借助 GEE 上开发的 USGS LS7 条带修复算法，所有数据经过质量筛检、几何校正与辐射校正的预处理工作，PALSAR 镶嵌数据(2007—2016 年)利用 ENVI 软件的波段数学 band math 转为后向散射系数值，并使用增强 Lee 滤波减少图像噪声。将上述影像数据统一分辨率为 30 m。PALSAR 数据的特征变量主要在 band math 中生成，即 HH、HV、HH/HV(比值)、HH-HV(差值)以及 HV 纹理测度值(3×3 像素)。在 R 平台中利用高斯概率密度函数执行概率密度估计方法，即 density( ) 函数，评价 PALSAR 极化特征变量对于土

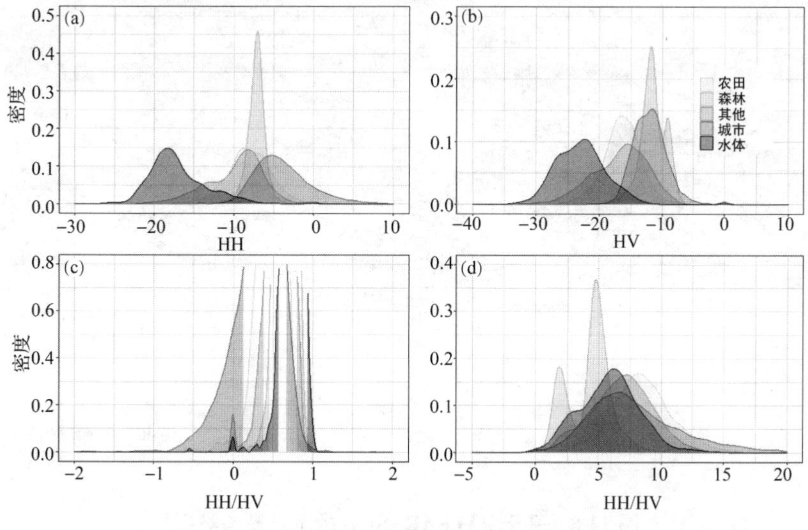

图 12-6 PALSAR 特征变量和土地覆盖类型 ROIs 整合的核密度分布

地覆盖类型的可分性(图 12-6)。总体上，水体较其他类别的可分性高，其他类别容易存在混分。然后，将在 GEE 上获取的 Landsat 累积 NDVI 最大值数据采用上述方法，构建概率密度分布图，并确定 0.72 为判定森林像元与其他非森林像元的阈值，85%及其以上为 NDVI 最大值判定各类别的概率(图 12-7)。PALSAR 数据的特征变量结合选取的感兴趣土地覆盖类别，如森林、农田、水体、建筑及其他类别，利用 R 中的 gbm 数据包，实现随机梯度提升土地覆盖类型的分类识别，并对结果图像在 Matlab 中进行滤波与数学形态学开闭运算(图 12-8)。

经过上述的分类与阈值判定，设定如下准则：PALSAR 森林分布区域为 1，非森林区域为 0，如果森林分布区域为 1 的同时 NDVI 最大值大于 0.72，则判定该像元为森林像元，减少了错分的误差，或者如果非森林区域为 0 的同时 NDVI 最大值大于 0.72，也被判定为森林像元，避免了漏分带来的误差，也称为“SGB-NDVI”算法。结合准则与空间分析得到

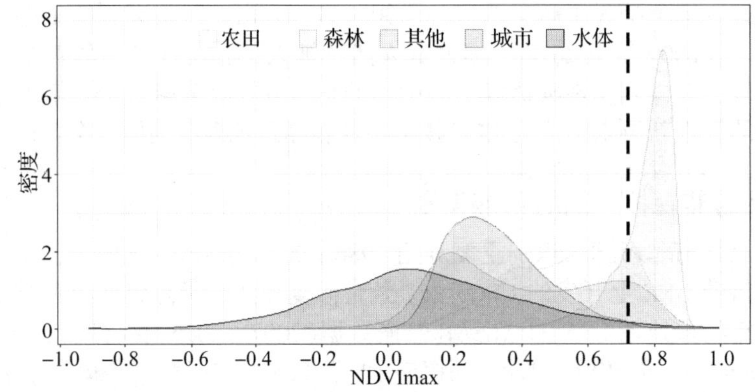

图 12-7　Landsat-NDVI 累计最大值和土地覆盖类型 ROIs 整合的核密度分布

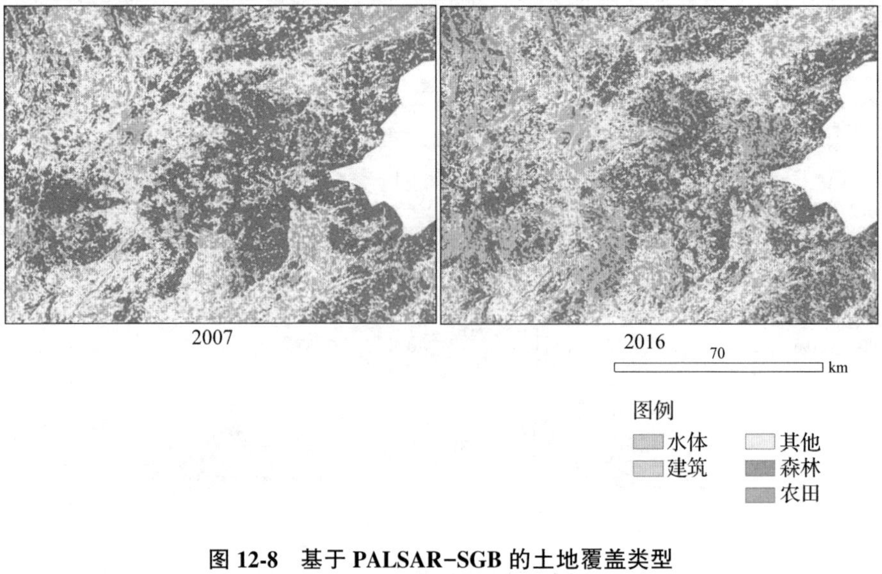

图 12-8　基于 PALSAR-SGB 的土地覆盖类型

两种图像结合的森林和非森林图像，再采用中值滤波对所得图像进行处理。对于无 PALSAR 数据的年份，采用就近年份数据替代，主要参照统计年鉴发现该区域森林面积呈现上升趋势。再将上述阈值与准则结合，并与 NDVI 时序最大值集成，便逐年完成了粤北(p122r043)地区的森林和非森林(1986—2016 年)精准制图(图 12-9)。

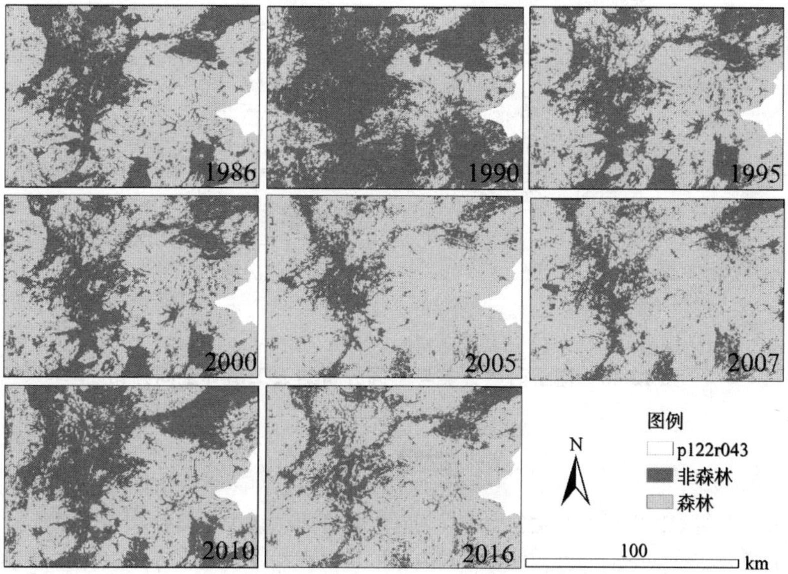

图 12-9 基于 SGB-NDVI 的森林和非森林分布

12.6.2 人工造林空间分布识别

造林和再造林后形成的森林称为人工林，以人工林方式营造而成。通过当前年份为森林而其他前述年份为非森林构建空间分析关系(森林的验证精度为 79%~85%，非森林精度为 91%~95%)，通过 ArcGIS 中的栅格计算器实现栅格叠加、掩膜分析，识别人工林的分布及其他类别的分布。再结合国家基础地理信息中心提供的全球土地覆盖产品(GlobeLand30)中草地和农田、森林的分布，利用重分类工具进一步聚合生成人工林、天然林与开阔地(农田、草地)(图 12-10)。由于定义的不同使得图 12-10 与原国家林业局公布的国家森林资源清查所得的人工林空间分布图有所差异。

针对识别结果的验证与精度评价，在 ENVI 软件中采用总体精度、Kappa 系数、用户精度与生产者精度分别验证 2007 年和 2016 年 PALSAR 土地覆盖分类结果以及 2005 年和 2016 年整合 PALSAR 与 Landsat 所得森林与非森林分布的部分图像。两种影像数据整合的分类与准则判定的结果精度高于单独使用 PALSAR 图像的分类结果。验证人工造林分布图通常因为缺乏实测数据的空间信息，不容易实现。所以，将所用的森林覆盖数据的精度作为评判人工林分布图精度的重要依据。

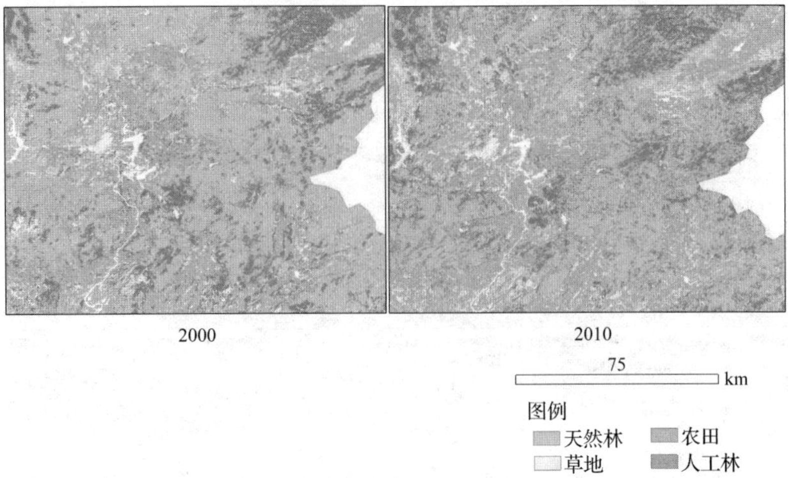

图 12-10　基于时序分类与空间分析的人工造林空间分布

本章小结

传统的森林经营规划，以手工为主，由于规划时空幅度大、缺少重复性和参照系统、空间异质性复杂、取样技术方面及研究资金的问题，计算、制图和汇总工作非常繁琐，导致森林经营方案编制劳动强度大、效率低、质量差。本章在简述“3S”技术概念、技术特点基础上，以江苏省城郊国有林场——南京江宁区汤山林场和粤北集体林区为例，介绍了 GIS 在森林经营区划、组织森林经营类型、提取退化林地空间分布信息、进行旅游观光景点的视域分析、造林绿化识别方面的应用。

思考题

1. 简述森林经营方案的性质、地位。
2. 简述 GIS 在森林功能分区中的应用途径、方法。
3. 简述虚拟 GIS 在旅游景点、观光景点视域分析中的应用。
4. 简述“3S”技术在造林引起的森林面积变化监测中的应用。

推荐阅读书目

1. 地理信息系统导论 . 刘明皓 . 重庆大学出版社，2009.
2. 地理信息系统基础与地质应用 . 贺金鑫，赵庆英，路来君，等 . 武汉大学出版社，2015.
3. 林业 GIS. 李明阳，李超，宋立奕，等 . 中国林业出版社，2018.
4. 林业遥感 . 林辉 . 中国林业出版社，2011.

参考文献

李成尊，聂洪峰，汪劲，等，2005. 矿山地质灾害特征遥感研究[J]. 国土资源遥感 (1)：46-47.

刘礼，李明阳，2006. 空间视域分析在风景区旅游服务设施规划中的应用——以中山陵风景区为例[J]. 林业调查规划，31(6)：134-137.

王晓红，聂洪峰，李成尊，等，2006. 不同遥感数据源在矿山开发状况及环境调查中的应用[J]. 国土资源遥感(2)：69-71.

王雪，卫发兴，崔志新，2005. “3S”技术在林业中的应用[J]. 世界林业研究，18(2)：44-47.

邬建国，2007. 景观生态学——格局、过程、尺度与等级[M]. 2 版 . 北京：高等教育出版社 .

严红萍，俞兵，2006. 主成分分析在遥感图像处理中的应用[J]. 资源环境与工程，20(2)：168-170.

于冰沁，田舒，车生泉，2013. 从麦克哈格到斯坦尼兹——基于景观生态学的风景园林规划理论与方法的嬗变[J]. 中国园林(4)：67-72.

周维禄，苏百牛，2013. “3S”技术在森林资源规划设计调查中的应用[J]. 甘肃林业(2)：36-37.

Shen W J, Li M S, Huang C Q, *et al.*, 2019. Mapping annual forest change due to afforestation in Guangdong Province of China using active and passive remote sensing data[J]. Remote Sensing, 11 (5): 490.